“十四五”时期国家重点出版物
出版专项规划项目

水体污染控制与治理科技重大专项“十三五”成果系列丛书
重点行业水污染全过程控制技术系统与应用标志性成果
流域水污染治理成套集成技术丛书

制药行业
水污染全过程控制技术

◎ 曾 萍　刘庆芬　刘文富　等 编著

化学工业出版社
·北 京·

内 容 简 介

本书为“流域水污染治理成套集成技术丛书”的一个分册。全书以制药行业废水全过程水污染控制为主线，主要介绍了制药行业水污染特征与控制技术需求，制药行业水污染管理与控制技术发展历程与现状，凝练制药行业重大水专项形成的关键技术发展与工程应用示范，系统展示了重大水专项在制药行业水污染控制技术方面的进展。

本书具有较强的技术性和针对性，可供从事制药行业废水处理处置及污染控制等的工程技术人员、科研人员和管理人员参考，也供高等学校环境与工程、市政工程、生态工程及相关专业师生参阅。

图书在版编目（CIP）数据

制药行业水污染全过程控制技术/曾萍等编著．—北京：化学工业出版社，2021.3

（流域水污染治理成套集成技术丛书）

ISBN 978-7-122-38374-7

Ⅰ.①制… Ⅱ.①曾… Ⅲ.①制药工业-工业废水-水污染防治 Ⅳ.①X787

中国版本图书馆 CIP 数据核字（2021）第 015707 号

责任编辑：刘兴春 刘 婧　　　　装帧设计：史利平

责任校对：宋 夏

出版发行：化学工业出版社（北京市东城区青年湖南街 13 号 邮政编码 100011）

印 装：北京建宏印刷有限公司

787mm×1092mm 1/16 印张 14¾ 彩插 2 字数 323 千字 2022 年 4 月北京第 1 版第 1 次印刷

购书咨询：010-64518888　　　　售后服务：010-64518899

网 址：http://www.cip.com.cn

凡购买本书，如有缺损质量问题，本社销售中心负责调换。

定 价：128.00 元

《制药行业水污染全过程控制技术》编著者名单

编　著　者（以姓氏笔画排序）：

马瑞瑞　王　平　王　研　王良杰　王泽建　王洪华
王靖飞　印献栋　邢书彬　邢建民　成璐瑶　刘文富
刘庆芬　刘佳琦　刘新彦　许　岗　孙丙林　杜　丛
李　娟　李玉洲　杨　旸　杨梦德　吴　达　宋永会
张　玮　张玉祥　张军立　张锁庆　范宜晓　周志茂
赵卫凤　赵秀梅　胡卫国　段　锋　段志钢　侯宝红
都基峻　袁国强　钱　锋　倪爽英　郭辰辰　萧泛舟
龚俊波　崔长征　韩　璐　程启东　曾　萍　臧　飞
熊　梅

前 言

制药工业是一个知识密集型的高技术产业，在医药卫生事业和国民经济中具有特殊的重要地位。改革开放以来，我国制药产业发展迅速；进入21世纪以来，我国医药行业一直保持较快的发展速度，产品种类日益增多，技术水平逐步提高，生产规模不断扩大，已成为世界医药生产大国。制药行业在生产医药产品的同时，也产生了废水、废气、废渣等污染物，根据历年经济统计数据、环境统计年报数据和第一次全国污染源普查数据显示，医药制造业工业产值约占全国工业总产值的1.7%，废水排放量约占全国的2%，是国家环保规划重点治理的12个行业之一。随着习近平总书记“生态环境保护”思想的践行，国家对环保管理力度的不断加大，整个行业的环保意识逐步增强，在强化制药行业污染治理技术的同时，还在行业内推动绿色酶法等清洁生产技术以实现制药行业的可持续健康发展。

近年来，国家水体污染控制与治理科技重大专项（简称“水专项”）针对制药行业废水，开展了大量的技术攻关和研发，并取得了显著的成效和技术突破。为了进一步提高制药行业水污染控制水平，在国家水体污染控制与治理科技重大专项“制药行业全过程水污染控制技术集成与工程实证（2017ZX07402003）”独立课题之子课题“制药行业水污染源解析及全过程控制技术评估体系（2017ZX07402003-1）”的科研成果的基础上，结合笔者及团队多年的科研成果，结合“十一五”、“十二五”该领域“水专项”的技术方法和成果等，笔者团队编著了《制药行业水污染全过程控制技术》一书，旨在总结水专项的研究成果，为制药行业水污染控制的管理及水污染控制技术的选择提供理论依据、技术参考和案例借鉴。

本书是“流域水污染治理成套集成技术丛书”的一个分册，全面梳理和归纳了制药行业清洁化生产及污染控制技术。全书共6章。第1章为概述，简要介绍了制药行业基本现状、制药行业水污染来源及特征、水污染治理难点与技术需求；第2章为制药行业水污染全过程控制技术发展历程与现状；第3章为制药行业清洁生产成套技术，分别介绍了源头绿色替代技术和清洁生产工艺；第4章为制药行业废水废液资源化回收成套技术，分别从水资源和有价资源的回收两个方面梳理了制药行业中废液资源化回收技术；第5章为制药行业废水综合控制成套技术，从物化、生物及其耦合技术三方面梳理了制药行业废水综合控制成套技术；第6章凝练了上述技术在示范工程中的应用。此外，为方便读者查阅，将《化学合成类制药工业水污染物排放标准》（GB 21904—2008）（节选）、《发酵类制药工业水污染物排放标准》（GB 21903—2008）、《制药工业污染防治可行技术指南　原料药（发酵类、化学合成类、提取类）和制剂类》（征求意见稿）及《技术就绪度评价标准及细则》作为附录放在书后。

本书主要由曾萍、刘庆芬、刘文富等编著，具体分工如下：第1章由曾萍、熊梅、都基峻、李娟、王研编著；第2章由曾萍、周志茂、都基峻、李娟、成璐瑶、马瑞瑞编著；第3章由刘庆芬、龚俊波、侯宝红、许岗、王泽建编著；第4章由宋永会、曾萍、郭辰辰、范宜晓、段锋、王良杰编著；第5章由邢建民、崔长征、段锋、杜丛、钱锋、韩璐编著；第6章由赵秀梅、张玉祥、张军立、吴达、段志钢、刘新彦、李玉洲、印献栋、钱锋、曾萍编著。全书最后由曾萍统稿并定稿。另外，刘文富、胡卫国、王平、张玮、王靖飞、邢书彬、倪爽英、王洪华、赵卫凤等为本书的编著提供了部分资料并参与了部分编著工作，在此表示感谢。在本书编著过程中，参考了部分制药行业在科研和生产过程中所取得的成果，在此向其相关专家学者表示衷心的感谢。特别感谢国家水体污染控制与治理科技重大专项管理办公室、贾鲁河流域废水处理与回用关键技术研究与示范（2009ZX07210-001）课题、滹河中游工业水污染控制与典型支流治理技术及示范研究（2008ZX07208003）课题、辽河流域重化工业节水减排清洁生产技术集成与示范研究（2009ZX07208002）课题、滹河中游水污染控制与水环境综合整治技术集成与示范（2012ZX07202005）课题、辽河流域有毒有害物污染控制技术与应用示范研究（2012ZX07202002）课题、湖北汉库汇水流域水质安全保障关键技术研究与示范(2012ZX07205002)课题、南京大学、东北制药集团股份有限公司等提供部分资料。特别感谢国家环境保护制药废水污染控制工程技术中心任立人、沈云鹏，中国化学制药工业协会张道新，中国科学院过程工程研究所的曹宏斌、赵赫、郭少华、张笛等同志给予的指导和帮助。最后，再次向为本书的出版提供帮助的所有朋友致以衷心感谢！

限于编著者水平和编著时间，书中可能会有疏漏和不足之处，恳请广大读者批评指正。

编著者

2020年9月

目录

第1章 概述

1.1 制药行业基本现状

1.1.1 我国制药行业基本概况

制药工业是一个知识密集型的高技术产业，在医药卫生事业和国民经济中具有特殊的重要地位，近年来全球制药市场的规模逐年扩大，例如2017年全球制药市场规模按收益计为12090亿美元；预计2022年将增至15966亿美元，该期间的复合年增长率为5.7%。

自改革开放后，随着人们生活水平的提高和人们对自身健康的重视程度不断提升，以及医疗卫生支出的逐年提高，我国医药市场规模一直保持快速增长，在全球医药市场的占比已达11%，目前成为全球第二大医药市场。2017年全球制药市场前四位的国家和地区分别是美国、中国、欧洲五国和日本。其中，美国及中国为全球最大的两个制药市场，分别占全球市场的38.3%及17.5%，两国制药市场占比超全球市场50%。中国制药市场规模由2013年的1618亿美元增至2017年的2118亿美元，预计2022年将增至3305亿美元，该期间的复合年增长率为9.3%。制药市场规模增长主要受人口老龄化、慢性病患病率相应上升以及中国政府的优惠政策推动，该政策旨在开发中国高质量创新药物及生物制剂市场，增加可支配收入及扩大承保范围。

根据公开资料整理，我国近年来医药行业工业总产值及增速如图1-1所示。

由图1-1可知，近年来医药行业工业总产值增速虽然略有放缓，但是总体产值一直稳步上升。

1.1.2 我国制药行业分类

美国环保署根据制药行业的生产工艺特点和产品类型，将企业分为发酵类（A类）、天然产品提取类（B类）、化学合成类（C类）、混装制剂类（D类）和研发类（E类）5个类别。中国环境保护部（现生态环境部）也根据制药工业污染特点将其分为发酵类、化学合成类、混装制剂类、生物工程类、提取类以及中药类6类。

（1）发酵类制药

指通过发酵的方法产生抗生素或其他的活性成分，然后经过分离、纯化、精制等工序生产出药物的过程。按产品种类分为抗生素类、维生素类、氨基酸类和其他类；其

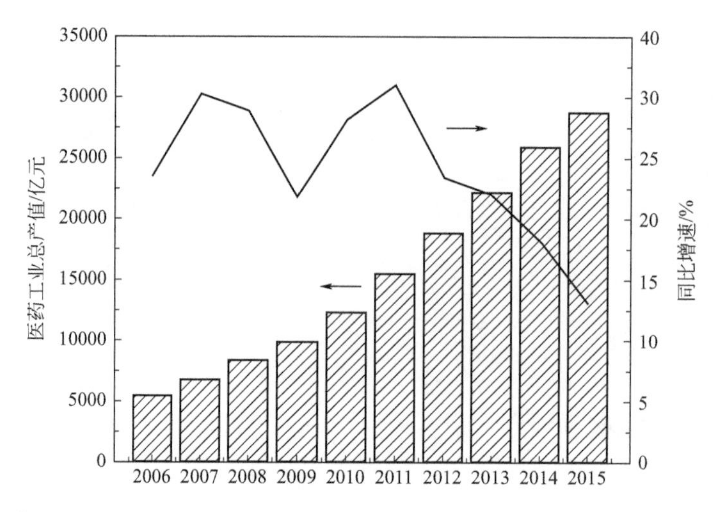

图 1-1　2006～2015 年我国医药行业工业总产值及增速情况

中，抗生素类按照化学结构又分为 β-内酰胺类、氨基糖苷类、大环内酯类、四环素类、多肽类和其他类。

（2）化学合成类制药

指采用一个化学反应或者一系列化学反应生产药物活性成分的过程，包括完全合成制药和半合成（主要原料来自提取或用生物工程类制药方法生产的中间体）制药。化学合成类制药的生产过程主要为通过化学反应合成药物或对药物中间体结构进行改造得到目的产物，然后经脱保护基、分离、精制和干燥等工序得到最终产品。

化学合成类制药产生较严重环境污染的原因是化学合成工艺比较长、反应步骤多，形成产品化学结构的原料只占消耗原料的 5%～15%，辅助性原料占消耗原料的绝大部分。

（3）混装制剂类制药

指用药物活性成分和辅料通过混合、加工和配制，形成各种剂型药物的过程。

（4）生物工程类制药

目前生物工程类制药的概念在业内也互有交叉，相关概念有生物药物、生化药物、生物制品、生物技术药品、微生物生化药品等。

生物制药领域中其定义也互有交叉。生物药物是利用生物体、生物组织或其成分，综合应用生物学、生物化学、微生物学、免疫学、物理化学和药学的原理与方法进行加工、制造而成的一大类预防、诊断、治疗制品。广义的生物药物包括从动物、植物、微生物等生物体中制取的各类天然生物活性物质及其人工合成或半合成的天然物质类似物。但由于抗生素发展迅速，其已经成为制药工业的独立门类，所以生物药物主要包括生化药品与生物制品及其相关的生物医学产品。

（5）提取类制药

提取类药物是指运用物理、化学、生物化学方法，将生物体中起重要生理作用的各种基本物质经过提取、分离、纯化等手段制造出的药物。提取类药物按药物的化学本质和结构可分为氨基酸类药物、多肽及蛋白质类药物、酶类药物、核酸类药物、糖类药物、脂类药物以及其他类药物。

(6) 中药类制药

中药分为中药材、中药饮片和中成药。其中中药材是生产中药饮片、中成药的原料；中药饮片系根据辨证施治及调配或制剂需要，对经产地加工的净药材进一步切、炮制而成；中成药则指用于传统中医治疗的任何剂型的药品。

1.1.3 我国制药行业主要产业布局

1949年后我国制药产业得到了蓬勃发展，特别是改革开放以来我国制药产业发展迅速。例如1979年我国制药企业只有700家左右；而到了2013年全国共有原料药和制剂生产企业4875家，实现产值21682亿元。进入21世纪以来，我国医药行业一直保持较快发展速度，产品种类日益增多，技术水平逐步提高，生产规模不断扩大，已成为世界医药生产大国。

近年来，制药产业经济规模快速增长，从国家"十二五"以来的发展情况看，2013年制药工业规模以上企业实现主营业务收入21681.6亿元，同比增长17.9%；与"十一五"末（2010年）的11741.3亿元相比，增加了9940.3亿元。据国家工信部统计快报数据，"十二五"以来制药产业的年复合增长率为21.6%，虽然低于"十一五"期间的23%，但是仍处于快速发展的状态。2013年制药产业工业增加值同比增长12.7%，增速较上年的14.5%有所回落，但仍处于各工业大类前列，高于全国工业增速平均水平3个百分点，在整个工业增加值中的比重不断增加，对我国经济的发展贡献加大，制药工业已成为我国国民经济的重要组成部分，在保障人民群众身体健康和生命安全方面发挥重要作用。

我国的制药行业已基本形成了化学药品、中成药、中药饮片、生物生化制品、医疗仪器设备及器械、卫生材料及医药用品、制药专用设备等比较配套且较为完善的制药工业体系，数量规模上已跻身世界前列，在发展中国家中占有明显优势。

我国化学药品原料药生产企业（包括发酵类和化学合成类）主要分布在山东、浙江、江苏、河南、河北等省份；我国化学药品制剂生产企业主要分布在江苏、山东、广东等省份；我国中成药生产企业主要分布在吉林、四川、山东等省份。

我国制药行业的发展具有鲜明的特点，可概括为"一小、二多、三低"，即规模小，数量多、产品重复多，产品技术含量低、新药研发能力低、经济效益低。根据贝恩分类法，$CR_4<35\%$（CR_n 为前 n 位企业的市场份额）且 $CR_8<40\%$ 属于极低集中竞争型产业，而我国制药产业2011年 CR_4、CR_8 分别为7.6%和11.4%，属于极低集中度产业。在企业规模方面，2012年全国纳入统计范围的制药企业中大型制药企业占3.5%、中型企业占18.6%、小型企业占77.9%，中小型企业数量占绝大部分。2013年，我国制药企业百强企业销售收入占全产业的比重仅为28.8%，其中，销售收入超过400亿元的制药企业有2家、超过100亿元的企业有11家、50亿～100亿元的企业有25家。

根据中国化学制药工业协会出版的《中国化学制药工业年度发展报告（2015年）》[1]统计，我国有化学药物生产企业2348家，占全行业的34%。原料药制造企业主要分布在河北、山东、江苏、浙江、安徽、辽宁等省份。具体分布情况见图1-2。

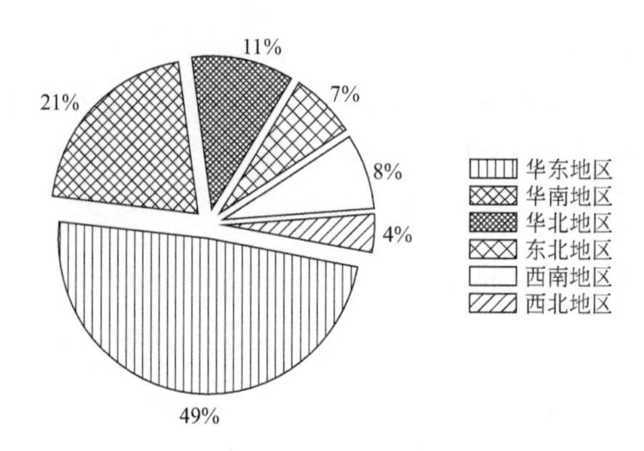

图 1-2 2015 年各区域化学药物生产企业分布情况

1.1.4 我国制药行业主要产品种类

制药行业产品种类众多，2015 年化学原料药生产量 1106789t。其中山东省化学原料药生产量 439982t，约占全国总产量的 37.75%；河北省生产化学原料药 333637t，约占全国产量的 30.14%。2015 年全国生产化学药物中间体（制药排污单位生产的青霉素工业盐、6-APA、7-ACA、对氨基酚等 47 类药物中间体）279064t，出口 20335t，占生产量的 7.29%。

各省（市、自治区）原料药产量详情见图 1-3。

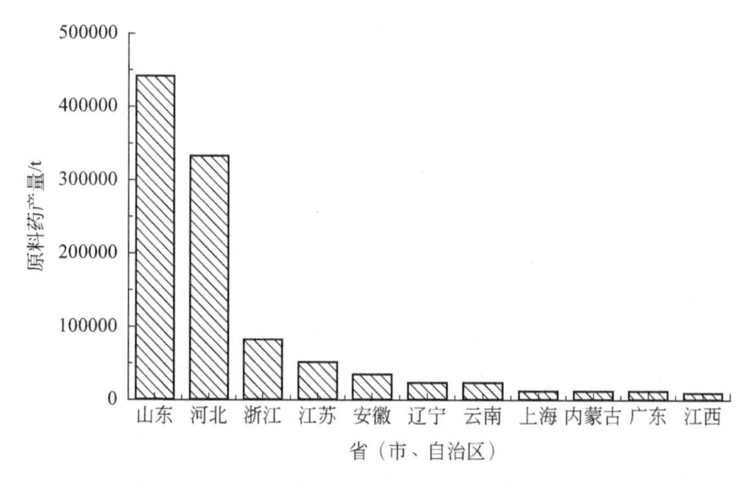

图 1-3 2015 年各省（市、自治区）原料药产量

制药行业由于产品种类众多，我国 2017 年产量达到千吨以上的产品名称及类别见表 1-1。

表 1-1 2017 年我国大宗原料药产量情况

序号	产品名称	产量/t	类别
1	维生素 C	119408.9	维生素类药物
2	对乙酰氨基酚	67744.6	解热镇痛类药物

续表

序号	产品名称	产量/t	类别
3	维生素 E	52028.9	维生素类药物
4	维生素 E 粉	33559.0	维生素类药物
5	6-APA	32780.4	中间体
6	阿莫西林	26160.5	抗感染类药物
7	牛磺酸	21113.4	消化系统药物
8	咖啡因	16215.5	中枢神经系统药物
9	山梨醇	14868.0	中间体
10	维生素 C 磷酸酯	13183.1	维生素类药物
11	青霉素工业盐	11980.9	中间体
12	甘油	11164.8	消化系统药物
13	布洛芬	10314.6	解热镇痛类药物
14	苏氨酸	8752.3	酶及其他生化类药物
15	安乃近	8649.9	解热镇痛类药物
16	丙氨酸	8351.5	酶及其他生化类药物
17	维生素 C 钠	8153.2	维生素类药物
18	土霉素	7353.0	抗感染类药物
19	对乙酰氨基酚颗粒	6927.9	解热镇痛类药物
20	维生素 B_1	6882.0	维生素类药物
21	阿司匹林	6872.6	解热镇痛类药物
22	维生素 B_6	6826.3	维生素类药物
23	亮氨酸	6323.7	酶及其他生化类药物
24	二甲双胍	5882.7	计划生育及激素类药物
25	半胱氨酸	4273.0	酶及其他生化类药物
26	7-ACA	4106.8	中间体
27	维生素 C 颗粒	4088.5	维生素类药物
28	精氨酸	3953.8	酶及其他生化类药物
29	肌醇	3810.5	消化系统药物
30	氨苄三水酸	3328.7	中间体
31	维生素 A 粉	3190.0	维生素类药物
32	吡拉西坦	3186.9	中枢神经系统药物
33	硫氰酸红霉素	2961.9	中间体
34	谷氨酸	2948.4	酶及其他生化类药物
35	新霉素	2901.0	抗感染类药物
36	头孢曲松钠	2641.6	抗感染类药物
37	盐酸多西环素	2628.8	抗感染类药物
38	头孢曲松粗盐	2564.1	中间体
39	异亮氨酸	2444.9	酶及其他生化类药物

续表

序号	产品名称	产量/t	类别
40	碳酸氢钠	2376.4	消化系统药物
41	青霉素钠	2291.8	抗感染类药物
42	缬氨酸	2262.2	酶及其他生化类药物
43	盐酸赖氨酸	2131.8	酶及其他生化类药物
44	色氨酸	2055.7	酶及其他生化类药物
45	氨基比林	2029.8	解热镇痛类药物
46	维生素 B_2	2000.9	维生素类药物
47	维生素 A	1952.3	维生素类药物
48	林可霉素	1858.0	抗感染类药物
49	头孢氨苄	1791.2	抗感染类药物
50	发酵虫草菌粉	1766.5	酶及其他生化类药物
51	硫糖铝	1756.7	消化系统药物
52	甲氧苄啶	1645.2	抗感染类药物
53	氨苄西林	1572.7	抗感染类药物
54	葡醛内酯	1538.4	消化系统药物
55	克拉维酸钾(棒酸钾)	1524.2	抗感染类药物
56	维生素 C 钙	1518.0	维生素类药物
57	头孢拉定	1464.6	抗感染类药物
58	磺胺甲噁唑	1456.4	抗感染类药物
59	青霉素 V 钾	1452.5	抗感染类药物
60	盐酸土霉素	1418.7	抗感染类药物
61	阿奇霉素	1409.1	抗感染类药物
62	左卡尼汀	1371.4	消化系统药物
63	多黏菌素 B	1353.0	抗感染类药物
64	硫酸链霉素	1309.3	抗感染类药物
65	非那西汀	1260.8	解热镇痛类药物
66	拉米夫定	1253.4	抗感染类药物
67	普鲁卡因青霉素	1227.7	抗感染类药物
68	氯沙坦钾	1226.3	心血管类药物
69	缬沙坦	1181.3	心血管类药物
70	左氧氟沙星	1134.8	抗感染类药物
71	生物素	1076.8	维生素类药物
72	头孢哌酮钠	1043.2	抗感染类药物
73	萘普生钠	1005.8	解热镇痛类药物

1.2 制药行业水污染来源及特征

1.2.1 制药行业水污染物种类、来源及污染特征

制药行业创造了丰富的物质产品，但由于生产、使用与废弃等过程不当而产生的有毒有害物质已经对环境造成了污染，引发环境安全危机。它们又通过食物链进入人体，对人类产生种种危害与潜在威胁。水体中有毒有害化学物质污染已成为世界各国科技界和政府所关注的新热点，是环境保护所面临的紧迫问题。我国在有毒有机污染物研究领域起步较晚，研究基础薄弱。

目前，我国生产的常用药物达2000种左右，根据药物特点可分为抗生素、有机药物、无机药物和中草药四大类。不同种类的药物采用的原料种类和数量各不相同，生产工艺及合成路线区别也较大，导致不同品种药物生产工艺产生的废水水质和特点也存在较大的差异。按生产方法不同，制药工业生产主要包括发酵类、化学合成类、提取类、生物工程类、中药类和混装制剂类6大类别[2-7]，不同类别的废水水质特点有较大差异，其中污染较为严重的是化学合成类和发酵类药物的生产废水。

各类原料药生产废水的具体特点如下：

① 发酵类制药废水来源于发酵、过滤、萃取结晶、提炼、精制等过程，污染物主要是常规污染物（指标），即COD、BOD_5、悬浮物、pH值、色度和NH_4^+-N等污染物。此外，发酵类原料药生产废水还具有以下特点：a. 排水点多，高、低浓度废水单独排放，有利于清污分流；b. 高浓度废水间歇排放，酸碱性和温度变化大，需要较大的收集和调节装置；c. 污染物浓度高，如废滤液、废母液等高浓度废液的COD浓度一般在10000mg/L以上；d. 碳氮比低；e. 含氮量高，主要以有机氮和氨态氮的形式存在；f. 硫酸盐浓度高；g. 废水中含有微生物难以降解，甚至对微生物有抑制作用的物质；h. 发酵类制药废水一般色度较高。

② 化学合成类制药废水是用化学合成方法生产药物和制药中间体时产生的废水，污染物包括常规污染物（指标）和特征污染物，即TOC、COD、BOD_5、悬浮物、pH值、NH_4^+-N、TN、TP、色度、急性毒性、总铜、挥发酚、硫化物、硝基苯类、苯胺类、二氯甲烷、总锌、总氰化物和总汞、总镉、烷基汞、六价铬、总砷、总铅、总镍等。此外，化学合成类原料药生产废水还具有以下特点：a. 浓度高，废水中残余的反应物、生成物、溶剂、催化剂等浓度高，COD浓度值可高达几十万毫克每升；b. 含盐量高，无机盐往往是合成反应的副产物；c. pH值变化大，导致酸水或碱水排放；d. 废水中营养源不足，培养微生物困难；e. 含有的一些原料或产物具有生物毒性，或难被生物降解，如酚类化合物、苯胺类化合物、重金属、苯系物、卤代烃溶剂等。

③ 提取类制药废水包括从母液中提取药物后残留的废滤液、废母液和溶剂回收残液等，主要是常规污染指标超标，即COD、BOD_5、悬浮物、pH值、NH_4^+-N等。提取类原料药生产过程有粗提工艺时，废水污染较重，废水中含有大量有机物，COD较高，可生化性较好。

④ 生物工程类制药废水是以动物脏器为原料培养或提取菌苗血浆和血清抗生素及胰岛素胃酶等产生的废水，COD浓度在1000mg/L以下（多数为几百毫克每升）；工艺废水中可能残留活性菌种，具有急性毒性。生物工程类生产废水的污染物包括常规污染物、特征污染物以及生物安全性控制项目，即pH值、色度、悬浮物、BOD_5、COD、NH_4^+-N、TOC、挥发酚、甲醛、乙腈、总余氯以及急性毒性。

⑤ 中药类制药废水产生于生产车间的洗泡蒸煮药材、冲洗、制剂等过程，有机污染物浓度较高，可生化性较好，主要污染指标包括pH值、色度、悬浮物、BOD_5、COD、NH_4^+-N、TOC、总腈、总余氯以及急性毒性等。

⑥ 混装制剂类制药废水来源于洗瓶过程中产生的清洗废水、生产设备冲洗水和厂房地面冲洗水，废水水质较简单，属于中低含量有机废水。主要污染指标包括悬浮物、pH值、BOD_5、COD、NH_4^+-N、TOC以及急性毒性等。

1.2.2　制药行业水污染危害及控制必要性分析

制药废水有机污染物浓度高、盐浓度高、难降解的有机物种类多且比例大、有毒有害物质含量高且毒性大、废水可生化性差、水质水量随时间波动性大，是一种危害性极大的工业废水。该类废水未经处理或者未达到排放标准而直接进入环境，将会造成严重的危害[6]。

（1）消耗水中的溶解氧

制药废水中的有机物氧化分解，消耗水中的溶解氧。如果有机物含量过大，生物氧化分解耗氧的速率将超过水体复氧速率，水体便会缺氧或者脱氧，造成水体中好氧生物死亡、厌氧生物大量繁殖，产生甲烷、硫醇、硫化氢等物质，进一步抑制水生生物，使水体发臭。

（2）破坏水体生态平衡

制药废水中含有大量的杀菌或抑菌物质，排入受纳水体后会影响水中藻类、细菌等微生物的正常代谢，进而破坏整个水体的生态平衡。

（3）致病性

制药废水中含有的化合物通常具有致畸、致癌和致突变的危害，排入受纳水体后不仅会造成水生动植物的中毒和水生环境的恶化，而且还会通过水体、大气和水生生物的传递间接威胁人类的健康。另外，废水中的有机物通常是难降解有机物，具有长期残留性，逐渐在环境中富集，进而影响人类的健康。

1.3　制药行业废水污染治理难点与技术需求

1.3.1　制药行业高关注度问题

1.3.1.1　毒性原料使用与替代

制药行业产品种类多，按照国家统计局分类，化学原料药共24大类、108小类，目前生产供给1683个品种。不同原料制药生产过程工艺中用到的原辅料有很大不同，常见的原辅料种类包括有机溶剂、增溶剂、无机化学品、助剂、乳化剂、吸收剂、稀释剂、螯合剂、酶、催化剂、pH值调节剂及其他物质等。其中一些属于危险化学品，物料转化率低，造成污染物种类多。特别是有机溶剂类别多、用量大，常用有机溶剂品种高达近200种。

在制药加工过程中，常使用大量的有机溶剂，例如乙醇、乙醚、丙酮、氯代烃等多种有机溶剂被大量用于生物工程制药的萃取、浸析、洗涤过程，或制剂制备的包衣工艺。制药工艺中加氢、催化、重氮化、酯化等化学合成反应过程同样需要大量有机溶剂，包括DMF、苯胺等几十种有毒有害有机物，药物加工反应过程残留的大量有机反应溶剂及中间产物是制药废水中有机物质的主要来源，会直接造成废水中COD、BOD_5浓度升高，有的高达几万甚至几十万毫克每升。此外，制药废水中含有多种易挥发有机溶剂，例如苯、氯苯、二氯甲烷等。

在制药工业中常使用大量的有机溶剂通过萃取、浸析、洗涤等方法对生物药物进行分离纯化和精制。例如，乙醇、乙醚和丙酮在维生素、激素、抗生素等的浓缩和精制过程中是传统的常用溶剂，此外高级醇、酮类、氯代烃溶剂、高级醚、酯等也常被使用。根据陈利群[8]的总结整理，维生素、抗生素等药品所使用的溶剂如表1-2所列。

表1-2　药品生产中常用溶剂

药品名称	生产环节	常见溶剂
吗啡	萃取	甲醇、乙醇、异丙醇、乙醚、异丙醚、丙酮、二氯乙烷、苯、石油醚
咖啡因	萃取	二氯乙烷、三氯乙烯
孕甾酮	萃取	丁醚、1,2-二氯乙烷、乙醚、丁醇、己醇
维生素A、维生素D	萃取	1,2-二氯乙烷、二氯甲烷
维生素A、维生素D	沉淀	乙醇、异丙醇
维生素B	萃取	丙酮、异丙醇
维生素B	萃取	乙酸乙酯(98%)
维生素B_{12}	精制	丁醇、煤焦油烃类
维生素C	沉淀	丙酮、甲醇混合溶液
青霉素	萃取、精制	丙酮、氯仿、氯苯、乙醚、丁酮、丁醇、仲丁醇、乙酸戊酯、乙酸甲基戊酯、甲基异丁基(甲)酮
氯霉素	萃取、精制	乙酸乙酯、乙酸异丙酯、乙酸戊酯
金霉素	萃取	丙酮、丁醇、乙二醇-乙醚
某些生物药品	中药酶提取	甲苯、二甲苯
	生化药提取	二甲苯、汽油

原料药制备工艺中可能涉及的溶剂主要有3种来源：a. 合成原料或反应溶剂；b. 反应副产物；c. 由合成原料或溶剂引入。其中作为合成原料或反应溶剂是最常见的残留溶剂来源。制药工业合成药卤化、烃化、硝化、重氮化、酰化、酯化、醚化、胺化、氧化、还原、加成、缩合、环合、消除、水解、重排、催化氢化、裂解、缩酮、拆分、乙炔化等反应都有各类有机溶剂参加。

各种合成药反应类型所使用的有机溶剂举例见表 1-3。

表 1-3 反应类型与使用的有机溶剂

反应类型	有机溶剂	反应类型	有机溶剂
加氢	低级醇、乙酸、烃类、二噁烷	弗瑞德-克莱福特反应(Friedel-Crafts)	硝基苯、苯、二硫化碳、四氯化碳、四氯乙烷、二氯乙烷
氧化	甲醇、乙酸、吡啶、硝基苯、氯仿、苯、甲苯、二甲苯	缩合	乙醚、苯、甲苯、二甲苯、丙酮、DMF、苯胺、三氯乙烯、二氯乙烷、丙烯腈
卤化	甲醇、四氯化碳、乙酸、二氯乙烷、四氯乙烷、二氯代苯、三氯代苯、硝基苯、DMF、氯仿、三氯乙烯、苯、甲苯、二甲苯	脱水	苯、甲苯、二甲苯
酯化	甲醇、甲醛、苯、甲苯、二甲苯、丁醚、DMF、氯仿、三氯乙烯	磺化	甲醇、硝基苯、二噁烷、多氯苯、氯仿
硝化	乙酸、二氯代苯、硝基苯、二甲苯	脱氢	喹啉、己二胺
重氮化	乙醇、乙酸、吡啶、甲醇、苯	脱羧	喹啉
偶联反应	甲苯胺	缩醛化	苯、己烷
格利雅反应(Grignard)	乙醚、高级醚	酰化	甲醇、二氯乙烷、氯仿、苯、甲苯

在制剂制备过程中有时也会用到有机溶剂，如包衣过程、透皮制剂制备等。表 1-4 是一些制剂生产使用有机溶剂的情况。

表 1-4 某些制剂生产使用的有机溶剂

物质名称	生产环节/方法	常见溶剂
固体制剂	制颗粒、固体分散	乙醇、氯仿、丙酮
	包衣、微型包囊	乙醇、甲醇、异丙醇、丙酮、氯仿、甲醛
	软胶囊洗丸、配液	氯仿、四氯化碳或乙醇、溶剂汽油、松节油
液体制剂	配液	乙醇、丙二醇、聚乙二醇、二甲基亚砜、乙酸乙酯
注射剂与滴眼剂	配液	乙醇、丙二醇、聚乙二醇(平均分子量 300～400)
	安瓿印字	二甲苯、甲醛
	软管印刷	二甲苯、甲醛
涂膜剂	配药液	乙醇、丙酮、乙醇+丙酮
气雾剂	药物配制	乙醇、丙二醇或聚乙二醇
浸出制剂	浸出	乙醇、氯仿、乙醚、石油醚
贴膏剂	溶剂法	汽油

有机溶剂存在一定的毒性，可根据有机溶剂对生理作用产生的毒性分为如下几类。

① 损害神经的溶剂，如伯醇类（甲醇除外）、醚类、醛类、酮类、部分酯类、苄醇类等。

② 肺中毒的溶剂，如羧酸甲酯类、甲酸酯类等。

③ 血液中毒的溶剂，如苯及其衍生物、乙二醇类等。

④ 肝脏及新陈代谢中毒的溶剂，如卤代烃类、苯的氨基及硝基化合物等。

⑤ 肾脏中毒的溶剂，如四氯乙烷及乙二醇类等。

⑥ 生殖毒性的溶剂，如二硫化碳、苯和甲苯等。

⑦ 导致肿瘤的溶剂，如联苯胺致膀胱癌、氯甲醚致肺癌、氯乙烯致肝血管肉瘤。

制药工业中有毒原料如部分有机溶剂在全流程中对环境和人体的危害已经引起了相关关注，如头孢氨苄生产工艺中的“二氯甲烷和特戊酰氯”被列入《国家鼓励的有毒有害原料（产品）替代品目录》。目前改革工艺，用无毒或低毒物质代替高毒物质成为研究新热点。例如，制剂的包衣液采用水代替有机溶剂、软胶囊洗丸采用乙醇或溶剂汽油代替三氯甲烷或四氯化碳、以乙醇等作为有机溶剂或者萃取剂等。

1.3.1.2　抗生素残留/抗性基因

目前抗生素种类有近千种，临床常用的也有上百种，抗生素的广泛使用必然会导致过多的残留物进入水体环境中。据文献报道，近年来在许多国家的河流、湖泊，甚至地下水中均能检出抗生素的残留[9-13]，其浓度大多在 ng/L～μg/L 水平。我国是抗生素生产和消费大国，其中人类医疗占 42%、畜牧业占 48%。我国也是世界上抗生素滥用情况最严重的国家之一，患者抗生素使用率占 70%，远高于西方国家的 30%。因此，抗生素在水体中的残留也成为公众关注对象。

根据马小莹等[14]的研究，对长江、太湖和淮河等部分水体 30 份水样中 5 类共 39 种抗生素进行测定，共检出 20 种抗生素污染物，占 51.3%。30 份水样中，青霉素 V 和罗红霉素检出率超过 50%；检出率最高的为罗红霉素，达 70%。青霉素 V 和罗红霉素检测浓度中位数分别为 8.142ng/L 和 0.358ng/L，氨苄西林为 1.5ng/L，其余抗生素中位数均小于 0.06ng/L；青霉素 V 与罗红霉素是江苏省 3 大水源中主要抗生素污染物。同时发现最大检出浓度超过 10ng/L 的有氨苄西林、青霉素 V、红霉素、磺胺醋酰和磺胺甲噁唑 5 种抗生素。

李可等[15]针对深圳地区深圳河、布吉河、大沙河、茅洲河、观澜河、西乡河、龙岗河、坪山河、福田河和新洲河 10 条主要河流中不同区段的水样，检测了氯霉素类、四环素类、磺胺类、呋喃类和喹诺酮类 5 类 20 种抗生素的污染情况。深圳地区主要河流总抗生素污染浓度为 1.5～74.3ng/L。总抗生素污染较严重的依次为枯水季布吉河（74.3ng/L）、深圳河（30.1ng/L）和观澜河（24.7ng/L）。深圳地区主要河流的抗生素污染以 3 种及以上联合污染为主，75%河流检出 3 种及以上抗生素，优势药物依次为磺胺类、四环素类和氯霉素类。

值得注意的是，虽然自然水体抗生素的来源很多，包括人体排泄、畜牧养殖业等，但有学者研究了珠江三角洲地区 4 家污水处理厂，发现 4 家污水处理厂中抗生素在进水口的浓度范围为 10～1978ng/L，在出水口的浓度范围为 9～2054ng/L。不规范排放以及我国现有污水处理工艺无法对污水中抗生素进行有效去除，也是水环境中抗生素广泛污染的原因之一，同时也是重要的污染来源。

抗生素以原型或代谢产物的形式排放到环境中，从而污染地表水、地下水和水产品，以及沉积于河流底泥、湿地等环境媒介，最终成为公众健康、细菌耐药和生态环境的潜在威胁。环境中抗生素的残留最终造成的细菌耐药已经对临床和手术治疗产生了显著的负面影响，成为人类共同面临的重大健康挑战之一。

1.3.1.3 制药废水毒性残留

我国工业废水排放管理仍主要采用COD、BOD_5和NH_4^+-N等理化指标。2010年，我国颁布实施了制药工业污染物排放标准体系，包括发酵类、化学合成类、提取类、中药类、生物工程类和混装制剂类，规定了pH值、色度、悬浮物（SS）、BOD_5、COD_{Cr}等理化指标排放限制（详见表1-5～表1-10）。但是，现有的处理技术难以将制药废水中含有的不同种类有毒有害化合物去除完全，这些污染物质排放到水体后不能在自然生态环境中完全生物降解，导致受纳水体受到有毒有害物质的长期污染。此外，许多未识别的化学物质、检测浓度低的化合物与未降解污染物在环境中相互发生化学反应，产生的二次污染物质加剧了对水生物的毒害作用。

表1-5 发酵类制药企业水污染物排放浓度限值

单位：mg/L（pH值、色度除外）

序号	污染指标	限值	特别排放限值	污染物排放监控位置
1	pH值	6～9	6～9	企业废水总排放口
2	色度(稀释倍数)	60	30	
3	悬浮物	60	10	
4	五日生化需氧量(BOD_5)	40(30)	10	
5	化学需氧量(COD_{Cr})	120(100)	50	
6	NH_4^+-N	35(25)	5	
7	TN	70(50)	15	
8	TP	1.0	0.5	
9	TOC	40(30)	15	
10	急性毒性($HgCl_2$毒性当量)	0.07	0.07	
11	总锌	3.0	0.5	
12	总氰化物	0.5	不得检出	

注：括号内排放限值适用于同时生产发酵类原料和混装制剂的联合生产企业；执行水污染特别排放限值的地域范围、时间由国务院环境保护主管部门或省级人民政府规定。

表1-6 化学合成类制药企业水污染物排放浓度限值

单位：mg/L（pH值、色度除外）

序号	污染指标	限值	特别排放限值	污染物排放监控位置
1	pH值	6～9	6～9	企业废水总排放口
2	色度(稀释倍数)	50	30	
3	悬浮物	50	10	
4	五日生化需氧量(BOD_5)	25(20)	10	
5	化学需氧量(COD_{Cr})	120(100)	50	
6	NH_4^+-N	25(20)	5	
7	TN	35(30)	15	

续表

序号	污染指标	限值	特别排放限值	污染物排放监控位置
8	TP	1.0	0.5	企业废水总排放口
9	TOC	35(30)	15	
10	急性毒性($HgCl_2$毒性当量)	0.07	0.07	
11	总铜	0.5	0.5	
12	总锌	0.5	0.5	
13	总氰化物	0.5	不得检出①	
14	挥发酚	0.5	0.5	
15	硫化物	1.0	1.0	
16	硝基苯类	2.0	2.0	
17	苯胺类	2.0	1.0	
18	二氯甲烷	0.3	0.2	
19	总汞	0.05	0.05	车间或生产设施废水排放
20	烷基汞	不得检出②	不得检出②	
21	总镉	0.1	0.1	
22	六价铬	0.5	0.3	
23	总砷	0.5	0.3	
24	总铅	1.0	1.0	
25	总镍	1.0	1.0	

① 总氰化物检出限为0.25mg/L。

② 烷基汞检出限为10ng/L。

注：括号内排放限值适用于同时生产化学合成类原料和混装制剂的联合生产企业；执行水污染特别排放限值的地域范围、时间由国务院环境保护主管部门或省级人民政府规定。

表1-7 混装制剂类制药企业水污染物排放浓度限值

单位：mg/L（pH值除外）

序号	污染指标	限值	特别排放限值	污染物排放监控位置
1	pH值	6～9	6～9	企业废水总排放口
2	悬浮物	30	10	
3	五日生化需氧量(BOD_5)	15	10	
4	化学需氧量(COD_{Cr})	60	50	
5	NH_4^+-N	10	5	
6	TN	20	15	
7	TP	0.5	0.5	
8	TOC	20	15	
9	急性毒性($HgCl_2$毒性当量)	0.07	0.07	
单位产品基准排水量/(m^3/t)		300	300	排放量计量位置与污染物排放监控位置一致

注：执行水污染特别排放限值的地域范围、时间由国务院环境保护主管部门或省级人民政府规定。

表 1-8 生物工程类制药企业水污染物排放浓度限值

单位：mg/L（pH 值、色度、粪大肠菌群数除外）

序号	污染指标	限值	特别排放限值	污染物排放监控位置
1	pH 值	6～9	6～9	企业废水总排放口
2	色度(稀释倍数)	50	30	
3	悬浮物	50	10	
4	五日生化需氧量(BOD_5)	20	10	
5	化学需氧量(COD_{Cr})	80	50	
6	动植物油	5	1.0	
7	挥发酚	0.5	0.5	
8	NH_4^+-N	10	5	
9	TN	30	15	
10	TP	0.5	0.5	
11	甲醛	2.0	1.0	
12	乙腈	3.0	2.0	
13	总余氯(以 Cl 计)	0.5	0.5	
14	粪大肠菌群数①(MPN/L)	500	100	
15	TOC	30	15	
16	急性毒性($HgCl_2$毒性当量)	0.07	0.07	

① 消毒指示微生物指标。

注：执行水污染特别排放限值的地域范围、时间由国务院环境保护主管部门或省级人民政府规定。

表 1-9 提取类制药企业水污染物排放浓度限值

单位：mg/L（pH 值、色度除外）

序号	污染指标	限值	特别排放限值	污染物排放监控位置
1	pH 值	6～9	6～9	企业废水总排放口
2	色度(稀释倍数)	50	30	
3	悬浮物	50	10	
4	五日生化需氧量(BOD_5)	20	10	
5	化学需氧量(COD_{Cr})	100	50	
6	动植物油	5	5	
7	NH_4^+-N	15	5	
8	TN	30	15	
9	TP	0.5	0.5	
10	TOC	30	15	
11	急性毒性($HgCl_2$毒性当量)	0.07	0.07	
单位产品基准排水量/(m^3/t)		500	300	排放量计量位置与污染物排放监控位置一致

注：执行水污染特别排放限值的地域范围、时间由国务院环境保护主管部门或省级人民政府规定。

表 1-10　中药类制药企业水污染物排放浓度限值

单位：mg/L（pH 值、色度除外）

序号	污染指标	限值	特别排放限值	污染物排放监控位置
1	pH 值	6～9	6～9	企业废水总排放口
2	色度(稀释倍数)	50	30	
3	悬浮物	50	15	
4	五日生化需氧量(BOD_5)	20	15	
5	化学需氧量(COD_{Cr})	100	50	
6	动植物油	5	5	
7	NH_4^+-N	8	5	
8	TN	20	15	
9	TP	0.5	0.5	
10	TOC	25	20	
11	总氰化物	0.5	0.3	
12	急性毒性($HgCl_2$毒性当量)	0.07	0.07	车间或生产设施废水排放口
13	总汞	0.05	0.01	
14	总砷	0.5	0.1	企业废水总排放口
单位产品基准排水量/(m^3/t)		300	300	排水量计量位置与污染物排放监控位置相同

注：执行水污染特别排放限值的地域范围、时间由国务院环境保护主管部门或省级人民政府规定。

根据相关研究[16-19]，含有大量难降解有机污染物的制药废水经过传统方法处理直接或间接排放进入受纳水体后，有毒污染物质能够长时间残留在水体中，对水中生物产生毒害作用，严重影响受纳水体的生态环境稳定和安全。研究显示，处于制药废水排放下游的野生生物低废水浓度下仍发生生理、生化上的不良反应。首先，排放到受纳水体中的有毒有害物质大多具有较强的毒性和致癌、致畸、致突变及干扰水生生物内分泌等作用，毒害水生生物，导致水生生物种群密度的减少甚至衰亡；其次，有机物在受纳水体中进行耗氧分解时消耗水中大量的溶解氧，致使水域中的好氧生物大量死亡，厌氧微生物大量繁殖，抑制水生生物的生长，使水域产生恶臭味；最后，制药生产的药剂及其合成中间体具有一定的杀菌、抑菌作用，威胁受纳水体中藻类等微生物的新陈代谢活动，致使生态系统的平衡被破坏。据报道，泰乐霉素等抗生素在最低剂量下仍能阻碍微藻的生长，降低其繁殖速度，受纳水体毒性不仅严重危害水生生物健康和水域环境安全，还可以表现为有毒有害物质以受纳水体为媒介，通过食物链不断积累、富集，最终进入动物或人体内产生毒性，间接威胁动物和人类的生命安全。因此，制药废水受纳水体的毒性研究对于保障水生生物和水域水质安全、维持水生态环境平衡、保护生物和人类的健康具有重大意义。

1.3.2 制药行业废水污染控制技术需求

1.3.2.1 清洁生产技术需求

（1）原料替代技术

由上文可知，由于毒性原料在制药工业中应用十分广泛，所用到的原辅材料众多，其中原料、中间体、溶剂多是易燃、易爆、有毒有害的物质，制药是一个高污染过程。目前制药工业需要发展原料替代技术，从工艺源头减少原材料投入量、提高原材料利用率，少用或不用挥发性有机溶剂，特别是毒性原料。

(2) 过程清洁生产技术/工艺

在制药工业推行清洁生产、从源头控制污染物排放是解决制药工业环境污染问题的关键。发酵类制药在我国制药工业中占有非常重要的地位，包括由发酵生产的药物以及由其衍生的制药中间体和原料药，抗生素、维生素和他汀类药物是其中的大宗品种。该类制药中间体和原料药传统的生产路线是在发酵产出初级产品的基础上，经过复杂的、高污染的化学合成过程，甚至必须在苛刻的条件下（如低温）获得目标产物。例如，合成青霉素类药物的重要中间体 6-APA（6-氨基青霉烷酸）及其衍生的原料药阿莫西林等；合成头孢菌素类药物的重要中间体 7-ADCA（7-氨基-3-去乙酰氧基头孢烷酸）、7-ACCA（7-氨基-3-氯-3-头孢烯-4-羧酸）和 7-ACA（7-氨基头孢烷酸），及其衍生的原料药头孢氨苄、头孢羟氨苄、头孢克洛等。根据研究，酶法头孢氨苄吨产品总体排污负荷低于化学法头孢氨苄生产工艺，酶法头孢氨苄吨产品废水中 COD、TN、Cl^- 和头孢氨苄产生量分别为化学合成法的 64.3%、54.6%、47.4%和 51.4%。总体来讲，与传统的化学法相比，酶法技术可以将多步合成简化为一步合成，将有机相反应转变为水相反应，将低温合成转变为近常温合成，在提高生产效率、减排控污、节能降耗、环境效益等方面表现出明显的竞争优势[20]。以酶法技术替代高污染的化学法技术已经成为发酵类制药产品清洁生产技术的发展趋势，而且酶法技术已经在少数 β-内酰胺类抗生素中间体、原料药等的生产过程中成功实现了产业化。然而，酶法制药技术的发展仍然需要一个过程，目前还有一些产品的酶法技术尚处于实验室研究阶段。制药行业目前迫切需要发展绿色替代技术，实现节能减排，为制药行业绿色发展提供更多的技术选择。

1.3.2.2 废水处理技术需求

制药废水的处理难点在于废水中污染物浓度过高，其中某些毒理成分能抑制微生物的生长，进一步降低废水的可生化性，导致处理难度也更大[21]。

目前很多企业都是将各工艺废水进行集中收集，再汇合后期雨水、冷却水进行稀释，使其污染物浓度低于生化处理的生物抑制浓度，再进行排放。此过程中，废水污染物总量没有减少，排污量反而增大，污染物去除的压力传给了下游的集中式污水处理厂，导致目前国内很多工业园区的污水处理厂运行负荷过大。因此，目前的形势对高浓度污染废水的深度处理技术的需求越来越迫切。目前国内制药废水处理技术需求在于提高废水的可生化性以及去除其毒害性和抑菌物质。

1.3.3 制药行业发展方向

随着时代的发展，人们的环保意识不断加强，我国对环境问题愈发重视，环境保护及污染治理的工作力度也不断增强。目前我国已经成为全世界最大的化学原料药出口国。在药物制造工业中不可避免产生“三废”，若生产废弃物没有加以妥善处理，直接排放就会对环境产生极大的危害乃至不可消除的影响，从而使人类的生存和生活环境面临严重的威胁。

目前国家层面对于制药行业的环保监管也越来越严厉，而传统的制药行业又是NH_4^+-N及COD排放的主要行业。因此，面对环境保护越来越严峻的压力，制药行业必须克服污染治理的难度不断加大与治理技术相对匮乏的挑战。

面对当前的发展困境，我国制药工业必须立足于从源头上杜绝污染的产生。制药行业的环保关键应该改变思路，不应再继续关注对污染物的处理，而要从药品设计及生产的起始环节加以谋划，控制、减少和消除污染的源头。

例如在化学制药工业中运用超声化学技术、催化技术、膜技术、生物技术、超临界流体技术等，以提高化学反应收率为目的，通过对化学制药领域原有工艺技术进行升级改造，或者为使反应过程原材料能够实现充分转化，在生产过程中选择通过不对称合成获得光学活性物质，从而减少有毒及有害物质排放量，最终实现"零排放"、无污染的环保目的。以保护环境为出发点，生产过程尽可能优化，降低对外界的排放，极大地提升制药行业的现代化生产水平，有利于我国制药行业整体竞争力的质的提升，从而实现制药行业的可持续、健康发展。

参 考 文 献

[1] 中国化学制药工业协会．中国化学制药工业年度发展报告［R］．北京：中国化学制药工业协会，2015.

[2] GB 21903—2008.

[3] GB 21904—2008.

[4] GB 21905—2008.

[5] GB 21906—2008.

[6] GB 21907—2008.

[7] GB 21908—2008.

[8] 陈利群．制药生产中有机溶剂的使用与职业危害因素分析［J］．医药工程设计，2008，29（1）：22-26.

[9] 冯宝佳，曾强，赵亮，等．水环境中抗生素的来源分布及对健康的影响［J］．环境监测管理与技术，2013，25（1）：14-17，21.

[10] 徐晖．上海地区水体中抗生素类药物的检测及其环境行为研究［D］．上海：上海大学，2015.

[11] 金磊，姜蕾，韩琪，等．华东地区某水源水中13种磺胺类抗生素的分布特征及人体健康风险评价［J］．环境科学，2016，37（7）：2515-2521.

[12] Brown K D，Kulis J，Thomson B，et al. Occurrence of antibiotics in hospital，residential，and dairy effluent，municipal wastewater，and the Rio Grande in New Mexico［J］. Sci Total Environ，2006，366（2-3）：772-783.

[13] 赵虹．抗生素水生生态环境风险评价［J］．广州化工，2014，42（14）：150-153.

[14] 马小莹，郑浩，汪庆庆，等．江苏省不同水源抗生素污染及生态风险评估［J］．环境卫生学杂志，2020，10（2）：131-136.

[15] 李可，李学云，丘汾，等．深圳主要水体中20种抗生素药物分布特征［J］．环境卫生学杂志，2019，9（5）：455-461.

[16] 张涛，李金国，许春凤．我国制药废水处理技术的研究及应用现状［J］．大众科技，2019，21（10）：38-40.

[17] 王鑫峰．制药废水深度处理工艺技术分析［J］．当代化工研究，2019（16）：78-79.

[18] 熊安华．抗生素制药废水的深度处理技术研究［D］．北京：北京化工大学，2006.

[19] 汤薪瑶，左剑恶，余忻，等．制药废水中头孢类抗生素残留检测方法及环境风险评估［J］．中国环境科学，2014，34（9）：2273-2278.

[20] 范宜晓，王学恭，刘庆芬．酶法技术在发酵类制药中的研究与应用［J］．生物产业技术，2019（2）：38-48.

[21] 李亚峰，高颖．制药废水处理技术研究进展［J］．水处理技术，2014，40（5）：1-4.

第2章 制药行业水污染全过程控制技术发展历程与现状

2.1 制药行业废水污染控制技术总体进展情况

2.1.1 制药行业清洁生产技术现状

制药行业从原料选取到药品生产的整个流程都会产生环境污染，且环境污染问题严重。虽然制药企业在减少环境危害等方面已经做了很多工作，但污染治理效果仍不理想。清洁生产是一种新型生产理念，主要目的在于降低制药企业生产成本，提高药品质量，增强企业市场竞争力，提升各类资源的利用效率，优化生产环境，有效控制企业生产环境风险。

目前我国制药行业推行清洁生产已有十余年的时间，但在实际生产中实践清洁生产时前期需要投入大量资金，导致制药成本增加，因此部分企业出于效益考虑不愿意采取清洁生产。清洁生产对于制药企业来说短期内会出现成本增加的情况，但长期下来会增加效益。目前我国制药企业清洁生产推广力度不足，应进一步加快推广制药企业清洁生产，使制药企业正确认识清洁生产，通过清洁生产技术提升效益、降低成本、减少环境污染。

2.1.2 制药行业废水污染控制技术现状

我国制药废水处理技术的研究工作开展得比较早，经过广泛的研究，制药废水处理技术已经得到了广泛的应用，在制药废水的污染控制方面发挥了重要作用。目前，制药废水处理技术主要有物化处理技术、厌氧生物处理技术、好氧生物处理技术和组合处理技术等。

2.1.2.1 物化处理技术在制药废水中的应用

物化处理技术是通过物理和化学的综合作用使废水得到净化的方法，其主要作用包括：

① 可以消除难以生化或有较强生物毒性的废水的毒性，提高废水的可生化性，提高后续的生物处理单元效率；

② 可去除生化处理后不能满足排放标准的出水中的污染物，使出水实现达标排放。

因此，物化处理技术不仅可作为生物处理工序的预处理，还可作为制药废水的单独处理工序或深度处理工序。对于不易生化处理或只经过生化处理不能达标的制药废水，多采用物化处理技术。目前，制药废水处理应用最广泛的物化处理技术主要包括混凝、气浮、臭氧氧化、芬顿法、光催化和膜分离等。

2.1.2.2 厌氧生物处理技术在制药废水中的应用

厌氧生物处理技术是在厌氧条件下，兼性厌氧和厌氧微生物群体将有机物转化为甲烷和二氧化碳的过程。厌氧生物处理技术具有容积负荷高、有机物去除率高和抗冲击负荷强等优点，在高浓度废水处理方面具有较强的优势，在制药废水处理中得到了广泛的应用，如水解酸化、上流式厌氧污泥床（UASB）、折流板反应器（ABR）、复合式厌氧反应器厌氧复合床（UBF）、厌氧膨胀颗粒污泥床（EGSB）等技术均在制药废水处理过程中得到了应用。与物化处理技术相比，厌氧生物处理技术运行费用较低，不仅可以降低工程投资、基建和运行费用，还能实现资源的有效回收利用。

部分制药废水厌氧生物处理工艺及运行参数如表2-1所列。

表 2-1 制药废水厌氧生物处理工艺及运行参数[1-7]

分类	特征污染物	处理工艺	操作参数							备注
			处理规模/(m³/d)	HRT	COD容积负荷/[kg/(m³·d)]	COD进水浓度/(mg/L)	COD去除率/%	特征污染物进水浓度/(mg/L)	特征污染物出水浓度/(mg/L)	
抗生素制药废水	黄连素	厌氧折流板反应器	小试	4d	0.8～1.3	4000	70	120	4.5	温度(32±1)℃
	青霉素	膨胀颗粒污泥床反应器	小试	2h	4.0～12.0	2000～6000	95～98	硫酸盐浓度2000	240	中温(35±1)℃
	金霉素	厌氧折流板反应器	450	53.3h	5.625	12000	76			温度30～40℃
	维生素C	膨胀颗粒污泥床反应器	小试	2.4h	16.3	4400～12000	86	TSS 390～1270	180～320	中温35～38℃
	头孢类	厌氧折流板反应器	小试	56～63h	2.67～3.0	30000	50			温度(35±0.5)℃
	洁霉素	上流式厌氧污泥床	小试	10h	20～35	8000～14000	55			单相中温
合成制药废水	葡萄糖	厌氧折流板反应器	小试	84h	2	6000～12000	70			常温

2.1.2.3 好氧生物处理技术在制药废水中的应用

好氧处理技术就是在有氧条件下，利用好氧微生物（包括兼性微生物）的作用，将有机物转化为水和二氧化碳的过程，其中部分有机物可以被微生物同化合成新的细胞物质。20世纪70年代，我国制药废水处理技术应用工艺主要是以活性污泥法为代表的好氧处理工艺；到了80年代，好氧工艺成为制药废水处理的主要方法，包括活性污泥法、生物转盘法、接触氧化法、氧化沟及深井曝气等。自90年代以来，生物流化床技术、SBR及其变形技术CASS、UNITANK、MSBR等废水处理技术也在制药行业废水处理中得到运用。

好氧处理技术具有处理有机负荷低、有机物分解完全等优点，可以彻底地降解废水中的有机物，但制药废水多为高浓度的有机废水，该类废水不能直接进入好氧处理系统，一般需要对原液进行稀释（或回流）后再进行好氧处理，需要消耗大量能量，导致处理成本较高。此外，好氧处理出水普遍存在SS、色度、NH_4^+-N等不达标的情况，还需要进行深度处理。部分制药废水好氧生物处理工艺及运行参数如表2-2所列。

表2-2 制药废水好氧生物处理工艺及运行参数[8-13]

分类	特征污染物	处理工艺	操作参数							备注
			处理规模/(m^3/d)	HRT/h	COD容积负荷/[kg/(m^3·d)]	COD进水浓度/(mg/L)	COD去除率/%	特征污染物(指标)进水浓度/(mg/L)	特征污染物(指标)出水浓度/(mg/L)	
抗生素制药废水	青霉素	膜生物反应器工艺	小试		5～8	3000	90			常温
	土霉素	序列间歇式活性污泥法	小试	9	6.0	1600～12000	78.7～88.4			常温
	四环素	SBR和接触氧化串联	5000	8	3.3	10000	85	NH_4^+-N 321.7	40.7	常温
	维生素C	膜生物反应器工艺	中试	14	3.8	3000～10000	90.20	NH_4^+-N 20～120	2.01～12.06	常温
合成制药废水	杂环类	活性污泥法	小试			960.5	90.28	TOC 8002	3182	常温
								BOD_5 550.1	28.6	
								色度150倍	40	
中成药制药废水	“三七”系列皂苷制药废水	膜生物反应器工艺	25	2.2	5	2000	98.4	NH_4^+-N 80	0.16	常温
								磷酸盐 40	0	

2.1.2.4 组合处理技术在制药废水中的应用

制药废水中的主要污染物为有机物，因此制药废水非常适于采用生物处理技术处理。但由于制药废水中有机物浓度高、成分复杂、处理难度大，经单项的物化处理和生物处理后废水难以实现达标排放。因此，在制药废水处理中通常是将物化处理和生物处理进行组合，使各种处理技术充分发挥自身优点，达到去除水中有机物的目的。在实际制药废水处理过程中多采用“物化-厌氧-好氧”组合处理工艺。物化-厌氧-好氧组合处理工艺克服了单一处理工艺的缺点，可以改善废水的可生化性、耐冲击性、处理效果、投资成本等方面的问题。高浓度有机废水首先经过物化预处理，再经过厌氧法处理，厌氧出水再进行好氧生物处理。

部分制药废水组合处理工艺及运行参数如表 2-3 所列。

表 2-3 制药废水组合处理工艺及运行参数[14-19]

分类	特征污染物	处理工艺	操作参数							备注
			处理规模/(m^3/d)	HRT/h	COD容积负荷/[kg/(m^3·d)]	COD进水浓度/(mg/L)	COD去除率/%	特征污染物进水浓度/(mg/L)	特征污染物出水浓度/(mg/L)	
抗生素制药废水	四环素	厌氧-好氧工艺	小试	30	1.51	2400	93	四环素(TC)250	20	常温
	庆大霉素-金霉素	厌氧-好氧-复配混凝技术	中试	8.3	9	14218	97.5	BOD_5 5919	65	常温
								SS 5018	358	
	维生素C	中和-双级上流式厌氧污泥床-双级好氧工艺	小试			810	94.7	BOD_5 320	16.8	温度32～38℃
								SS 120	15	
								NH_4^+-N 45	12.6	
合成制药废水	甲醛类	A/O法	48	10		93570	99	甲醛 7431	730	吹脱法相结合
	PACT工艺		中试	5～7	2	3798.9	97.7	SS 653	27	常温
								NH_4^+-N 38	9.71	
								P 1	0.35	
中成药制药废水	水解酸化-生物接触氧化-混凝沉淀		100	19.29	3.26	1056.6	92.2	BOD_5 557.6	18.2	常温
								SS 476.2	32.0	
								NH_4^+-N 42.2	12.0	
	PEIC厌氧反应器+高效接触式活性污泥池		1000		11.8	5630	99	BOD_5 3800	12	常温

2.1.3　制药行业废水污染控制面临的问题

随着制药行业的快速发展，技术和管理的滞后导致制药行业废水污染控制主要面临以下问题。

① 原料药生产过程中产生的废水量巨大，一些规模较大的企业一天需要处理的废水就有几千吨，这么大的废水处理量给原料药生产企业的污水处理带来了极大的挑战。

② 原料药不仅产量大，而且种类繁多，生产工艺过程复杂，投入的原辅料种类多，其中一些属于危险化学品。同时，投入的物料产品转化率低，且具有生物毒性，投入的单类物料数量较少，在废弃物中单一废弃物的回收经济效益不高，难以实现废弃物资源化，一般只能作为废弃物处理，污染问题较突出。在原料药生产领域，一家药厂往往要生产几十种原料药，废物的成分完全不同，产生的废水组分十分复杂，加大了原料药生产企业的废水处理难度。

③ 在原料药生产过程中，由于制药企业经常变更产品和产量，导致废水水质与水量会不断变化，若生产管理与污染治理单位信息沟通不畅，生产品种变更后不能及时传达到污染治理单位，则会失去调整运行参数的时机，造成废水处理不达标问题。若原料药生产企业单独建设污水处理设施，除了建设成本高外，由于是间歇式生产，废水产生量少，要保障污水处理效果，必须投加葡萄糖等营养物质，导致污水运行成本升高，且由于污水处理工艺复杂，企业的运行管理水平有限，导致达标困难。

④ 原料药生产行业的污水处理技术有待提高。原料药生产过程中产生的污染物质成分极为复杂，处理难度较大，常规的处理方式很难完全解决污染问题，目前尚无十分成功的处理技术，因此还需要加强对原料药行业废水处理技术的研究，以进一步提高原料药废水的处理效果。

⑤ 原料药生产领域的技术水平比较低，导致在原料药生产过程中产生的废水量及污染物的量较大，但目前只有河南新乡华星药厂被列入 2017 年《水污染防治行动计划》（以下简称“水十条”）六大重点行业清洁化改造企业清单中，大多数原料药生产企业还没有进行清洁化改造。

⑥ 目前原料药生产行业的水污染问题环境监管仍不到位，部分原料药生产企业废水会偷排漏排或超标排放，给水污染防治带来困难。据 2015 年报道，南阳某药业有限公司通过隐蔽的暗管偷排污水，导致地下水污染严重。又如，据河南省环境保护厅调查发现，河南新乡某药厂外排废水化学耗氧量严重超标，多次被下达停产治理通知书，但该药厂每次都是表面上答应停产治理，背地里照样生产，违法排污。

2.2　典型制药废水污染控制技术发展历程

1913 年，活性污泥法应用于英国的曼彻斯特的城市综合废水处理[20]，其用于制药废水的处理开始于 20 世纪 50 年代。由于工业生产的发展导致废水量不断增加，工业排水已受到市政当局限制，特别是位于江河湖泊或大城市附近的大型药厂，受到市政当局的压力更多。他们希望更新废水处理技术，一些条件较好的药厂便开始研究制药废水生化处理技术。美国药厂从20世纪40年代开始进行生化处理研究，到70年代技术基本成熟，发展历程大体可分为萌芽期、初始期、发展期和成熟期四个阶段[20,21]。

（1）萌芽期

该阶段指20世纪40年代中期至末期。普强药厂、李德尔药厂及雅培药厂等企业发展了一条新途径，即制药废水先初步处理（中和沉淀和氧化消毒等），再送至市政污水处理厂进行生化处理。在那之后制药废水的处理基本是在这条途径的基础上改进、发展和完善的。而有的药厂，如1947年的李德尔药厂，已建成包括旋转粗筛沉淀池、两个10^5 US gal❶贮留池、除油池、曝气凝聚池、生化滤池和氯化池在内的初具规模的实验性废水处理车间。贮留池的设置是为了调节日夜间的有机负荷。废水以石灰或氢氧化钠调节pH值到7～7.5，出水BOD_5浓度通常为$(75\sim225)\times10^{-6}$，还有部分废水是直接以生活污水稀释，使BOD（含固体悬浮物）浓度介于该厂废水与市政污水最高浓度之间。1945年，普强药厂发现青霉素废水需用生活污水稀释4～9倍，并预曝气4h后才能在后续的生物滤池处理中获得较好的效果。至1948年，该厂已建成包括两座2500US gal曝气池、两座$7800ft^3$的初沉池（1ft＝0.3048m，下同）、氯化池和污泥消化池等的废水处理车间，其处理能力为70×10^4US gal/d和2700lb BOD/d（1lb＝0.4536kg，下同），1949年开始试运转，容积负荷为34～38lb BOD/$(1000ft^3\cdot d)$，BOD平均去除率为92%～96%。

（2）初始期

这个时期从20世纪50年代初期到中期，各药厂经过初期的尝试，建立了废水处理车间，其中大多为高负荷生物滤池，也出现了二段滤池处理工艺，如普强药厂、李德尔药厂、默克公司斯通沃尔药厂、梯坡勘诺药厂等。通过比较发现，活性污泥处理制药废水能力显著高于生物滤池，雅培药厂等开始运行一些生产规模的装置。

经过1950～1951年的正式运行，普强药厂对工艺进行了改进，在保证BOD去除不变情况下，容积负荷提高到26.5kg BOD/$(1000ft^3\cdot d)$，系统的处理能力提高70%。1952年，由于新抗生素投产使废液浓度增高，普强药厂再次进行工艺改造，利用原有装置，构建二段滤池处理系统。该系统使BOD负荷能力由1225kg/d提高到1724kg/d，BOD去除率达95%～98%，每天排出的废水中BOD量不超过45.4kg[20]。

（3）发展期

该阶段处于20世纪50年代末期至60年代初期。这个阶段，废水的生化处理技术已经在以格陵费尔德药厂、费歇尔药厂、孟山都公司罗本药厂、默克公司切罗奇药厂及惠斯药厂等为代表的美国制药工业中有了快速的推广和普及。另外，废水生化处理技术获得发展，最具代表性的是活性污泥法技术，它的曝气方式做了重大改进，解决了供氧不足问题，涡轮曝气也得到普遍采用，这使活性污泥法的发展速度超过了生物膜法。

（4）成熟期

该时期在20世纪60年代中期到70年代中期，其情况如下：a. 废水生化处理技术日趋成熟，处理工艺得到不断改进、完善；b. 为满足环保当局日益严格的出水要求，

❶ 1US gal≈3.78541L。

废水的多级处理系统得到发展；c. 生物滤塔、纯氧曝气等新构型、新工艺等随着废水处理新技术的研发不断涌现；d. 部分药厂能够达到出水循环利用。

2.3 制药行业废水污染控制技术现状分析

根据历年经济统计数据、环境统计年报数据和第一次全国污染源普查数据显示，医药制造业工业产值约占全国工业总产值的 2%～3%，废水排放量和 COD 排放量占全国的 2%～3%。2014 年废水国家重点监控排污单位 4001 家，其中医药制造业 118 家，约占 2.9%；废气国家重点监控排污单位 3865 家，其中医药制造业 16 家，约占 0.4%。如图 2-1 所示，制药行业 2009～2015 年废水排放中 COD 的量分别为 112589t、108353t、96792t、96452t、97238t、96013t 和 93703t。

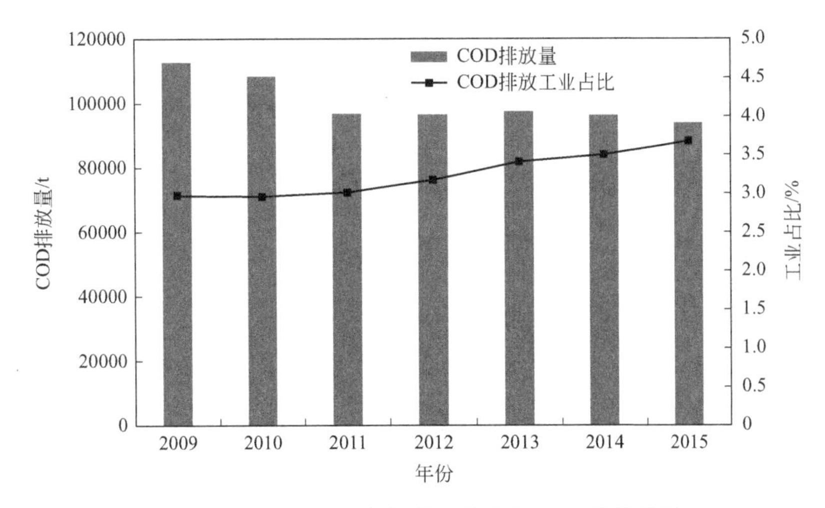

图 2-1　2009～2015 年制药行业废水 COD 排放情况

2009～2015 年，制药废水 COD 排放量呈下降趋势，但是其占工业废水 COD 排放量的比重逐年上升，2015 年占工业比重达到历年来最高，为 3.67%。

如图 2-2 所示，制药行业 2009～2015 年废水排放中 NH_4^+-N 的量分别为 7105.8t、6807t、7240t、7365t、7459t、7499t 和 7370t，逐年稳步上升。

2009～2015 年，制药废水 NH_4^+-N 排放量呈上升趋势，同时其占工业废水 NH_4^+-N 排放量的比重逐年上升；2015 年占工业比重达到历年来最高，为 3.74%。

由上文可以看出，2009～2015 年，制药行业的废水和 COD 排放量有所降低，但是 NH_4^+-N 排放量绝对值与所占工业比重逐年上升。因此，制药废水的污染控制任重道远。

制药废水占工业比重比较小，但由于成分复杂，制药废水是工业废水中最难处理的废水之一，以发酵类和化学合成类废水处理难度最大，其污染特征如下。

① 水质成分复杂：制药生产过程中，通常使用多种原料和溶剂，生产工艺复杂，生产流程较长，反应复杂，副产物多，因此废水成分十分复杂。

② COD 浓度高：有些制药废水中 COD 浓度高达几万到几十万毫克每升。这是由

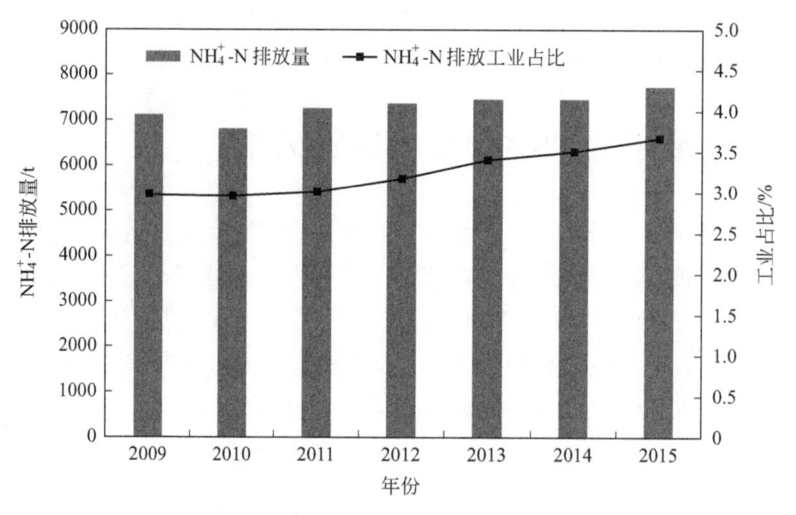

图 2-2 2009～2015 年制药行业废水 NH_4^+-N 排放情况

生产过程中原料反应不完全产生的大量副产物和大量溶剂排入水体引起的。

③ 有毒有害物含量高：废水中含有大量对微生物有毒害作用的有机污染物，如硝基化合物、卤素化合物、有机氮化合物、具有杀菌作用的分散剂或者表面活性剂等。

④ 生化性能差：制药废水中含有大量难生物降解的物质，包括抗生素及结构复杂的多环、杂环类芳香类物质，导致废水生化性能较差。

⑤ 色度高：由于生产原料或产物含有如甾体类化合物、硝基类化合物、苯胺类化合物、哌嗪类物质，多数物质色度较高。有色废水阻截光线进入水体，影响水生生物生长。

⑥ 盐分高：制药废水的盐度变化从几千到几万 ppm（1ppm＝10^{-6}，下同），盐度的变化对微生物有明显的抑制作用，甚至致使微生物死亡。

2.4 我国制药行业废水污染防治政策现状

2.4.1 我国制药废水相关环境标准

国家环保总局于 1996 年颁布了第一部关于水污染排放管理的标准《污水综合排放标准》(GB 9878—1996)，但是并没有明确细分到制药行业的标准。2008 年 6 月国家环境保护部颁布了《发酵类制药工业水污染物排放标准》《化学合成类制药工业水污染物排放标准》《提取类制药工业水污染物排放标准》《中药类制药工业水污染物排放标准》《生物工程类制药工业水污染物排放标准》《混装制剂类制药工业水污染物排放标准》[22-27]共 6 项水污染物排放标准，并已于 2008 年 8 月 1 日起实施，新建企业从标准生效之日起按新标准执行；现有企业从 2009 年 1 月 1 日起，经过 1 年半时间的过渡期，到 2010 年 7 月 1 日开始按新标准执行。新的排放标准基本与国际先进的环境标准接轨，化学需氧量(COD)、生化需氧量（BOD_5）、TN（以 N 计）、悬浮物（SS）、色度（稀释倍数）、TP（以 P 计）等常规污染控制指标排放限值大幅度加严，同时增加了总有机碳（TOC）、急性毒性（以 $HgCl_2$ 计）、总镉、烷基汞、六价铬、总砷、总铅、总镍、总汞等特征污染物控制指标。

各标准的排放限值如表 1-5～表 1-10 所列。

2.4.2　制药废水污染防治可行技术研究进展

1996 年 9 月 24 日，欧盟委员会指令 96/91/EC 要求建立能够在各成员国之间实现综合污染防治和管理排污许可证的立法，提出建立最佳可行技术（BAT）体系。到 2004 年，欧盟的 BAT 体系已经基本建立完成，并在各行各业建立起相应的参考性文件，开始发挥其指导作用。

欧洲综合污染预防控制局（EIPPCB）制定了制药行业污染物防治的 BAT 说明文件（BREF）。BREF 对制药行业的每个生产单元、操作单元、能源利用以及各类污染防治等都有明确的规定和说明。BREF 文件详细描述了制药工业生产的工艺过程、存在的环境问题以及问题产生的环节、原因及控制措施，除一般技术控制措施外，特别给出了在目前条件下不同工艺、不同控制技术下的最佳可行技术，并且给出通过应用这种技术可能达到的污染物排放量和资源消耗量。该文件已成为欧盟各国对制药企业进行管理的重要参考文件。

在《清洁水法》（CWA）和《清洁空气法案》（CAA）框架下实行分解质量目标管理，制定基于技术的排放标准是美国工业污染控制体系最为突出的特点。以《清洁水法》为例，直接和间接排放的工业废水污染源被划分为七个控制技术等级，在制定相应的排放标准过程中对各等级技术进行综合评价，从而确定技术上可行、经济上可接受、环境负荷适宜的排放标准。

美国的技术评价过程虽然没有对各种类别的环境效应进行量化，但特别重视排放标准的成本效益分析，对排放标准可能导致的技术改造费用、不达标企业关闭带来的经济和社会影响等方面给予了更为详细的分析。

美国的制药工业很发达，拥有当前全球第一大规模的医药产品市场份额。美国制药行业点源排放的现行标准是 1998 年 9 月发布的标准版本（63 FR 50424）。美国环保署根据制药行业的生产工艺特点和产品类型，将企业分为五个类别，即发酵类（A 类）、天然产品提取类（B 类）、化学合成类（C 类）、混装制剂类（D 类）和研发类（E 类），针对每一子类别的生产工艺及特点分别进行污染物控制指标的制定。标准根据出水的出路分为排放标准和预处理标准，其中排放标准适用于废水经处理后的出水最终排放到自然水体的情况，共分为四类，分别是 BPT（应用现有最佳实用控制技术的排放标准）、BCT（应用最佳常规污染物控制技术的排放标准）、BAT（应用最佳经济可行技术的排放标准）、NSPS（新点源排放标准）；预处理标准则适用于废水经过预处理而排放到污水处理厂进行集中处理的情况，分为两类，即 PSES（现有点源预处理标准）、PSNS（新点源预处理标准）。

目前，我国制药工业污染防治可行技术管理体系正在构建之中。

参　考　文　献

[1]　王路光，贾璇，王靖飞．EGSB 工艺处理青霉素生产废水试验研究［J］．水处理技术，2009，35（2）：92-96.

［2］ 邱波，郭静，邵敏，等．ABR反应器处理制药废水的启动运行［J］．中国给水排水，2000，16（8）：42-44．
［3］ 王路光，王强，王靖飞，等．EGSB工艺在VC生产废水处理中的应用［J］．中国给水排水，2009，25（17）：81-84．
［4］ 马晓力，沈耀良．ABR反应器处理高浓度头孢抗生素废水实验研究［J］．江苏环境科技，2008，21（4）：33-35．
［5］ 杨军，陆正禹，胡纪萃，等．林可霉素生产废水的厌氧生物处理工艺［J］．环境科学，2001，22（2）：82-86．
［6］ 周莉莉．化工合成制药废水的高效厌氧生物处理技术研究［D］．天津：天津大学，2010．
［7］ 孙京敏，袁怀雨，任立人，等．膜生物反应器（MBR）处理青霉素废水试验研究［J］．环境工程，2005，23（4）：12-14．
［8］ 胡晓东，胡冠民．SBR法处理高浓度土霉素废水的试验研究［J］．给水排水，1995，21（7）：21-22．
［9］ 刘秀艳，高永，张魁．四环素生产废水处理技术探索及工程实践［J］．河北建筑工程学院学报，2005，23（1）：6．
［10］ 冯斐，周文斌，汤贵兰，等．MBR工艺处理维生素C制药废水的中试实验［J］．环境工程，2006，24（6）：16-18．
［11］ 黄永辉，吕军献．杂环类制药废水处理工艺探讨［J］．工业水处理，2001，21（1）：29-30．
［12］ 孙从明．MBR工艺处理制药废水［J］．环境科学导刊，2009，28（1）：69-71．
［13］ 王蕾，俞毓馨．厌氧-好氧工艺处理四环素结晶母液的实验研究［J］．环境科学，1992，13（3）：51-54．
［14］ 李炳伟，苏诚艺．庆大霉素-金霉素混合制药废水处理中试研究［J］．环境科学研究，1998，11（2）：59-62．
［15］ 邹庆军．厌氧-好氧工艺处理维生素C废水［J］．工业用水与废水，2006，37（1）：79-80．
［16］ 刘征宇，原克波，原芝泉．高浓度甲醛制药废水处理设计探讨［J］．医药工程设计，2004，25（4）：44-46．
［17］ 张玉杰，万江江．PACT工艺在合成制药废水处理中的应用［J］．工业用水与废水，2011，42（4）：86-88．
［18］ 万兴，黄海燕，尚美彦．保健药制药废水处理工程设计［J］．中国给水排水，2008，24（12）：57-59．
［19］ 朱杰高，于明强，薛俊仁．中药提取类制药废水处理工艺研究与工程实践［J］．北方环境，2011，23（9）：110-112．
［20］ 邝能活．美国药厂废水处理概况［J］．医药设计，1982（5）：36-46．
［21］ 上海医药工业情报中心站．美国制药工业概况［J］．医药工业，1981：1-11．
［22］ GB 21903—2008．
［23］ GB 21904—2008．
［24］ GB 21905—2008．
［25］ GB 21906—2008．
［26］ GB 21907—2008．
［27］ GB 21908—2008．

第3章 制药行业清洁生产成套技术

3.1 源头绿色替代技术

3.1.1 基于培养基替代的青霉素发酵减排技术

3.1.1.1 技术简介

本技术通过多参数采集技术，成功解析了发酵过程主题产黄青霉菌的实时发酵代谢特性，以生理代谢参数氧消耗速率（OUR）和培养液过程电导率为指标，开展了合成培养基营养包替代复合氮源玉米浆，成功实现了基于OUR水平的玉米浆替代新工艺。进一步进行菌体形态变化与青霉素合成、污染物排放的影响关系分析，优化建立了通过控制磷酸盐的补加策略合理控制产黄青霉菌的比生长速率，形成了基于活细胞传感仪检测参数在线电容值和电导率水平优化控制的全合成培养基营养流加新工艺。该成果成功实现了小试青霉素发酵生产单位达到14.6×10^4U/mL，与玉米浆工艺相比提升显著。

将形成的优化原料替代和过程控制工艺在工业生产发酵中进行推广应用，以建立的数据采集参数为指导，通过调整磷酸盐和铵离子的流加控制维持菌体的比生长速率为$0.025h^{-1}$能很好地维持菌体的生长、促进青霉素合成，最高发酵单位能够达到13.9×10^4U/mL，平均发酵单位达到了13.7×10^4U/mL，与原工艺相比提升效果显著。在生产罐上验证结果显示，优化工艺发酵废酸水COD浓度较原工艺降低了近32.7%，废酸水中NH_4^+-N浓度降低了46.5%。该技术应用达到和完成了项目任务指标。

3.1.1.2 国内外研究现状

我国是国际上以青霉素为主的头孢类抗生素生产大国，占据了几乎整个头孢原料药市场。头孢类抗生素发酵产业的大力发展，为世界人类的健康起到了重要的作用，也是我国众多地区产业经济收入的重要来源之一。青霉素微生物生物发酵生产工艺流程一般为种子培养、发酵生产、发酵液预处理和固液分离、提炼纯化、结构合成改造、精制干燥等步骤，在整个制药全产业链过程中伴随着大量的生产污水[1]。污水对环境的污染已成为环境恶化的关键问题，进行生产全过程污水的控制与治理是关系国计民生的大事，同时也严重影响着生产企业的生产效益和生产成本。

发酵过程污染物（包括发酵过程中未能代谢利用的残留底物、代谢生成的副产物、过程酸碱调节的试剂等）是污水的主要产生源头之一[2]，其废水大部分属高浓度废水，酸碱性变化大、碳氮比低、硫酸盐浓度高，色度较高，有的还含有抗生素分子及其特征污染物，为后续废水处理带来很大的难度。随着国家区域环境的不断恶化，以及国家环境保护政策对污水排放标准的不断提升，如何更好地进行污水产生和处理各阶段的系统分析，通过发酵生产和处理技术的不断提升，降低整体的废水污染物生成和加促污染物的净化去除，已成为我国制药行业可持续绿色生产的关键。

青霉素发酵过程中含碳和氮相关底物的合理添加量和有效转用于产物的合成是进行污水排放中污染物控制的关键。现在我国青霉素发酵生产主要以产黄青霉菌为主，发酵过程中为了促进菌体的生长和青霉素的合成，在初始发酵培养基和过程流加培养基中添加玉米浆、硫酸铵、苯乙酸等营养基质。为了追求最大的青霉素发酵生产单位，生产过程中都过量添加一系列的营养物质，添加的营养物质利用率较低，大量未利用或难利用原材料的残留都流向了发酵废水中，引起发酵废水的污染物浓度超标[3]。如何能够在青霉素生产菌产物合成机理研究的基础上提升发酵单位并进一步优化容易利用和无残留的营养物替代及相应的流加控制工艺，是降低发酵污水中污染物含量的关键。同时，青霉素发酵过程中产物的合成与产黄青霉菌菌体形态的分化之间有着极其重要的关系，在由菌丝状逐渐膨大形成圆形菌球（节孢子）以及菌球适当膨大的过程是青霉素合成速率最佳的时期，然而由于营养物质的不当流加和发酵后期菌体的老化，膨大的节孢子往往会出现自溶裂解，释放出大量的胞内代谢产物，显著影响过滤阶段滤液速率和收率，使得大量污染物排向发酵污水[1]。因此，发酵废水污染物的控制与发酵过程工艺条件控制息息相关。

基质是产生菌代谢的物质基础，控制基质的种类和利用率是补料控制的手段，其中最主要的是碳源的控制。在青霉素发酵废水中，残留的葡萄糖及有葡萄糖产生的次级代谢物主要采取流加方式进行控制。补糖的量应该使发酵液中糖的含量既能维持菌体的正常生理代谢，又能防止青霉素生产能力衰退。而在实际生产中，对补料的控制以固定补料浓度的补料速率作为控制手段，严重影响了糖的有效利用和副产物的生成。张敬书的研究证实玉米浆对青霉素发酵生产的影响是多方面的，其影响着最大菌丝浓度、氨氮代谢、糖代谢、发酵周期、发酵效价等工艺参数，对菌丝生长、菌丝结构均有重要影响❶。而实际工业生产中，玉米浆随产地、季节不同，质量常有波动[2]。玉米浆的不稳定性使得其利用率有很大差异，难以利用的部分排到发酵废水中造成污染物的增加。因此，不仅要按照产生菌的生理代谢特性选择合适的发酵培养基和发酵条件，而且必须根据发酵过程中的代谢变化对培养基和发酵条件进行控制，使菌体生长既迅速又不易衰老，且能保持青霉素的最大生产速率。张德重对前体苯乙酸的转化率、被氧化速率和有效利用率等的研究表明，培养基成分对苯乙酸的转化率和氧化程度有很大的影响，合成培养基环境比复合培养环境下的利用率更高，同时被氧化速率显著降低❷。因此，开发

❶ 张敬书，赵艳丽，赵立强，等．优化青霉素发酵带放再培养工艺［J］．内蒙古石油化工，2010，36（9）：113-114.

❷ 张德重．针对青霉素发酵过程精细化控制［J］．医学美学美容（中旬刊），2015（2）：658-659.

合成培养基（无机盐和微量元素等营养物质）进行青霉素发酵生产，通过基于生理代谢参数的多参数优化分析技术，建立以在线仪器仪表检测为指导的反馈流加控制工艺，是提高底物原材料利用率有效控制代谢副产物和未利用原材料引起发酵废水污染物超标的有效手段[4]。

产黄青霉菌大规模培养获得青霉素的发酵生产过程都是在大型生物反应器中进行的，长期以来，众多学者在青霉素发酵过程优化方面主要是借助于细胞外的操作条件的判断来实施过程优化，而把细胞内的复杂生命过程看作黑箱系统的化学反应，以常规的细胞外的反应器操作变量（如温度、搅拌转速、pH值、DO、培养基流加补料速率等）对生物反应器形成各种控制回路进行操作，显然这种操作方式由于对细胞本征代谢特性情况不清楚，难以实现根据细胞生理代谢特性进行最优化的生产工艺路线设计和最适的营养物质流加控制方案。

产黄青霉菌是丝状菌的一种，在发酵过程中，随着时间的推移和环境条件的改变，菌体形态会发生显著的改变。而青霉素作为次级代谢产物，其合成调控机制比较复杂，已有研究证实丝状菌发酵过程中菌体形态和产物代谢之间存在密切联系。王辉在青霉素发酵研究中建立了一种获取菌丝形态的方法，并且通过软件实现对形态图像的处理，得到菌丝形态参数；并对不同培养条件下菌体形态和产物代谢状况进行了研究，根据图像处理结果，从菌体的生理生化角度对形态和代谢之间的关系进行了论述❶。但没有关注到膨大的节孢子的裂解对发酵废水污染物的影响，也未曾进一步深入研究菌丝形态的精确控制技术[1,5]。

发酵过程废水污染物排放的控制与发酵生产工艺息息相关，发酵工艺条件的控制要以生产菌株的生理特性为基础，通过调节物理参数和化学参数等环境条件，研究微生物细胞的代谢状态，使其发挥最大的生产能力，同时实现各种营养底物的转化率和利用率最大化。实现高效、低污染的青霉素工业生物过程，就必须采用基于生产菌生理代谢特性的多尺度发酵过程优化理念，进行发酵过程优化调控。

3.1.1.3　适用范围

基于发酵过程生理代谢参数氧消耗速率（OUR）、二氧化碳释放速率（CER）、活细胞量、电导率等过程参数采集和控制提升发酵产能及发酵生产效率的工艺技术，以及利用成分清楚的合成无机盐营养培养基替代低利用度的复合氮源培养基，能够更好地实施根据发酵过程营养成分需求的定量流加控制工艺，能够提升培养基质的利用度和控制较好的菌体生长状态，降低废水污染物的排放。

相应技术可应用到抗生素如头孢菌素、红霉素、辅酶、维生素等多种次级代谢产物的发酵生产过程，达到降低废水污染物浓度的目的。

3.1.1.4　技术就绪度评价等级

RTL-8。

---

❶ 王辉．产黄青霉发酵的形态与代谢关系研究［D］．北京：中国科学院大学，2011.

3.1.1.5 技术指标及参数

（1）技术原理

1）以OUR为指导的青霉素合成过程供氧控制工艺优化

产黄青霉菌发酵合成青霉素代谢过程中，氧消耗速率不仅影响着菌体的生长代谢，同时次级代谢合成途径中也需要大量的还原力促进青霉素的合成代谢。但过高的氧消耗速率还会造成菌体的过呼吸作用，从而消耗更多的碳源底物用于呼吸代谢，过多释放二氧化碳，引起碳源底物葡萄糖向青霉素的合成转化效率降低。因此，合理的OUR控制水平是保证青霉素发酵过程的关键指标[5]。在合成培养基替代复合氮源基质过程中可以指导营养物质的添加速率。

2）活细胞浓度检测指导青霉素发酵工艺控制

活细胞传感器根据活菌体细胞能够在交变电场中被极化而形成电容的原理，可进行发酵液中活菌量的在线测定。活菌细胞是保证青霉素快速合成代谢的关键，活菌量的变化受到营养条件的影响。同时活细胞传感仪还能够实现发酵培养液中电导率的在线检测，电导率反映了培养液中营养物质的离子强度，与营养物质的浓度有关，营养物质浓度是保证菌体活力的关键。因此，活菌量可用于指导发酵过程中营养元素的定量化替代[6]。

3）电导率在线检测与反馈控制硫酸根离子浓度促进青霉素发酵生产[7]

在50L小试生产发酵罐中，利用SO_4^{2-}控制产物快速合成期85h后的电导率在(17±0.7)mS/cm，青霉素生产菌的菌体浓度和菌丝形态明显得到改善，当对应的SO_4^{2-}浓度维持在（27±1.0)mg/mL，青霉素的生成速率显著高于原工艺不控制的对照批次的合成速率。在最优的SO_4^{2-}浓度下，青霉素发酵能够保持较快的合成速率，放罐单位达到了146370U/mL。

4）基于在线多参数控制的合成培养基替代调控工艺降低废水污染物排放

青霉素发酵液废水中，形成COD污染物的主要来源为培养基残留物、菌体代谢副产物以及由剪切引起的胞内代谢物的释放等。大部分抗生素发酵采用的复合氮源基质，由于菌体利用后的残留率较大，因此这些难以利用的培养基质就形成了发酵废水COD的主要来源。使用速效利用的合成培养基来替代复合培养基质，能够实现根据细胞的实时需求进行流加控制，调节菌体细胞的活力状态，减少废水污染物的排放。

（2）工艺工程

1）工艺流程框图

基于培养基替代的青霉素发酵工艺流程如图3-1所示。

2）工艺描述

① 利用尾气分析质谱仪、活细胞传感仪，并结合pH值、溶解氧、体积、流量等参数进行状态变量参数和生理代谢参数的采集与分析。

② 发酵过程中，对所有原料葡萄糖、苯乙酸、氨水、硫酸铵、硫酸钠、磷酸盐等物质分别进行流加补料，根据数据采集和测定参数的分析，进行不同营养元素的定量流加控制。

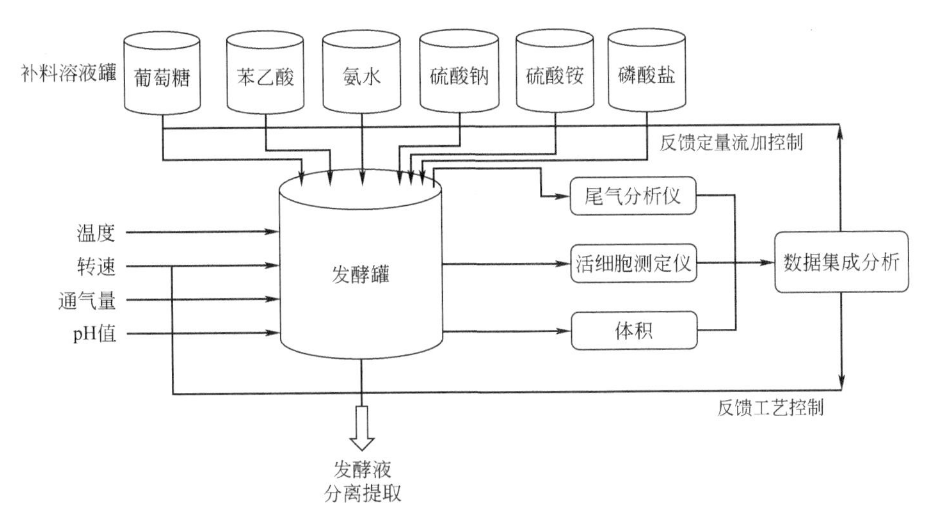

图3-1 多参数组合优化培养基和控制工艺实现青霉素发酵工程工艺流程

③ 根据生理代谢参数OUR、比生长速率的相关性变化，进行转速、通气、补料等的反馈控制。

④ 利用无机营养元素，结合生理代谢参数的一致性，替代原工艺有机复合氮源，形成优化的青霉素生产工艺。

3）关键参数

最优化过程控制关键参数如表3-1所列。

表3-1 关键参数一览表

序号	控制点	单位	控制范围	备注(发酵周期)
1	氧消耗速率(OUR)	mol/(L·h)	94～100	40～160h
2	比生长速率	h^{-1}	0.023～0.028	50～160h
3	硫酸根离子浓度	mg/L	27±1	65～160h
4	电导率	mS/cm	16.3～17.7	85～160h

4）主要技术创新点及经济指标

本项目通过多参数采集技术，成功解析了发酵过程主题产黄青霉菌的实时发酵代谢特性，以生理代谢参数OUR和培养液过程电导率为指标，在此基础上开发了合成培养基营养包替代复合氮源玉米浆，成功实现了基于OUR水平的玉米浆替代新工艺。进一步进行菌体形态变化与青霉素合成、污染物排放的影响关系分析，优化建立了通过控制磷酸盐的补加策略合理控制产黄青霉菌的比生长速率，形成了基于活细胞传感仪检测参数在线电容值和电导率水平优化控制的全合成培养基营养流加新工艺，该成果成功实现了小试青霉素发酵生产单位达到14.6×10^4U/mL，与玉米浆工艺相比提升显著。将建立的基于在线生理代谢参数的供氧、营养物质流加、菌体形态调节的优化控制工艺在生产罐上验证推广，结果显示：青霉素发酵平均单位达到13.7×10^4U/mL，发酵废酸水

COD 浓度较原工艺降低了近 32.7%，废酸水中 NH_4^+-N 浓度降低了 46.5%。

5）工程应用及第三方评价

① 应用单位：华北某制药集团。

青霉素发酵理论技术研究与生产应用推广对接如图 3-2 所示。

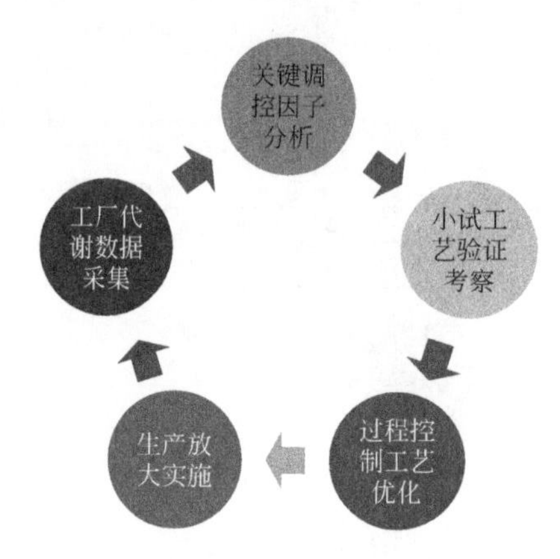

图 3-2 青霉素发酵理论技术研究与生产应用推广的完美对接

② 实际应用案例介绍：通过采用尾气分析质谱仪、活细胞传感仪、形态分析软件等实现了青霉素耗氧发酵过程中 OUR、CER、呼吸熵（RQ）、活细胞量、电导率等过程状态参数的在线检测与分析；从多尺度发酵过程优化的角度研究了在线生理代谢参数与青霉素合成代谢之间的关系，得到了最优化的过程 OUR 水平控制策略［(95±4) mmol/(L·h)］。在此基础上，进一步开展了合成培养基营养包替代复合氮源玉米浆，成功实现了基于 OUR 水平的玉米浆替代新工艺。并通过对全合成培养基营养包的优化，成功实现了青霉素发酵生产单位达到 13.4×10^4U/mL，与玉米浆工艺相比提升了 14%。

通过进一步对大量的过程菌体形态进行统计，找到了菌体形态变化与青霉素合成之间的响应关系，随着菌球占比的快速增加，青霉素的合成速率显著降低。并进一步研究了青霉素发酵反应器中剪切场变化，以及单个菌丝体在发酵罐中受剪切的瞬变特性和评估最大剪切强度持续累计时间对细胞形态和破碎释放内含物的影响，建立了青霉素发酵罐中流场的模拟评估方法，并建立了 CFD 流场剪切模拟分析模型方法和基于 PIV 的颗粒粒子追踪分析方法[8]。通过发酵过程中后期剪切速率的控制以及磷酸盐浓度的补加工艺，很好地实现了膨大菌球形态菌体占总菌丝体数量的比例控制，减少了过大的菌球生成以及剪切造成的破坏。在小试工艺研究中，通过调整磷酸盐和铵离子的流加控制维持菌体的比生长速率为 $0.025h^{-1}$ 能很好地维持菌体的生长、促进青霉素的合成，最高发酵单位能够达到 14.6×10^4U/mL，发酵周期由 172h 缩短为 155h，显著降低了废水污染物的释放。

青霉素生产过程在线多参数采集指导合成培养基组分精确流加控制工艺如图 3-3 所示（彩图见书后）。

最终将建立的基于在线生理代谢参数的供氧、营养物质流加、菌体形态调节的优化控制工艺在生产罐上验证推广，结果显示：青霉素发酵平均单位达到 13.7×10^4U/mL，

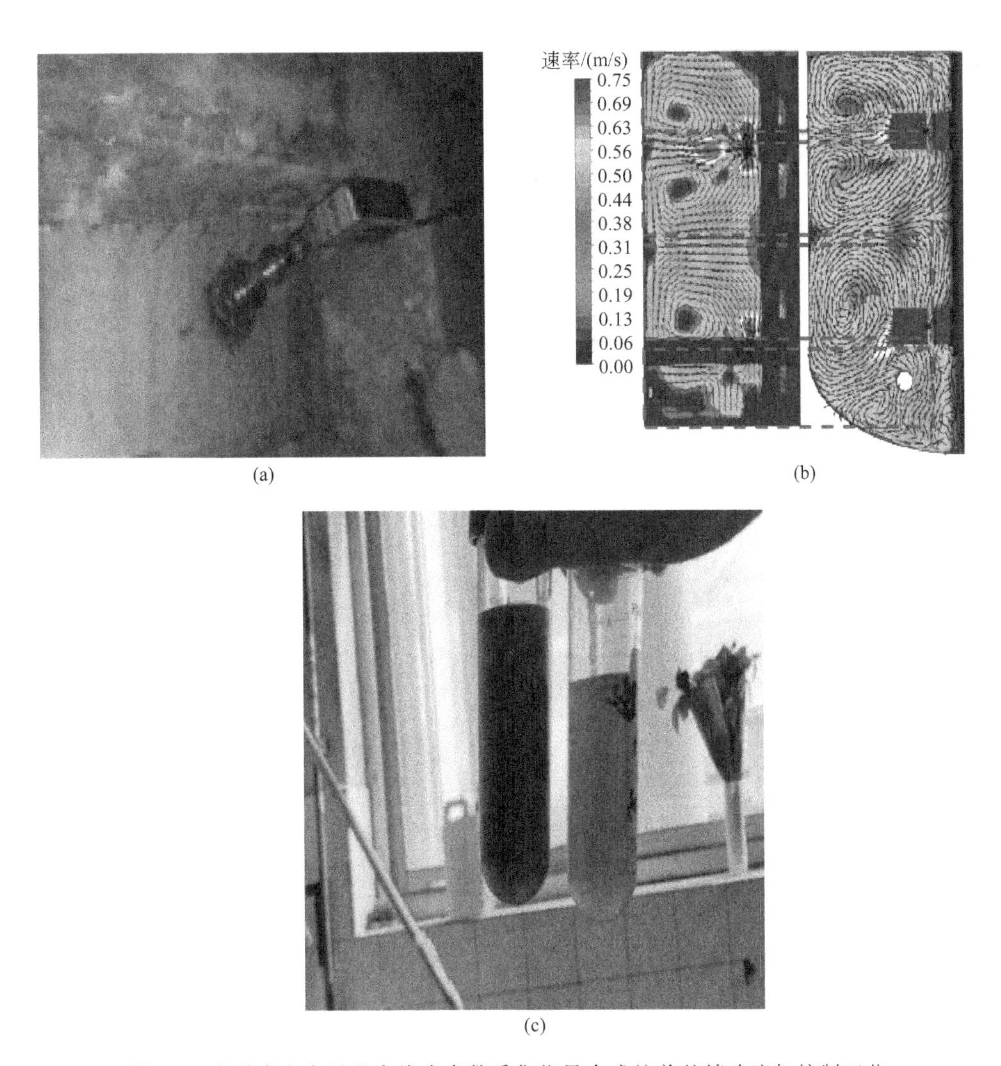

(a)　(b)　(c)

图 3-3　青霉素生产过程在线多参数采集指导合成培养基精确流加控制工艺

比对照提升了 15%以上。发酵单位达到 14.6×10^4 U/mL，占到 20%以上。发酵废酸水 COD 浓度较原工艺降低了近 32.7%，废酸水中 NH_4^+-N 浓度降低了 46.5%。

3.1.2　头孢氨苄酶法合成与绿色分离关键技术

3.1.2.1　技术简介

头孢氨苄酶法合成是以母核 7-氨基去乙酰氧基头孢烷酸（7-ADCA）和侧链 D-苯甘氨酸衍生物（酰胺或酯类）作为初始原料，在青霉素酰化酶（penicillin acylase，PGA）的作用下合成头孢氨苄。头孢氨苄酶法合成工艺以水为溶剂，在室温条件下通过固定化青霉素酰化酶的催化作用，使原料 7-ADCA 和侧链 D-苯甘氨酸甲酯盐酸盐发生缩合反应，生成产品头孢氨苄。本技术通过构建悬浮液反应体系，将 7-ADCA 的初始投料量提高了 9 倍，大大提高了酶法合成工艺的产出效率，减少了单位产品的侧链消耗和污染物排放量。

3.1.2.2 国内外研究进展

1969年，Cole[9,10]首次提出了用酶催化合成法替代化学合成法生产半合成β-内酰胺抗生素的设想。酶催化合成法是以水为反应介质，具有一步合成、工艺简单、反应条件温和、污染物排放量小等优势，被称为“绿色工艺”。根据所采用的侧链供体是非活化还是活化的形式，酶催化合成法分为热力学控制下的路线和动力学控制下的路线。热力学控制下的酶催化合成采用非活化形式的侧链供体，在青霉素G酰化酶的催化作用下，侧链供体和β-内酰胺母核之间发生酰化反应，从而生成半合成β-内酰胺抗生素。在合成过程中同时伴随着产物的逆向水解反应[11]，必须促使其反应平衡向合成反应的方向移动，很难得到理想的结果。而动力学控制下的头孢氨苄酶催化合成以酯类或酰胺衍生物作为侧链，其克服了热力学控制中侧链供体羧基的离子态问题，因此能够得到更高的产物收率。动力学控制下的合成面临的主要问题是，青霉素G酰化酶是一种双功能酶，其可以作为酰化酶，也可以作为水解酶。水解反应与合成反应之间相互竞争，这不但造成了侧链供体的浪费，并且限制了母核向产物的转化[12,13]。在欧美等发达国家和地区，头孢类抗生素的酶法合成技术已经实现产业化应用。在我国头孢类抗生素酶法催化合成技术还处于中试研究阶段，由于对不同来源的生物酶的特性以及生物酶催化合成过程缺乏系统的研究，致使该技术一直存在反应效率低、成本高等问题，难以大规模产业化。本项目针对头孢氨苄酶催化合成过程，系统地研究了影响催化合成过程的因素及调控方法，建立酶催化合成的反应动力学模型，在此基础上构建了酶催化合成新工艺，为头孢氨苄酶催化合成绿色工艺产业化应用建立基础[14]。

3.1.2.3 适用范围

该技术适用于高浓度发酵制药废水。

3.1.2.4 技术就绪度评价等级

TRL-5。

3.1.2.5 技术指标及参数

(1) 基本原理

头孢氨苄酶法合成工艺以水为溶剂，在室温条件下通过固定化青霉素酰化酶的催化作用，使原料7-ADCA和侧链D-苯甘氨酸甲酯盐酸盐发生缩合反应，生成产品头孢氨苄，并得到副产物盐酸和甲醇。其反应方程如下：

$$\underset{\text{7-ADCA}}{C_8H_{10}N_2O_3S}+\underset{\text{D-苯甘氨酸甲酯盐酸盐}}{C_9H_{12}NO_2\cdot HCl}\longrightarrow\underset{\text{头孢氨苄}}{C_{16}H_{17}N_3O_4S}+\underset{\text{盐酸}}{HCl}+\underset{\text{甲醇}}{CH_3OH}$$

青霉素酰化酶的催化活性和稳定性主要受温度和pH值影响。为保证酶的催化活性和稳定性，反应的温度控制在10～15℃，pH值控制在6.5～7.0。青霉素酰化酶不仅对酶促合成反应有催化作用，同时还对反应侧链和产物的水解有催化作用，因此需要控制酶的添加量在合适的范围，并采用流加的方式加入侧链，同时要严格控制侧链加入速度。不同生物酶对头孢氨苄催化合成的影响如图 3-4 所示。原料 7-ADCA 的溶解度是制约酶法合成工艺产出效率的关键因素，本技术通过构建悬浮液反应体系，将 7-ADCA 的初始投料量提高了 9 倍，大大提高了酶法合成工艺的产出效率，减少了单位产品的侧链消耗和污染物排放量。

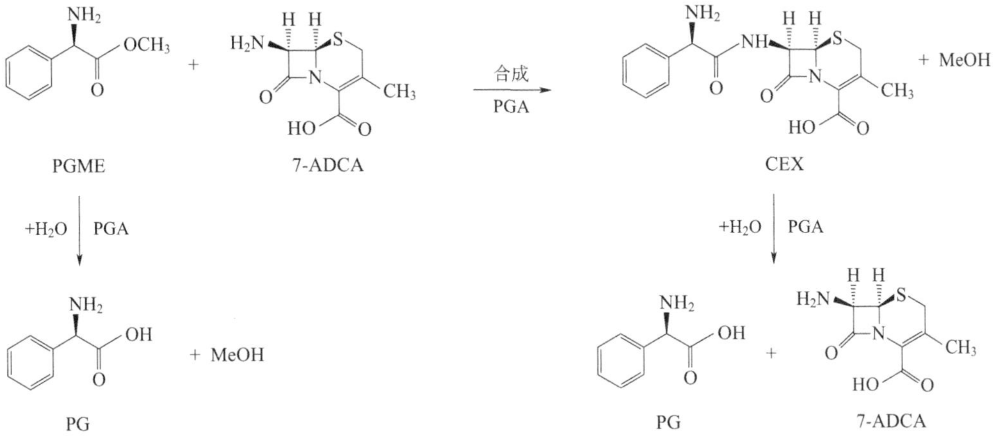

PGME + 7-ADCA $\xrightarrow[\text{PGA}]{\text{合成}}$ CEX + MeOH

PGME $\xrightarrow{+H_2O,\ \text{PGA}}$ PG + MeOH

CEX $\xrightarrow{+H_2O,\ \text{PGA}}$ PG + 7-ADCA

图 3-4　头孢氨苄催化合成示意

（2）工艺流程

工艺流程为“侧链＋7-ADCA＋固定化酶—酶催化合成反应—固定化酶分离—头孢氨苄母液溶解—脱色—过滤—结晶—干燥—头孢氨苄原料药”，如图 3-5 所示。具体如下：

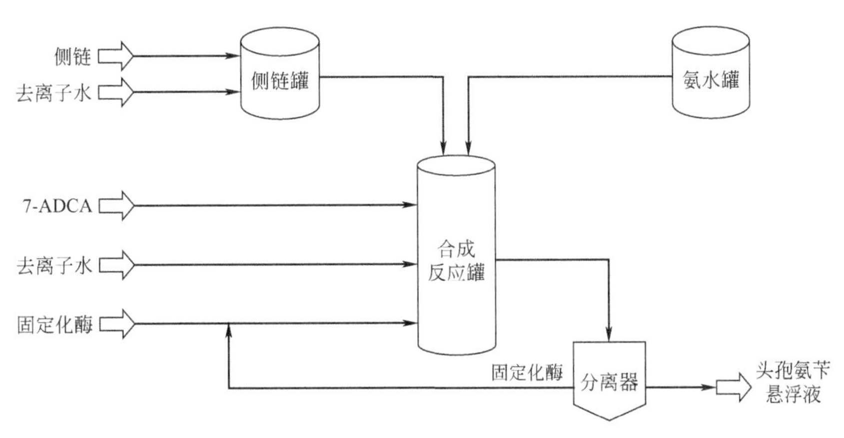

图 3-5　头孢氨苄酶法合成工艺流程

① 首先将侧链 D-苯甘氨酸甲酯盐酸盐溶解于去离子水中，配制成溶液；

② 向合成反应罐中加入去离子水，开启搅拌，投入 7-ADCA，控制反应罐温度；

③ 通过向合成反应罐中加入精制氨水来调节溶液的 pH 值在 7.0 左右，加入固定化酶；

④ 向合成反应罐中匀速加入侧链溶液，控制反应过程的 pH 值和温度，直到 7-ADCA残留≤5mg/mL 为反应合格；

⑤ 对反应后的溶液进行分离，得到固定化酶和头孢氨苄母液，回收的固定化酶继续投入合成反应罐使用，头孢氨苄母液经过溶解、脱色和过滤得到滤液；

⑥ 头孢氨苄滤液加入结晶罐中进行结晶，头孢氨苄晶体经干燥后得到头孢氨苄原料药产品。

(3) 主要技术创新点及经济指标

头孢氨苄的化学合成法工艺流程如图 3-6 所示，头孢氨苄的酶法合成工艺流程如图 3-7 所示。

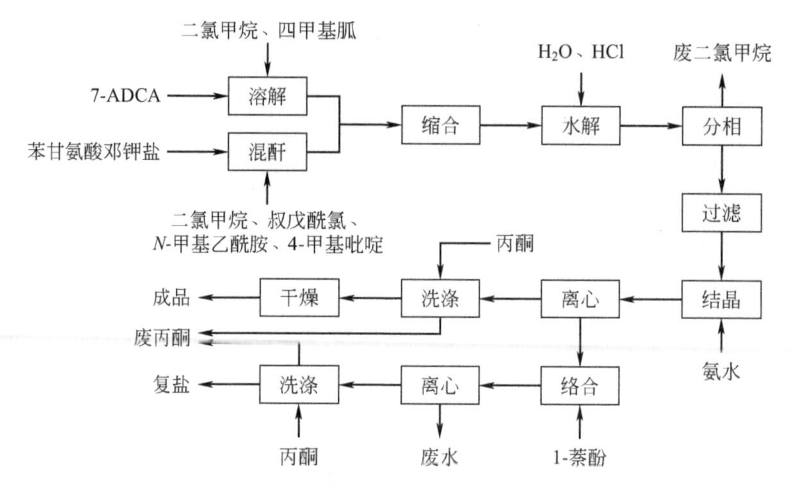

图 3-6 头孢氨苄的化学合成法工艺流程

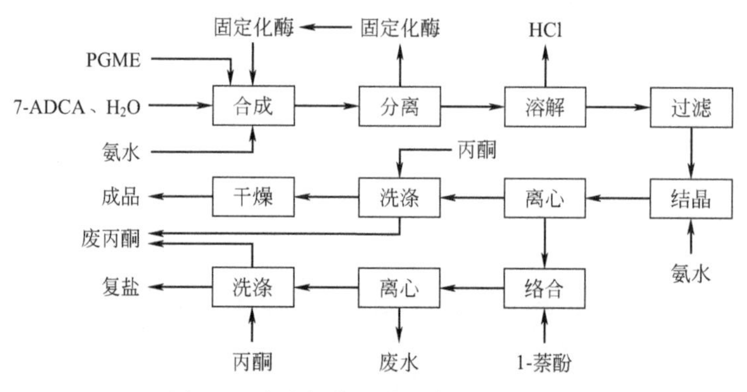

图 3-7 头孢氨苄的酶法合成工艺流程

酶法合成头孢氨苄方法在辅料和工艺上均区别于传统的化学合成方法，具有显著优势。工艺路线简单，反应条件温和，反应过程中避免使用二氯甲烷、四甲基胍、叔戊酰氯、4-甲基吡啶、N-甲基乙酰胺（NMA）等有毒有害物质。酶法合成工艺反应条件温和，节约能源；以水为反应介质，不使用二氯甲烷等挥发性有机溶剂，消除了废水、废气中有机溶剂的污染，环境友好；反应过程为一步催化合成，不再使用叔戊酰氯、四甲基胍等辅助化学品，原材料消耗、废水中 COD、生产成本显著降低，从工艺源头大幅减少了污染物排放。

通过系统研究头孢氨苄酶法催化合成过程，认识了头孢氨苄合成、反应侧链水解、反应母核 7-ADCA 溶解、产品头孢氨苄析出、催化酶与产品颗粒尺度、转化率、产出效率以及产品质量等的相关关系，掌握了反应过程的调控规律，形成了控制策略。通过对工艺条件的优化，使 7-ADCA 的转化率≥99%，侧链消耗降低 25%，产品质量达到标准。构建了头孢氨苄悬浮液反应体系，解决了大批量生产过程中催化合成酶与产品颗粒分离的工程技术问题，产率提高了 9 倍以上，单位产品生产成本降低 4.75%，废水 COD 浓度降低 44.71%，有机溶剂和辅助材料用量分别降低 70%和 100%。

（4）头孢氨苄酶法合成与绿色分离技术的工艺验证

通过对头孢氨苄酶法合成调控规律的研究，确定了悬浮液体系中高产率的头孢氨苄酶促合成工艺，120min 时反应达到最大化立即停止反应，此时得到的是固定化酶颗粒和头孢氨苄结晶的悬浮液；根据固定化酶与头孢氨苄结晶粒径的不同，采用 100 目的筛网将固定化酶与悬浮液进行分离，进一步通过过滤得到大部分头孢氨苄粗粉；再用母液反复洗涤固定化酶直至其变得澄清，从而实现了固定化酶与反应体系的分离。将头孢氨苄滤饼溶于结晶母液中，调整 pH 值至 1.2～1.5 使之完全溶解，从而得到澄清的头孢氨苄溶液；进一步采用等电点结晶工艺进行头孢氨苄的回收，将反应溶液的 pH 值调至 4.72，大部分的头孢氨苄结晶析出；过滤、真空干燥即可得到头孢氨苄的一水化合物。另外，得到残留有头孢氨苄的结晶母液。最后采用络合-解络合工艺回收母液中的大部分头孢氨苄，结合等电点结晶工艺，从而实现了母液中头孢氨苄的回收。实验结果如表 3-2 所列，头孢氨苄酶法合成的收率可达到 90.9%，并且产品质量也符合《中华人民共和国药典》的标准，纯度分别达到了 99.6%和 99.9%，其检测图谱如图 3-8 所示。

表 3-2　头孢氨苄的酶法合成与绿色分离技术的验证性结果

实验批次	7-ADCA 的转化率/%	一次结晶得到的头孢氨苄/g	母液中回收的头孢氨苄/g	头孢氨苄的总收率/%
1	99.0	24.89	2.36	91.3
2	98.8	24.52	2.42	90.2
3	99.1	24.77	2.51	91.4
4	98.5	24.69	2.38	90.7
5	99.3	24.84	2.31	90.9
平均数	99.0	24.74	2.40	90.9

本技术突破了结晶母液中头孢氨苄绿色回收新技术，建立了绿色络合-解络合新工艺，无 VOCs 产生，解络剂用量降低 92%，无含氯代烃废水。头孢氨苄的回收率提高 5%，减少氯代烃消耗 809.5t/a，从源头上减少 COD 的排放，建立解络合剂化学法回收与循环利用工艺，回收率达 90%以上，显著降低了头孢氨苄回收的能耗。在此基础上申请了两项专利技术。

（5）工程应用及第三方评价

① 应用单位：华北某制药公司。

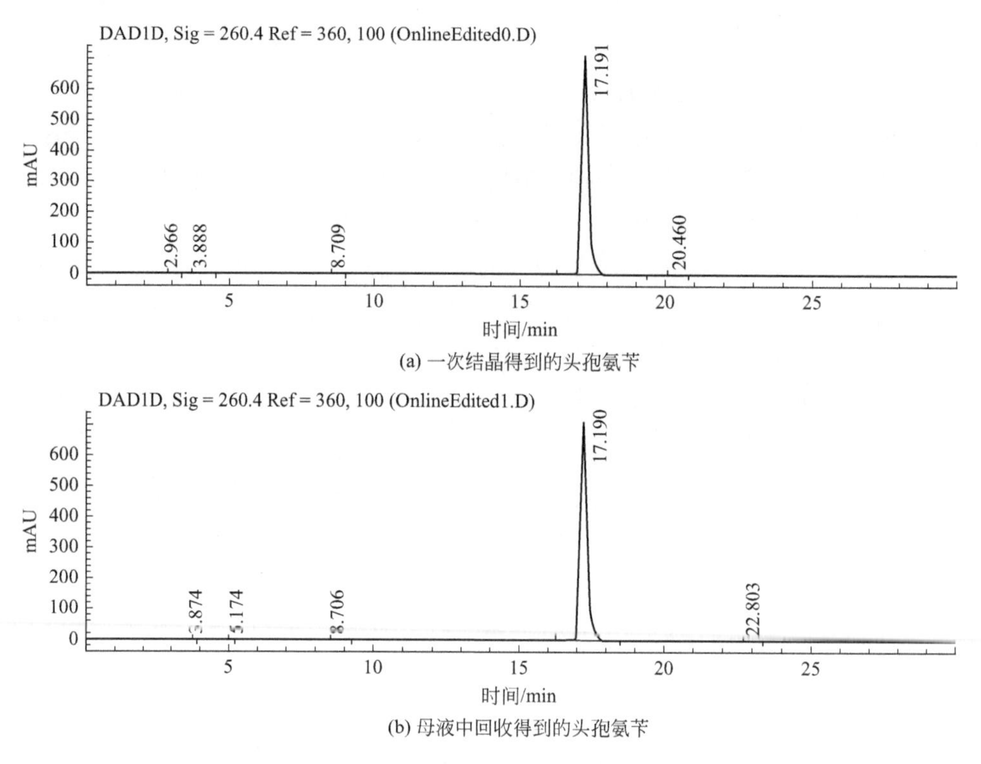

图 3-8 头孢氨苄产品的 HPLC 图谱

② 实际应用案例介绍：头孢氨苄酶法高效合成技术在华北某制药公司建设了"1000t/a 头孢氨苄原料药酶法合成及绿色分离清洁生产工程示范"，实现 7-ADCA 摩尔转化率达到 99%、辅助材料降低 100%、COD 排放量降低 40%以上、运行成本降低 4.75%。该项技术具有显著的社会效益、环境效益和经济效益。

3.1.3 抗生素合成固定化酶规模化制备技术

3.1.3.1 技术简介

头孢类抗生素是广谱抗生素，通过抑制细胞壁的合成而达到杀菌效果，是目前临床上使用量较大的一种半合成抗生素，其传统的合成方法是通过化学方法合成母核和侧链，主要过程包括混酐、缩合、水解和结晶等工序。由于化学合成过程具有需要基团保护、涉及工序长且需要用到毒性很大的化学物质等缺点而逐渐被酶法所取代，采用生物酶法合成头孢类抗生素具有反应条件温和、工艺简单等优势，具有较好的社会效益和经济效益。在这一过程中，开发高效催化的头孢原料药合成用固定化酶制剂成为该项技术的关键。本技术选择了来源于木糖氧化无色杆菌来源的青霉素 G 酰化酶（PGA），对该酶进行密码子优化后合成并进行定向进化研究，以减少在合成反应时对底物和产物侧链的水解，提高合成水解比（S/H），应用于 β-内酰胺抗生素尤其是头孢氨苄和头孢拉定的生产。

3.1.3.2　国内外研究进展

与化学催化剂相比，酶作为催化剂具有高效性、专一性和反应条件温和等优点，随着生物技术的发展，酶的应用越来越广泛，在食品、化工、医疗、能源、环境等领域展现出巨大的应用潜力。然而，酶的稳定性相对较差，在极端反应条件下，如高温、高压、强酸碱等条件下容易失活，且酶分子相对化学催化剂而言具有不易保存、不易回收和重复利用困难等缺点，制约了其在工业催化领域的应用[15,16]。为克服这些困难，酶的固定化技术应运而生。

固定化酶技术早在1916年首次被发现[17]，自20世纪60年代以来得到迅猛发展。相对于游离酶，其稳定性好、易分离和保存，被广泛应用于医药、生物、农业、国防、食品等领域[18,19]。

青霉素G酰化酶（penicillin G acylase，PGA，EC 3.5.1.11）在革兰氏阳性和阴性细菌中以及真菌中都有存在，目前，其已经应用于工业化生产，且生产技术日益成熟。截至目前，有文献报道的PGA存在的菌种有以下7种，即木糖氧化无色杆菌（*Achromobacter xylosoxidans*）、类产碱杆菌（*Alcaligenes faecalis*）、大肠杆菌（*Escherichia coli*）、嗜柠檬酸克吕沃尔氏菌（*Kluyvera citrophila*）、雷氏普罗威登斯菌（*Providencia rettgeri*）、巨大芽孢杆菌（*Bacillus megaterium*）、黏节杆菌（*Arthrobacter viscosus*）。PGA的应用，一方面主要是在碱性条件下用于裂解生产青霉素母核6-氨基青霉烷酸（6-APA）；另一方面主要是在酸性条件下以6-氨基青霉烷酸（6-APA）或7-氨基去乙酰氧基头孢烷酸（7-ADCA）为母核，通过与不同的D-氨基酸侧链缩合反应催化合成β-内酰胺半合成抗生素，如阿莫西林、头孢氨苄、头孢拉定等。

按照酶的固定化方式，固定化酶技术可分为吸附法、包埋法、共价结合法、交联法四大类[17]。吸附法对酶的构象影响小，固定方式简单，但酶与载体结合弱，易解离。包埋法合成简单，但受扩散限制、传质受阻，稳定性相对较差，一般难以满足工业应用的要求。共价结合法由于通过共价键方式直接作用于酶基团，作用力强、稳定性好，但对酶的构象影响大，活力一般较低。交联法选用交联剂（如戊二醛等），通过交联剂的功能基团连接载体和酶分子，这种共价结合的方式既增加了酶分子的柔韧性，提高了酶的活力，稳定性也相对较好，是目前工业应用中主流的固定化方式。

随着固定化技术的进步，固定化材料和固定化方式都在不断发展。固定化材料如无机载体类的沸石、多孔二氧化硅、活性炭[20]、硅藻土[21]和氧化铝等，无机-有机杂化载体材料包括金属-有机框架材料（MOFs）[22]等，以及纯有机载体材料包括天然高分子材料[23]、共价有机框架材料（COFs）[24]等；其中多孔二氧化硅和壳聚糖类载体由于综合性能如环境耐受性、比表面积、机械强度等较佳，被广泛应用于酶的固定化。近年来，金属-有机框架材料（MOFs）和共价有机框架材料（COFs）两种新型固定化材料由于具有孔道可调节、比表面积较高、结构多样、易于后修饰等优点，成为固定化载体研究的新热点。尤其是磁性纳米金属材料，可通过磁力吸引而迅速分离固定化酶，解决了纳米材料颗粒小、难回收的缺点。磁性材料是利用铁、锰、钴及其氧化物等化合物制备的一类具有磁性的材料，且固定化方法简单，能有效减少资本和工程投入[25]。除了固定化载体的发展外，新型固定化技术也不断涌现，如单酶纳米颗粒的制备[26]、微波辐射辅助固定化技术[27]、无载体固定化技术[28]、表面展示固定化技术[29]、原位合成方法[30]等。

随着生物催化领域的发展，固定化酶的需求越来越大，对固定化方法和固定化载体的创新也越来越迫切。虽然目前仍没有能够通用的固定化方法和固定化材料，但近年来不断报道的新材料和新方法给予了酶的固定化更多选择。高品质固定化酶的获取与有效应用必然逐步完善。

3.1.3.3 适用范围

适用于多种头孢原料药高效催化固定化酶的制备。

3.1.3.4 技术就绪度评价等级

TRL-7。

3.1.3.5 技术指标及参数

(1) 基本原理

选取木糖氧化无色杆菌来源的 PGA 基因作为出发点，对其进行了全基因克隆与原核表达分析，同时结合计算机分子模拟技术和高通量筛选方法对该 PGA（SPGA）进行了定向进化研究，经过多批次突变与筛选，获得了合成活力更高、水解活力更低、稳定性更好的突变菌株 SPGA-3B 和 SPGA-4。其中突变菌株 SPGA-4 对头孢氨苄的合成活力为 25～30U/mL，突变菌株 SPGA-3B 对头孢拉定合成活力为 8～10U/mL，满足了工业应用要求。对突变菌株 SPGA-3B 和 SPGA-4 进行了发酵、提取工艺优化；通过比较不同载体固定的头孢氨苄合成酶的活力、稳定性和转化效果，确定了固定化酶载体、固定化过程的磷酸盐浓度、pH 值、温度、时间等参数条件；确定了突变菌株固定化酶制备的最佳工艺路线，并制定了相应操作规程。

PGA 三维结构如图 3-9 所示（彩图见书后），SPGA-底物复合体结构如图 3-10 所示

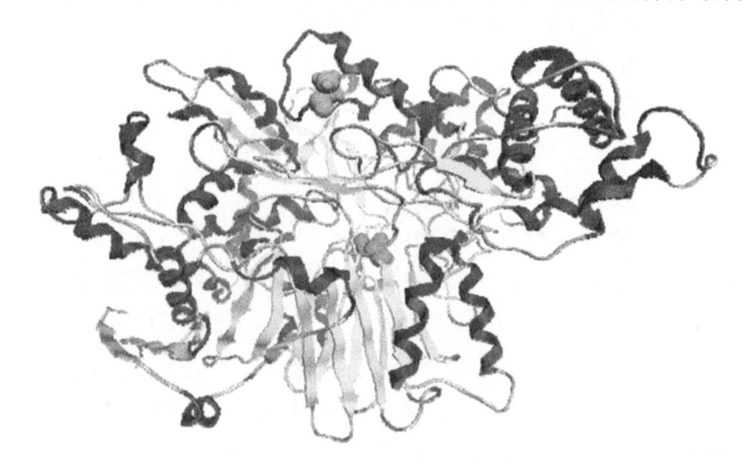

图 3-9 PGA 三维结构

(彩图见书后)，SPGA 突变体固定化酶性质如表 3-3 所列。通过分析 SPGA 与产物的结合位点，可以认为：酶以一种“口袋”形式与产物进行结合，如果口袋开口越大，催化活性会越高，因此根据图 3-9 的分析结果，选取了底物结合口袋处的几个关键氨基酸位点，分别为其底物结合口袋附近的 α 亚基氨基酸第 162 位点，β 亚基氨基酸第 24、71、241 位点（图 3-10）。

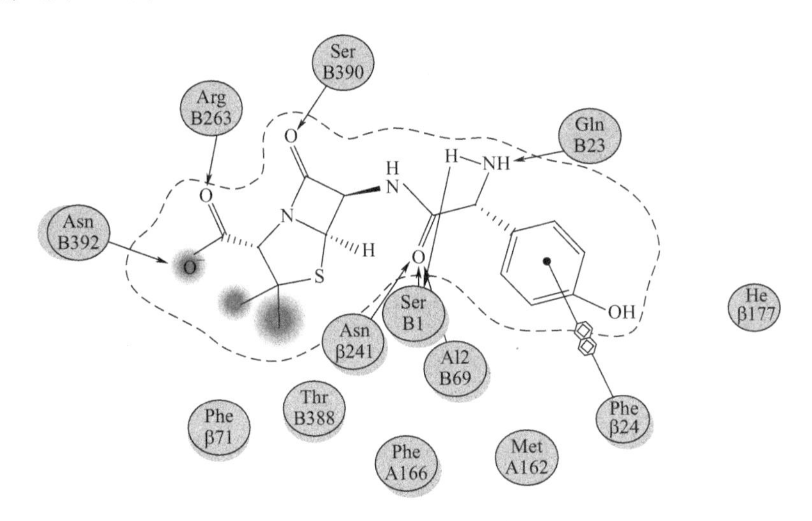

图 3-10　SPGA-底物复合体结构

表 3-3　SPGA 突变体固定化酶性质

反应批次	反应时间/min	7-ADCA 转化率/%	头孢氨苄的纯度/%	固定化酶活力/(U/g)
1	80	99.30	99.49	140
50	90	99.34	99.29	133
100	100	99.25	99.32	124
200	120	99.31	99.34	105
250	135	99.20	99.47	94
300	150	99.09	99.25	84

(2) 工艺流程

工艺流程为“发酵—提取—纯化—固定化—包装保存”，具体如下所述。

1) 发酵工序

在发酵罐配制培养基，然后通入蒸汽进行高温灭菌，灭菌结束开夹套进水冷却。种子罐内接入种子菌液进行发酵培养，一定时间后接入生产大罐发酵。大罐发酵过程中补入葡萄糖和氨水供微生物生长代谢。

2) 提取工序

发酵结束后用陶瓷膜收集菌体，并稀释发酵液至合适菌浓，加入 NaOH 溶液调 pH 值。开热水夹套升温浸泡发酵液，然后开冷水将浸泡料液降温，加入适当絮凝剂和钙盐，停止搅拌静置后板框过滤。

3）纯化工序

将板框清液用碱溶液回调后微孔过滤，然后用10kD的卷式膜超滤器浓缩，过程中加去离子水进行脱盐处理至循环料液电导率达到工艺要求。

4）固定化

按质量/体积比加入磷酸氢二钾和磷酸二氢钾调节pH值，充分溶解后过滤进行固定化。采用氨基载体固定，控制温度吸附过夜。

5）包装保存

用去离子水反复清洗处理好的固定化酶，直到排水清澈，抽干。根据出厂要求进行包装，低温（3～8℃）保存。

（3）技术创新点及主要技术经济指标

与同类技术相比，本技术拥有独立自主知识产权，打破了国外技术垄断，所制备的固定化酶活力高、稳定性好、耐酸性强、合成水解比高；形成了10t/a合成酶规模化制备技术，可满足产业化需求；通过固定化酶制备技术生产的固定化酶，其酶活力由80U/g提高至120U/g以上，已生产200百万单位的合成酶提交给示范工程华北某制药公司下属工厂进行使用，酶使用批次从70批提高到300批，提高了酶的催化效果和使用周期，降低了酶的使用成本，间接减少了固体废弃物的排放。

（4）技术来源及知识产权概况

本技术拥有独立自主知识产权专利：ZL201510736957.7，一种合成用青霉素G酰化酶突变体及其在制备阿莫西林中的应用

（5）技术在示范工程应用概况

在华北某制药公司头孢氨苄千吨清洁生产示范工程中获得很好的应用效果。

3.2 清洁生产工艺

3.2.1 头孢氨苄连续结晶技术与装备

3.2.1.1 技术简介

头孢氨苄（cephalexin）是一种*β*-内酰胺类抗生素，属于广谱抗菌素类药物，它能抑制细胞壁的合成，使细胞内容物膨胀至破裂溶解，杀死细菌，常用于革兰氏阳性菌和革兰氏阴性菌感染的治疗。其药用晶型为一水合物，因此也称为头孢氨苄一水合物（cephalexin monohydrate），化学名为（6*R*，7*R*）-3-甲基-7-[（*R*）-2-氨基-2-苯乙酰氨基]-8-氧代-5-硫杂-1-氮杂双环[4.2.0]辛-2-烯-2-甲酸一水合物，分子式为$C_{16}H_{17}N_3O_4S \cdot H_2O$，分子量为365.41，是一种白色至微黄色结晶固体。结构式如图3-11所示。

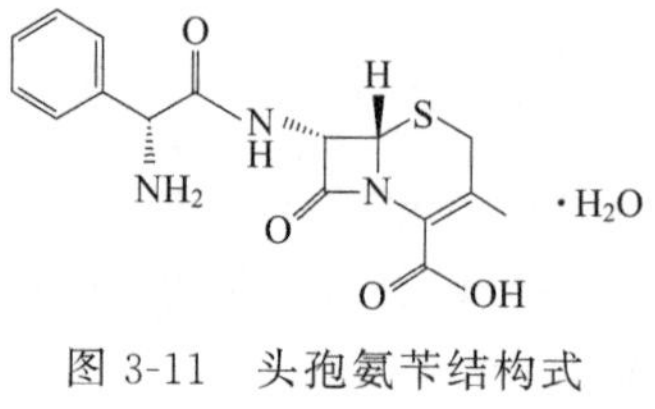

图3-11　头孢氨苄结构式

头孢氨苄原料药制备采用酶法工艺或化学法合成，结晶是制备流程中获得最终固体产品的关键步骤。头孢氨苄是一种两性物质，其结晶制备工艺为调节反应合成物的pH值至等电点使溶质溶解度最低而析出大量结晶，实现头孢氨苄晶体产品纯化。

由于结晶过程反应（沉淀）速度快，易出现过饱和度突变，进而产生细小的晶体同时发生聚结现象，带来产品形貌差、杂质包藏、后续处理困难等问题，极大地影响了其在过滤、制剂等工段的效率和质量。因此，研究并高效制备出晶型和流动性好、堆密度高的头孢氨苄药物晶体产品，提高技术与产品的附加值和市场竞争力，一直是本领域技术进步的驱动力。

以大宗抗生素结晶生产过程中工艺水减量、废水和COD减排，结合生产实际需求，资源化回收结晶母液，兼顾药物产品质量指标为目标，完成了头孢氨苄药物基础研究、连续结晶工艺优化、智能化连续结晶装备设计等关键技术，形成年产1000t规模头孢氨苄原料药结晶清洁生产关键技术的放大设计工艺包，突破了二级连续结晶工艺路线，开发了适用的推进式全混型结晶装置及过程温度控制算法，保证了头孢氨苄药物连续结晶过程的清洁生产高效化和智能化。结晶过程收率提高2.4%，结晶母液中头孢氨苄减少23%，COD排放下降40%以上，药物产品晶形、粒度等质量指标显著提升，减排增效显著。

3.2.1.2 国内外研究现状

以头孢氨苄为代表的头孢菌素抗生素在全球市场的需求量逐年增长，开发稳健的工艺以实现头孢氨苄高产量、高质量的生产是满足该领域发展需求的关键。目前对于头孢氨苄的分离提纯方法主要有酸碱反应结晶、纳米滤膜法和浓缩结晶等。其中酸碱反应结晶法因其设备简单，且在水溶液中进行，过程使用的有机溶剂少，对环境污染小，因而被广泛使用。然而文献中关于头孢氨苄结晶的报道较少，相关内容总结如下。

王艳艳等[31]在文献中报道了用酸溶解原料混悬液，过滤至结晶罐，用3mol/L氨水调晶。一调至pH=2.2～2.5，温度30～35℃，养晶30min；二调至pH=4.8～5.0，养晶3h。抽滤、丙酮洗涤、45℃干燥2h后得头孢氨苄成品。头孢氨苄摩尔收率在85%以上，成品含量≥98.5%。该文献主要研究头孢氨苄酶法合成工艺过程，分步调pH值结晶来提高产品含量和收率。中国专利CN 103805671A用硫酸将头孢氨苄粗粉与滤液混合后的体系pH值调至0.1～2.5，并经0.45μm滤膜过滤后得原料液，采用间歇结晶方式，将料液升温至30～60℃，用氨水调节pH值至4.0～6.0，养晶，然后过滤、洗涤、干燥，得头孢氨苄产品。该方法获得的头孢氨苄产品纯度>99%，过程收率在80%左右[32]。中国专利CN 108822133A采用间歇结晶方式，将含有头孢氨苄的液相用碱调节pH值至3.5～5.5进行结晶，过程中对每升反应产物添加晶种0.5～3g，再将晶浆液降温至0～5℃，维持0.1～3h养晶，固液分离，得头孢氨苄晶体[33]。以上头孢氨苄间歇结晶法存在药物产品质量批次间差异大、重现性差、无法保证稳定制备、生产效率低、设备利用率低等问题。

连续结晶是近年来结晶领域非常热门的研究方向。相比于传统的间歇结晶，连续结晶具有连续操作、稳态结晶、效率高、占地小、产品质量稳定等特点，适于大规模工业化生产。从20世纪起，国内外已开始在化工领域研究连续结晶，例如在糖、盐以及其他无机化工产品生产中应用连续结晶以实现连续化生产，最终降低了运营成本。普渡大学的 Zoltan K. Nagy 及麻省理工大学的 Allen S. Myerson 教授实验室分别进行了一系列连续结晶的研究，成功将连续结晶装置、连续结晶粒数衡算方程应用在多级结晶装置上，在每级结晶釜依次产生过饱和度，控制结晶体系的过饱和度波动，有利于产生粒度分布更窄、形貌更佳的产品[34,35]。目前连续结晶的主要研究方向包括：a. 粒数衡算方程的优化；b. 反馈控制系统的优化与应用；c. 多级连续结晶用于晶体形貌的研究；d. 新型连续结晶装置、结晶装置耦合新型设备实现定向功能的研究。

头孢氨苄作为一种大宗原料药，在保证产品质量的前提下实现它的连续化生产有利于扩大生产规模以满足市场需求。此外，如果能实现头孢氨苄的连续结晶制造也将提高相应的过程制备效率，最终减少生产中水的使用量，进而提高相关工艺的清洁化程度。佐治亚理工学院的 Ronald W. Rousseau 教授在文献中报道了头孢氨苄在水溶液中的溶解度和结晶动力学，并研究了反应前体（7-ADCA 和苯甘氨酸甲酯）对头孢氨苄成核和生长动力学的影响，结果表明反应前体对于头孢氨苄成核没有影响，但是会减小头孢氨苄的生长速率。此外，作者基于头孢氨苄结晶动力学讨论了头孢氨苄连续制造的可能性，并指出反应中 7-ADCA 的完全消耗将使头孢氨苄晶体受到较弱的生长抑制作用，从而使更多的头孢氨苄可在更短的时间内结晶出来[36]。由此可见，开发头孢氨苄的连续结晶技术与装备是本行业的重要前沿方向。目前真正意义上的头孢氨苄稳态连续结晶尚未见报道，因此进行该方向研究将有利于提高本行业的生产规模、产品质量及清洁化程度。

3.2.1.3 适用范围

头孢氨苄连续结晶技术与装备为系统解决大宗原料药头孢类抗生素清洁生产中的水问题提供了减排关键技术支撑，可应用于相关药物清洁生产过程，适用于反应、蒸发、冷却、溶析结晶及其耦合结晶工艺，可以推广应用到其他化工、食品、医药中间体等行业的清洁生产中，从而有效提高结晶清洁生产技术行业覆盖度。

3.2.1.4 技术就绪度评价等级

本技术经天津市科学技术评价中心于2019年7月25日组织的专家鉴定会，津科成鉴字 PJ（2019）134号，综合评价意见为“该项目研究成果总体技术达到了国际领先水平”，成果登记号津20191461，有效提高药物结晶清洁生产技术行业覆盖度，技术就绪度达到9级。本成果获2019年天津市科技进步特等奖。

3.2.1.5 技术指标及参数

（1）基本原理

1）头孢氨苄药物连续结晶技术

头孢氨苄是一种两性物质，分子中含有羧基和氨基，pH 值对头孢氨苄的溶解度有很大影响。在等电点（pH＝4.3～4.8）左侧，即酸性条件下，溶解度随溶液 pH 值的增大而明显减小，晶体不断析出；在等电点附近，头孢氨苄溶解度受pH值影响不明显；在等电点右侧，即碱性条件下，溶解度随溶液pH值的增大而显著增加。在pH值恒定状态下，体系温度降低时头孢氨苄的溶解度逐渐减小，但变化幅度较小。由于头孢氨苄在碱性条件下易发生降解，本任务在酸性条件下通过调节溶液pH值来制备头孢氨苄晶体，辅以冷却结晶，进一步提高收率。

在医药、化工行业生产中，连续结晶的优势是设备数量少、生产效率高，过程更稳定易控，晶体产品质量的稳定性和一致性好。头孢氨苄结晶过程中伴随成核与生长，需要严格调控过程的过饱和度，即通过氨水的流加量来调控过程的pH值和晶浆悬浮密度，防止爆发成核导致产品细碎。加入晶种有利于结晶成核控制，使过饱和度容易调控。结晶温度、停留时间、稳态pH值等是影响最终产品形态的关键因素，需严格控制，从而提高结晶产品质量和过程收率，降低单位产品的水消耗和母液中药物残留，降低废母液处理难度，实现清洁生产目标。

连续结晶是一个稳态的过程，期间操作参数保持在一个相对稳定的范围，同时系统具有自我调整的能力，能够抵抗外界带来的波动并将系统重新带回平衡。连续结晶是在结晶釜内同时进料、出料，并且进出料速率相等，从而保持结晶釜内体积恒定。因此，要开启连续结晶，首先要制备一定的体积、温度、pH值等于连续操作状态下的头孢氨苄底料；当起始底料制备完成后，开始进行连续进料、连续出料的连续操作。

原料液的出料速率（Q_{out}）由方程式(3-1)计算：

$$Q_{out}=V/\tau \tag{3-1}$$

式中 Q_{out}——原料液的出料速率；

V——结晶釜工作体积；

τ——设定的停留时间。

当体系开始连续进出料后，称系统已经开始了连续操作，此时体系内不断发生成核、生长破碎的过程；同时结晶釜内的晶体悬浮液也会流出，从而造成结晶釜内晶核数量减少。以单个结晶釜为控制体，其内部粒子衡算方程如下：

$$\frac{\partial n}{\partial t}+\frac{\partial (Gn)}{\partial L}+n\frac{\partial (\lg V)}{\partial L}+\frac{Q}{V}n=(B'-D')+\frac{Q_i}{V}n_i \tag{3-2}$$

式中 n——晶体的粒数密度分布，是时间t和粒度L的函数；

G——晶体的生长速度；

V——溶液总体积；

Q——溶液的流率；

B'、D'——晶体的生、死函数；

Q_i——进出料的流率；

n_i——进出料晶浆中晶体的粒度分布。

式(3-2)即为粒数衡算方程（population balance equation）。由该方程可知，由于结晶釜内溶液处于过饱和状态，所以不存在晶体的溶解，D'项主要指晶体由结晶釜内排出。当结晶釜内粒子产生量大于排出量时，晶体的悬浮密度升高；当结晶釜内粒子产生量小于排出量时，晶体的悬浮密度降低。晶体的生长、成核速率与过饱和度呈正相关，当系统过饱和度产生波动时，譬如由于原料液浓度变高，系统成核速率提升，产生过量的晶核，使得系统晶浆密度大于稳态值，过量的晶体将会排出，从而使得该结晶系统重新回到稳态值，这种自我调节的能力称为连续结晶系统的自调节，是连续结晶稳态系统抵抗外界波动的机制。

当系统开始连续操作后，由于晶核数量、晶浆过饱和度等因素尚未达到稳态值，因此系统会通过系统自调节机制，生成晶体、排出晶体等操作使得系统逐步达到稳态值，而系统从连续操作开始到最终稳定状态达成一般需要 8～10 倍停留时间。从连续操作开始时，对每个停留时间内的产品进行取样分析，从而分析头孢氨苄产品达到稳态过程中的形貌变化。在操作时间>10 倍停留时间后，通过对系统进行粒数、形貌分析，从而确定其达到了稳态，并分析达到稳态后产品各项指标的变化。无添加晶种实验的控制参数及结果如表 3-4 所列，无添加晶种结晶过程体系浓度变化曲线及头孢氨苄晶体显微镜图分别如图 3-12 和图 3-13 所示（彩图见书后）。

表 3-4　无添加晶种实验的控制参数及结果

实验批次	流加时间/min	$L/\mu m$	$W/\mu m$	W/L 值	$\rho/(g/cm^3)$
No. 1	75	36.6	5.82	0.159	0.100
No. 2	105	46.19	7.62	0.165	0.111
No. 3	125	43.14	8.24	0.191	0.130
No. 4	135	49.95	12.22	0.253	0.168

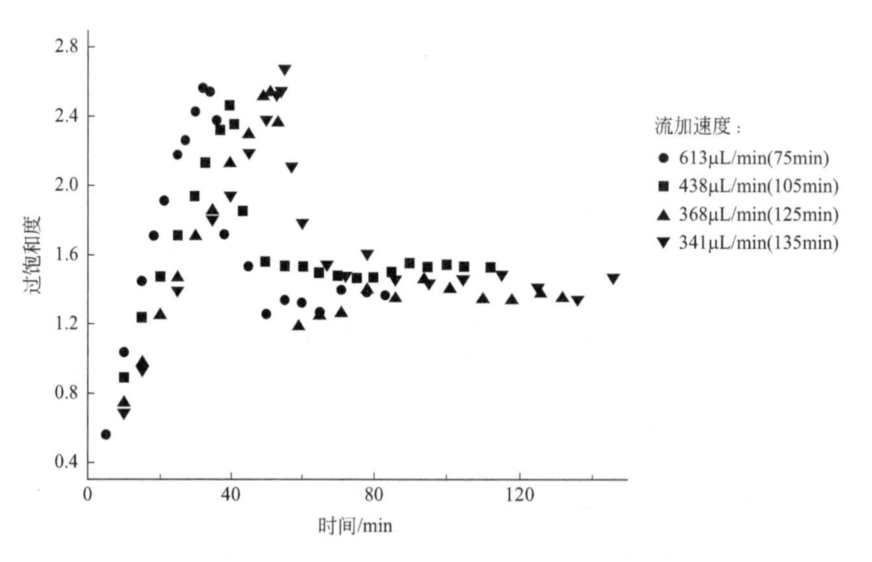

图 3-12　无添加晶种结晶过程体系浓度变化曲线

2）智能化连续结晶装备设计

根据开发的连续结晶工艺特性、物料流向与体积变化规律，设计了适用构型结晶器。该装备采用高效推进式螺旋搅拌桨，成功实现了头孢氨苄两级连续结晶装置的物料良好混合，解决了反应结晶装置局部过饱和度高、爆发成核问题，并使用计算流体力学

(a) 无添加晶种实验

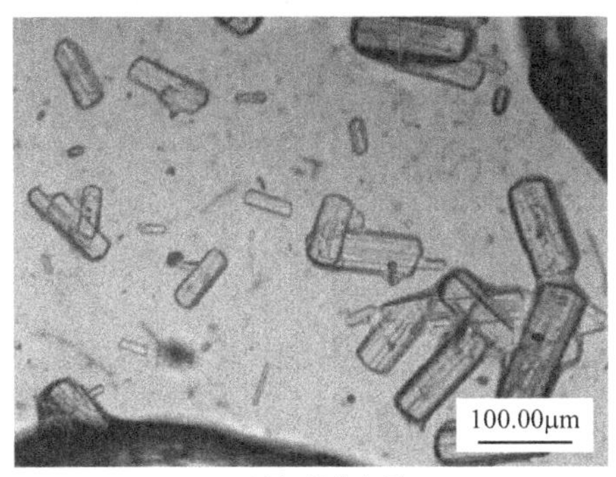

(b) 添加晶种条件

图 3-13　头孢氨苄晶体显微镜图

方法验证了结晶器结构设计的合理可靠性。结果表明各级结晶器中速度场均匀，颗粒分布均匀。为实现头孢氨苄连续结晶过程中料液温度及其变化速率的精确调控，设计开发了一套化工过程温度调控的自校正模糊控制算法软件，解决了大滞后温度控制问题，避免了头孢氨苄连续结晶过程中产生结垢现象，保证并实现了连续结晶装备的信息化和智能化。

连续结晶设备与过程操作的一个难题是大规模结晶器中物料的良好搅拌混合和产品粒度控制。设计了一种高效推进式全混型结晶器，通过结晶器的特定构型及工艺物料流程与操作控制，稳定调控结晶物系的过饱和度，有效调控晶体成核与生长，实现晶体粒子的粒度分级，从而改善连续结晶过程的产品粒度小、设备结垢、管路堵塞、运行周期短等问题，延长连续结晶过程稳定运行周期，保证产品质量。结晶过程的推动力是过饱和度，各级结晶器的过饱和度产生与结晶方式有关，实时调节过饱和度，有效降低或消除产生的细晶颗粒，提高连续结晶产品粒度。晶体成核过程的控制很重要，需要调控每级结晶器的晶浆悬浮密度，尤其是一级结晶器的晶浆悬浮密度控制在3%～10%，控制较低的过饱和度，避免爆发成核造成的产品细碎。螺旋搅拌桨降低了晶体碰撞成核概率，结晶器的混合效果良好，保证小晶体足够的生长时间，有利于增大最终产品粒径，制备的晶体粒度大且粒径均匀，外观形态好，且粒度维持稳定。二级结晶器物料体积5000L中40r/min和60r/min模拟的速度场和颗粒分布情况分别如图3-14（彩图见书后）和图3-15所示（彩图见书后）。

所设计的连续结晶装置适用于反应结晶、蒸发结晶、冷却结晶等。

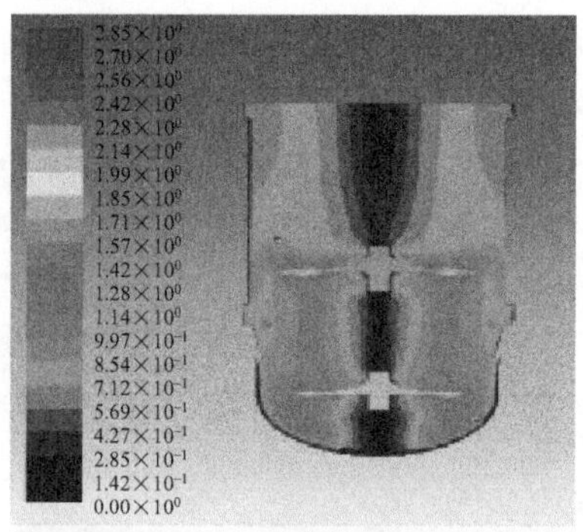

(a) 速度场

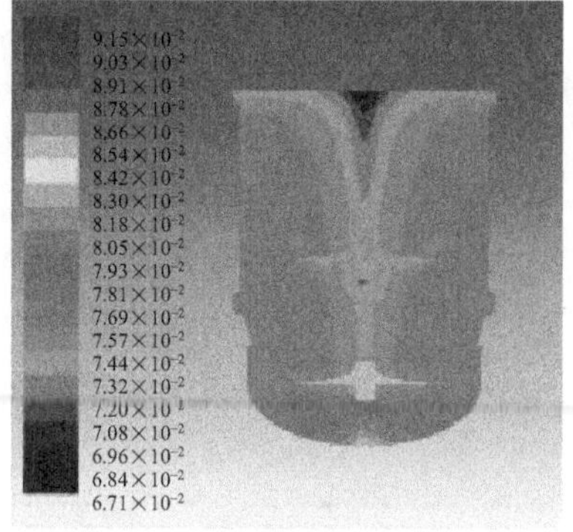

(b) 颗粒分布

图 3-14 二级结晶器物料体积 5000L 中 40r/min 模拟的速度场和颗粒分布情况

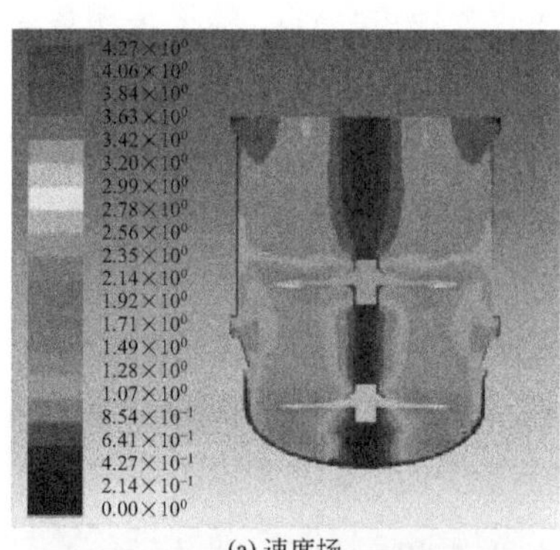

(a) 速度场

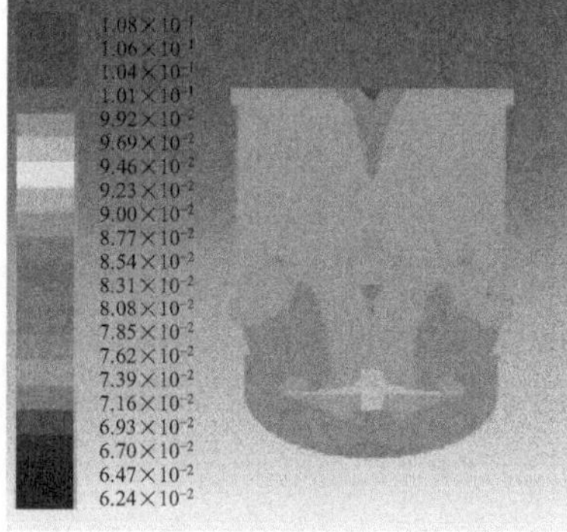

(b) 颗粒分布

图 3-15 二级结晶器物料体积 5000L 中 60r/min 模拟的速度场和颗粒分布情况

（2）工艺流程及装备

1）头孢氨苄药物连续结晶技术

为了保证头孢氨苄产品一致性、工艺过程的可控性和稳定性，提高结晶过程收率，降低流程的工艺水消耗，设计开发了二级连续结晶的流程，如图 3-16 所示。优化头孢氨苄结晶生产过程中的主要影响因素，实现结晶过程中溶剂、过饱和度场、温度场、pH 值、流体力学场、悬浮密度场等参数的耦合相关调控，建立头孢氨苄类药物反应-连续结晶集成耦合制备技术。

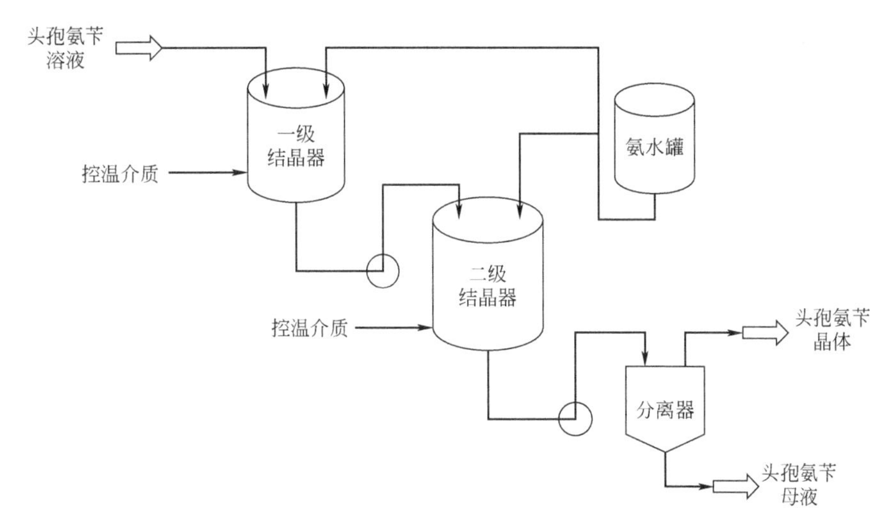

图 3-16　头孢氨苄药物连续结晶技术工艺流程框图

头孢氨苄-水溶液的溶解度随 pH 值变化较快，为了控制产品粒度和堆密度，需要调控体系的过饱和度，采用料液和氨水双管流加的方式。一级结晶器中加入适量的氨水，控制适宜的 pH 值，尽量减少成核现象，然后料液晶浆进入二级结晶器，继续加入氨水，调节到终点，继续析出晶体。为了提高结晶收率，二级结晶器中将料液温度降温至 10～25℃。

工艺流程如下所述。

① 原料液头孢氨苄质量浓度 12%～15%，pH=1.6～1.9。

② 一级结晶：结晶器底液是 2%～3%的头孢氨苄悬浮液，料液和碱液双管流加3～$4m^3/h$，控制料液 pH 值，温度 30～40℃；20min 后，开始一级结晶器底部排出晶浆，二级结晶器顶部进，连续进出料。

③ 二级结晶：温度 30～40℃，缓慢加氨水 15～30min，pH 值调至 4.8±0.2；2h 后，料液由 30～40℃降温至 10～25℃。

④ 晶浆经过滤、洗涤、干燥，得到头孢氨苄晶体产品。

2）智能化连续结晶装备设计

设计了一种高效推进式全混型结晶器，解决头孢氨苄连续结晶中的固液搅拌混合效果差、局部过饱和度高导致爆发成核产品细碎等问题。采用高效推进式螺旋搅拌桨和适用结晶器构型，实现结晶器中固液流股快速充分混合与扩散，高效传热、传质，保证大型结晶器的过饱和度均匀，提高晶体产品晶型和过程收率。采用计算流体力学 CFD 动态模拟两级结晶器的搅拌混合情况，结果表明各级结晶器中速度场均匀，颗粒悬浮分布均匀，物料混合效果良好，两级结晶器的结构设计和搅拌桨叶是合适的。

依据物料体积、多股固液料液混合、反应过程特点，一级结晶器有效容积 $2\sim3m^3$，为单层推进式螺旋桨；二级结晶器有效容积约为 $5m^3$，为双层推进式螺旋桨，保证多股反应料液快速、充分混合与扩散。头孢氨苄多级连续结晶装备由多个结晶器串联，每个结晶器称为一级，每级结晶器外部配有加热/冷却换热器，提供结晶过程需要的热量/冷量输入；晶浆由 W 形底部出料口进入二级结晶器，二级结晶器的出料口料液进入固液分离设备，得到晶体产品。

溶液结晶过程中温度控制示意如图 3-17(a) 所示，采用夹套通入加热/冷却介质的操作方式，通过调节加热/冷却介质阀门 FT101 开度来调控加热/冷却介质的流量，实现结晶物料温度 TIC101 的升高/降低，制备出结晶产品。本技术设计开发了一套化工过程温度调控的自校正模糊控制算法软件，原理结构如图 3-17(b) 所示，用于溶液结晶过程的料液温度及其变化速率的精确调控。该算法基于模糊控制理论，以温度偏差和温度偏差变化率作为模糊控制器输入，通过精确量模糊化/模糊推理/模糊量精确化等步骤，得到调控阀门增减量，有效提高化工冷却/加热生产过程中料液温度和降温/升温速率控制精度。实践表明，该自校正模糊控制器响应速度快，超调量小，是解决大滞后温

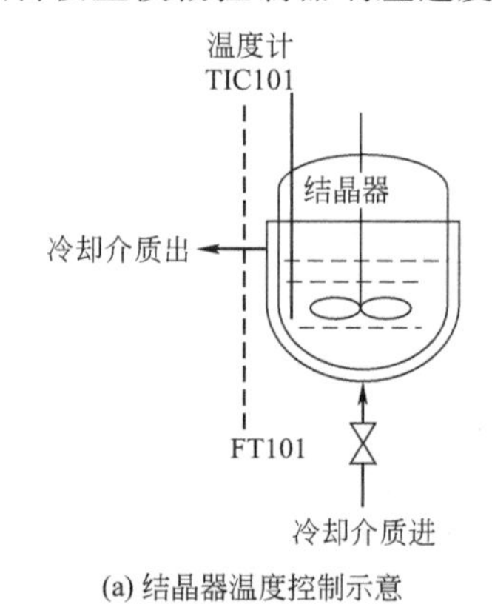

(a) 结晶器温度控制示意

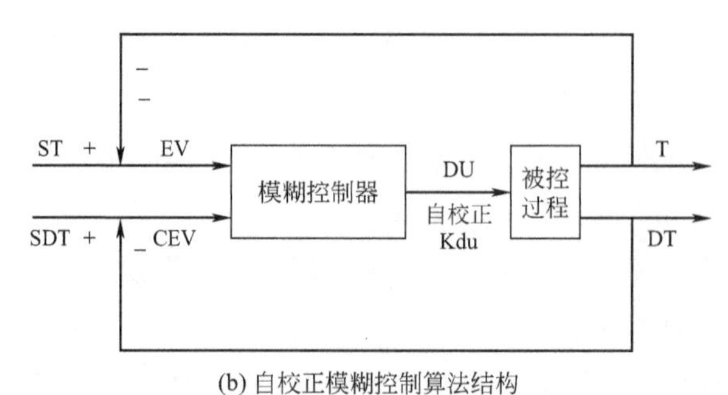

(b) 自校正模糊控制算法结构

图 3-17　溶液结晶过程智能化控制

度控制问题的一种实用有效算法。获软件著作权登记（2019SR0862371），实现头孢氨苄连续结晶装置及结晶过程的信息化和智能化。

（3）主要技术创新点及经济指标

1）主要技术创新点

以头孢氨苄结晶生产过程中工艺水减量、废水减排为目标，兼顾药物产品质量指标，系统开展头孢氨苄药物晶体工程学、结晶过程工艺参数优化、药物连续结晶技术建立、智能化连续结晶装备设计等研究，涉及分子层次-小试基础试验-工程开发与实证等尺度，实现了二级连续结晶工艺路线、开发了适用的推进式全混型结晶装置、过程温度控制算法，保证了头孢氨苄药物连续结晶过程的清洁生产高效化和智能化。

2）经济指标

该研究成果获2019年天津市科技进步特等奖，专家组鉴定意见为“该项目研究成果总体技术达到了国际领先水平”。

① 开发了头孢氨苄水相连续结晶绿色精制技术与智能化装备，在华北某制药公司千吨级头孢类原料药结晶生产线产业化应用，实现高堆密度头孢氨苄等药物产品的可控制备。

② 攻关形成具有自主知识产权的反应溶析耦合结晶技术与装置，实现医药、食品及饲料添加剂等产品晶形的有效调控，打破国外技术垄断，产品进入国际高端市场。

③ 开发的技术成果适用面广，推广于多品种类型的结晶过程，如某药业维生素、某制药公司布洛芬、某化工集团有限公司富含磷酸钠的农药草甘膦废水等结晶生产线，产品质量均达到或优于国际同类产品水平，年新增利税过亿元，减排增效成果显著，有效助力制药等行业结晶清洁生产技术行业覆盖度的提高。

（4）工程应用及第三方评价

① 应用单位：华北某制药公司。

② 实际应用案例介绍：围绕抗生素头孢氨苄原料药酶法制备流程中的结晶工序开展了药物晶体形态调控规律探究、连续结晶过程工艺优化、结晶母液资源化回收等工作，形成了年产1000t规模头孢氨苄原料药绿色精制关键成套技术解决方案与工艺包，并在华北某制药公司进行工程实证。结晶过程头孢氨苄的收率较原有间歇结晶提高2.4%，结晶母液中头孢氨苄减排23.1%、废水减排30%、COD排放量下降40%以上，头孢氨苄产品晶型、粒度等质量指标明显提升，减排增效成果显著。

3.2.2　结晶母液中头孢氨苄回收技术

3.2.2.1　技术简介

头孢氨苄结晶母液是头孢氨苄合成反应液在基于其等电点结晶产品分离后剩余的液体，含有1.5%左右的头孢氨苄，开发其有效回收方法一直是关注热点。络合法回收头孢氨苄结晶母液的回收率较高，应用较广泛，但也存在有机试剂用量大、回收流程复杂等问题。大宗抗生素原料药结晶清洁生产技术与装备开发了一种头孢氨苄结晶母液酶法裂解-溶析/冷却除苯甘氨酸-反应结晶得到7-氨基去乙酰氧基头孢烷酸的清洁化资源化回收技术，并将回收产物返回至前序酶法合成步骤用于制备头孢氨苄，提高过程总收率。

7-氨基去乙酰氧基头孢烷酸（7-ADCA，结构如图3-18所示）是合成广谱抗生素头孢氨苄的重要中间体，酶法裂解头孢氨苄结晶母液中包含大量苯甘氨酸，其主要有两个来源：一是为提高前步7-ADCA的转化率，7-ADCA和过量的苯甘氨酸酶合成反应生成头孢氨苄，并一直存在于体系中；二是头孢氨苄结晶母液裂解生成了苯甘氨酸。现有头孢氨苄结晶母液酶法回收技术是直接将裂解后母液加酸调节pH值至7-ADCA的等电点，使其结晶析出，但同时体系中含量较高的苯甘氨酸也伴随结晶析出，由此造成7-ADCA纯度和收率偏低、回收效果差等问题。

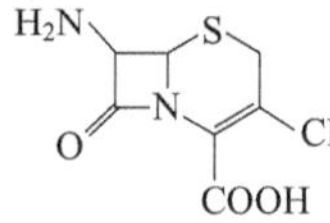

图3-18　7-ADCA结构式

为解决现有回收技术存在的问题，建立了头孢氨苄结晶母液酶法资源化回收技术。该技术采用酶裂解方式将头孢氨苄去侧链转变为7-ADCA，并利用其与其他组分物质的热力学行为差异，采取溶析/冷却-反应耦合结晶技术优先分离苯甘氨酸，解决了其与7-ADCA共同结晶析出、影响产品纯度的难题，实现了头孢氨苄结晶母液体系中7-ADCA的高效分离提纯。获得的7-ADCA产品可循环利用于前序反应工段，以实现头孢氨苄总收率提高。相较于现有的头孢氨苄结晶母液回收方法，本回收技术有毒有害物质的用量大大减少，环境友好，不再引入新的溶料水，结晶母液中的有机物组分得到了充分回收，产品纯度及收率高，经济实用性和技术竞争力强。

3.2.2.2 国内外研究现状

国内外报道的头孢氨苄结晶母液回收处理方法主要包括络合法、吸附法、膜浓缩结晶法、液膜法和酶裂解法等。其中络合法、吸附法、膜浓缩结晶法和液膜法直接回收结晶母液中的头孢氨苄，而酶裂解法是将结晶母液中的头孢氨苄裂解为7-ADCA和苯甘氨酸，再分别进行提纯回收。

相关的研究报道总结如下。

（1）络合法

络合法是利用络合剂与结晶母液中的头孢氨苄发生络合反应以实现低浓度头孢氨苄的富集，其中文献报道过的络合剂主要为萘类物质，例如拉德堡德大学的Binne Zwanenburg教授使用β-萘酚和其他几种萘衍生物与水溶液中的头孢氨苄络合以实现其选择性分离[37]。在众多络合剂中，β-萘酚被广泛用于工业生产中头孢氨苄结晶母液的处理过程中。专利CN 106220646A在背景技术中介绍了一种头孢氨苄结晶母液处理方法，即向母液中加入β-萘酚甲醇溶液，使β-萘酚与头孢氨苄络合形成复盐，将复盐结晶过滤出来，加入硫酸和水进行复盐水解，生成头孢氨苄和β-萘酚；然后用大量二氯

甲烷萃取其中的 β-萘酚，形成有机相回收，而头孢氨苄水相回到结晶原料液中，由此实现结晶母液中残留的头孢氨苄回收，其中头孢氨苄的络合率为 92%[38]。然而，络合法引入了大量的萘类物质、甲醇、二氯甲烷、硫酸，需要进一步分离回收有机溶剂，对环境有一定污染，不符合绿色环保发展理念。

（2）吸附法

吸附法是一种处理制药水体系中有机物的有效方法，水体系中的头孢氨苄可以使用吸附法来实现分离。例如阿尔博兹医学科学大学的 Mansur Zarrabi 教授使用天然沸石和包覆有氧化锰纳米颗粒的沸石实现了水溶液中头孢氨苄的吸附[39]。专利 CN 106220646A 公开了一种使用大孔树脂吸附柱对头孢氨苄结晶母液进行吸附、水洗、解吸附操作回收头孢氨苄的方法[38]。然而，吸附法存在的一些问题诸如吸附剂价格昂贵、吸附效率低、产生较多的废液等使其无法用于大规模生产当中。

（3）膜浓缩结晶法和液膜法

膜浓缩结晶法和液膜法均属于处理头孢氨苄结晶母液的膜分离技术，其中膜浓缩结晶法是固态膜分离技术，而液膜法是液态膜分离技术，两种技术均可以实现头孢氨苄与结晶母液中其他物质的分离[39]。专利 CN 108084210A 报道了膜浓缩结晶法是使用膜浓缩头孢氨苄结晶母液，再通过添加碱性调节剂结晶析出头孢氨苄的方法[40]。液膜法可以分为大块液膜法、乳化液膜法、支撑液膜法，这些方法对于头孢氨苄的萃取分离均具有良好的效果。例如，俄亥俄州立大学的 W. S. Winston Ho 教授就致力于使用支撑液膜法来实现头孢氨苄的萃取分离，为本领域的发展提供了理论和技术支撑。然而，由于膜及其设备的价格较为昂贵，膜法母液处理技术实际生产中应用较少。

（4）酶裂解法

酶法母液处理技术是一种绿色环保的回收技术，该过程使用裂解酶实现头孢氨苄合成的逆反应以生成 7-ADCA 和苯甘氨酸，这两种物质可以作为反应原料回用于合成工序中。酶法处理技术的关键在于 7-ADCA 和苯甘氨酸的分离提纯，只有高纯度的 7-ADCA 和苯甘氨酸才能作为有效反应物。王艳艳等[31]在文献中报道了将头孢氨苄结晶母液通过裂解-纳滤浓缩-直接结晶，回收其中的 7-ADCA。该工艺虽然分离了裂解后料液中的苯甘氨酸固体，但苯甘氨酸在裂解后料液中仍然有一定溶解度且达到饱和，同时其未能进一步去除裂解液中溶解的苯甘氨酸，后续裂解后料液加酸调 pH 值至 3.9 左右析出结晶过程中苯甘氨酸伴随 7-ADCA 共同结晶析出，造成获得的 7-ADCA 纯度较低。经物料平衡计算，其结晶母液中 7-ADCA 回收率仅为 65%左右。专利 CN 105349608A 公开了一种使用裂解酶裂解头孢氨苄结晶母液中头孢氨苄并分离回收苯甘氨酸的方法。该工艺在 pH＝5～9、温度 25～50℃下裂解结晶母液 1～5h，再调节裂解液 pH 值为3～5 等电点结晶，经 4000～8000r/min 高速离心得到 7-ADCA 晶体，离心后液经膜过滤、脱盐、纳滤浓缩，得到纯度为 93%的苯甘氨酸晶体[41]。其裂解后料液也没有进一步有效去除苯甘氨酸，在调节 pH 值为 3～5 的过程中，苯甘氨酸伴随 7-ADCA 共同结晶析出，造成产品纯度较低。由上可知，现有酶法母液处理技术存在产品纯度较低、收率不高等缺点，限制了其进一步的推广。

由上述头孢氨苄结晶母液回收处理方法的国内外研究现状可知，现有的处理技术或多或少存在污染大、成本高、收率低、产品纯度低等问题，不符合绿色化工和可持续生产理念。因此，需要开发一种绿色环保、经济实用性强的头孢氨苄结晶母液酶法资源化回收技术，以实现母液处理过程绿色回收、节水、COD 排放量减少，满足国家提高大宗原料药清洁生产水平的发展目标，增强我国制药行业绿色生产技术的就绪度和覆盖度。

3.2.2.3 适用范围

头孢氨苄结晶母液清洁化资源化回收技术为系统解决大宗原料药头孢类抗生素清洁生产中的结晶母液处理问题提供了绿色回收技术支撑。本技术中蕴含的结晶母液处理技术方案（方案 1——酶法绿色裂解，方案 2——基于热力学差异分质结晶）可以推广到其他头孢类抗生素的结晶母液回收处理工艺开发中，有效提高制药行业母液清洁化回收技术水平。

3.2.2.4 技术就绪度评价等级

TRL-5。

3.2.2.5 技术指标及参数

（1）基本原理

结晶母液回收技术主要包括两部分：一是使用适宜裂解酶充分裂解结晶母液中残留的头孢氨苄；二是提纯回收 7-ADCA。酶裂解头孢氨苄的机理是利用裂解酶断裂头孢氨苄的酰胺键获得 7-ADCA 和苯甘氨酸（图 3-19），优化了影响酶裂解反应的酶投加量、温度、pH 值和搅拌速率等主要因素，其中酶投加量和温度对反应影响较大，裂解反应速度随酶投加量的增大先变快，达到极值点后速度不再明显增大；随温度的升高，裂解反应速度有显著提升。同时，较高的 pH 值和较快的裂解反应速度也有助于抑制 7-ADCA 异构体生成。

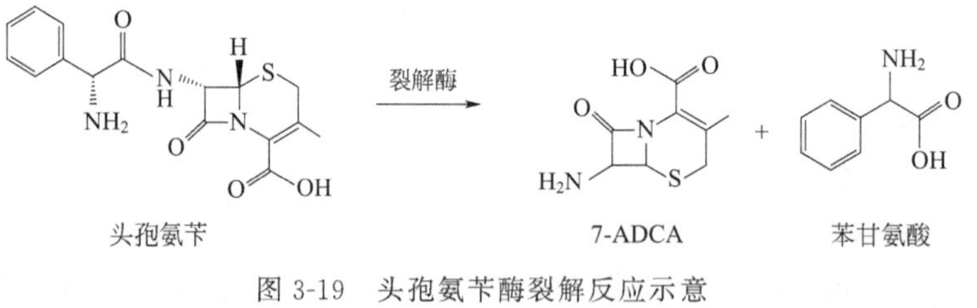

图 3-19 头孢氨苄酶裂解反应示意

裂解反应结束后获得的裂解清液中含有 7-ADCA 和苯甘氨酸，两者均属于两性物质，热力学行为上的相似性造成了两种物质分离的难度较大。通过大量的基础数据测定，发现 7-ADCA 和苯甘氨酸在裂解液体系中不同 pH 值、不同醇类溶剂组成、不同温度环境下的热力学行为特性有较大差异，利用该特点先促使裂解清液中苯甘氨酸大量结晶沉淀析出，之后再调节 pH 值至 7-ADCA 等电点附近，进而以高收率结晶出高纯度的 7-ADCA。由此分别得到两种高品质产品，并将其回用到前序合成反应步骤制备头孢氨苄，提高过程总收率及经济性。

（2）工艺流程

头孢氨苄结晶母液清洁化资源化回收技术工艺流程如图 3-20 所示。

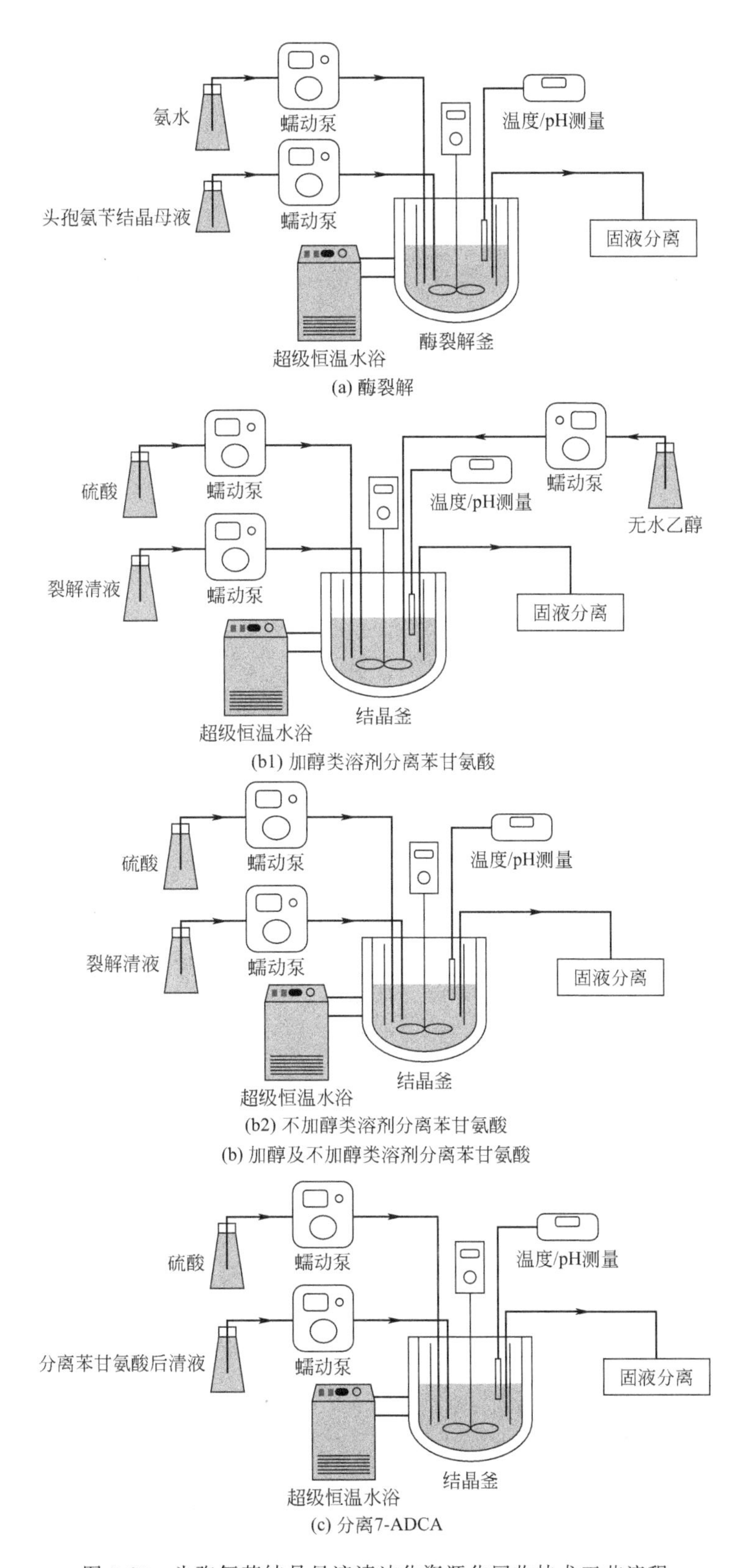

图 3-20　头孢氨苄结晶母液清洁化资源化回收技术工艺流程

环节 1 是裂解结晶母液中的头孢氨苄生成 7-ADCA 和苯甘氨酸，裂解过程转化率高达 99%以上，其中较高的 pH 值和较短的裂解时间有助于抑制 7-ADCA 异构体生成，裂解液固液分离后获得裂解清液和裂解酶。环节 2 可采用两种技术途径：一是调节 pH 值使苯甘氨酸少量沉淀析出，同时加入醇类溶剂，进一步促使裂解清液中苯甘氨酸大量结晶沉淀析出，而 7-ADCA 并未析出，由此裂解清液体系中的苯甘氨酸被高效分离；二是通过调节 pH 值和料液降温冷却操作来实现苯甘氨酸的优先分离。环节 3 是调节 pH 值至 7-ADCA 等电点附近，进而以高收率结晶出高纯度的 7-ADCA。

具体参数如下。

① 环节 1：15～40℃搅拌作用下，将碱性调节剂加入头孢氨苄结晶母液中，保持 pH 值为 7～8。加入青霉素 G 酰化酶进行头孢氨苄裂解反应 15～45min，将裂解液固液分离后获得裂解清液，头孢氨苄裂解转化率 99%以上，裂解酶可循环使用。

② 环节 2：15～40℃搅拌作用下，将酸性调节剂加入上述的裂解清液中，调节 pH 值至 6～7。加入结晶母液体积 0.1～1 倍量的醇类溶剂，并/或以 4～10℃/h 的降温速率降温至 5～10℃，使裂解清液中的苯甘氨酸结晶沉淀析出，经固液分离后获得清液和苯甘氨酸固体。

③ 环节 3：20～40℃搅拌作用下，将酸性调节剂加入前述分离出的清液中，调节 pH 值至 3～4。经固液分离、洗涤、干燥，获得 7-ADCA 产品。

针对分离苯甘氨酸这一步骤，提出了以下几种工艺路线筛选条件（见表 3-5）。

表 3-5 分离苯甘氨酸工艺路线筛选

反应结晶条件	乙醇体积比	冷却结晶条件
pH=7	0.2～0.4	15℃
		10℃
		5℃

针对结晶分离提纯 7-ADCA 这一步骤，提出了以下几种工艺筛选条件（表 3-6）。

表 3-6 结晶分离提纯 7-ADCA 工艺条件筛选

升温	旋蒸乙醇	反应结晶
25℃	是	一调 pH=4.5～4.7；二调 pH=3.8～4.0
30℃	否	

通过 22 种工艺组合筛选，发现每一条工艺路线的产品均比原先不分离苯甘氨酸的酶裂解工艺产品纯度高，且收率达到 90%以上。可见本技术提出的溶析-冷却结晶去除苯甘氨酸的有效性。

（3）主要技术创新点及经济指标

1）主要技术创新点

① 本技术分别获得了：高纯度的 7-ADCA 和苯甘氨酸，获得的 7-ADCA 纯度＞99%，杂质苯甘氨酸含量＜0.5%；无 7-ADCA 异构体，获得的苯甘氨酸纯度＞99%。二者均可以作为前序头孢氨苄的合成原料使用，满足了实际生产的需要。

② 本技术能够对头孢氨苄结晶母液中的苯甘氨酸优先进行有效分离，从而实现 7-ADCA 的高效回收，以原料结晶母液中的 7-ADCA 和裂解生成的 7-ADCA 计，7-ADCA 收率在 90%左右。

③ 相较于现有的头孢氨苄结晶母液回收方法，本技术有毒有害物质用量大大减少，环境友好，不再引入新的溶料水，结晶母液中的有机物组分得到了充分回收，产品纯度及收率高，经济实用性强。

④ 本技术全过程条件简单温和，适宜大规模工业化生产。

⑤ 本技术已申请发明专利 2 项：a. 回收提纯头孢氨苄结晶母液中 7-氨基去乙酰氧基头孢烷酸和苯甘氨酸的方法，发明专利，申请号 2019110781005；b. 一种头孢氨苄结晶母液回收方法，发明专利，申请号 2019110785932。

2）经济指标

经天津市环科检测技术有限公司检测，本回收技术处理后的结晶母液 COD 值在 1.1×10^4 mg/L 左右，相比化学法下降 60%以上。因此，本回收技术将大幅度减轻后续环保废水处理的操作压力和经济成本，绿色环保。回收的 7-ADCA 和苯甘氨酸通过循环利用于前序合成工段，可以实现头孢氨苄总收率提高，进一步降低生产成本。

（4）工程应用及第三方评价

① 应用单位：华北某制药公司。

② 实际应用案例介绍：本头孢氨苄结晶母液清洁化资源化回收技术已在华北某制药公司进行了小试工艺验证，结果表明回收的 7-ADCA 和苯甘氨酸产品符合该公司质量标准，7-ADCA 收率在 90%左右。回收产品在酶法头孢氨苄合成反应中套用效果良好，获得的头孢氨苄产品纯度好、质量稳定、各项指标符合该公司头孢氨苄产品的要求。

参 考 文 献

[1] 黄明志，李云龙，张嗣良，等. 一种提高青霉素生物发酵产量的方法：CN 201711131932. X [P]. 2019-05-21.

[2] Veiter L，Herwig C. The filamentous fungus Penicillium chrysogenum analysed via flow cytometry—A fast and statistically sound insight into morphology and viability [J] . Applied Microbiology and Biotechnology，2019，103：6725-6735.

[3] Douma R D，Jonge L P D，Jonker C T H，et al. Intracellular metabolite determination in the presence of extracellular abundance：Application to the penicillin biosynthesis pathway in Penicillium chrysogenum [J]. Biotechnology & Bioengineering，2010，107 (1)：105-115.

[4] Lin W，Huang M，Wang Z，et al. Modelling steady state intercellular isotopic distributions with isotopomer decomposition units [J] . Computers & Chemical Engineering，2019，121 (2)：248-264.

[5] Lin W，Wang Z，Huang T，et al. On stability analysis of cascaded linear time varying systems in dynamic isotope experiments [J] . AIChE Journal，2020，66 (5) DOI：10. 1002/aic. 16911.

[6] Comparative fluxome and metabolome analysis of formate as an auxiliary substrate for penicillin production in glucose-limited cultivation of penicillium chrysogenum [J] . Biotechnology Journal，2019，14 (10)：1900009.

[7] 王泽建，王晓惠，刘畅，等. 一种提升青霉素发酵生产单位的方法. 专利申请号 ZL 202010172067. 9 [P] . 2021-09-14.

[8] Wang Z，Xue J，Sun H，et al. Evaluation of mixing effect and shear stress of different impeller combinations on

nemadectin fermentation [J]. Process Biochemistry, 2020, 92: 120-129.

[9] Cole M. Penicillins and other acylamino compounds synthesized by cell-bound penicillin acylase of *Escherichia coli* [J]. Biochemical Journal, 1970, 115 (4): 747-756.

[10] Cole M. Factors affecting the synthesis of ampicillin and hydroxypenicillins by the cell-bound penicillin acylase of *Escherichia coli* [J]. Biochemical Journal, 1970, 115 (4): 757-764.

[11] Kasche V, Haufler U, Riechmann L. Equilibrium and kinetically controlled synthesis with enzymes: semi-synthesis of penicillins and peptides [J]. Methods in Enzymology, 1987, 136: 280-292.

[12] Nam D H, Kim C, Ryu D D Y. Reaction kinetics of cephalexin synthesizing enzyme from *Xanthomonas citri* [J]. Biotechnology & Bioengineering, 1985, 27 (7): 953-960.

[13] Kasche V. Mechanism and yields in enzyme catalysed equilibrium and kinetically controlled synthesis of β-lactam antibiotics, peptides and other condensation products [J]. Enzyme and Microbial Technology, 1986, 8 (1): 4-16.

[14] Fan Y , Li Y , Liu Q . Efficient enzymatic synthesis of cephalexin in suspension aqueous solution system [J]. Biotechnology and Applied Biochemistry, 2020. DOI: 10. 1002/bab. 1903.

[15] Pollard D J, Woodley J M. Biocatalysis for pharmaceutical intermediates: The future is now [J]. Trends in Biotechnology, 2007, 25 (2): 66-73.

[16] Sheldon R A, van Pelt S. Enzyme immobilisation in biocatalysis: Why, what and how [J]. Chemical Society Reviews, 2013, 42 (15): 6223-6235.

[17] 陈海欣，张赛男，赵力民，等．固定化酶：从策略到材料设计 [J]. 生物加工过程，2020，18 (1): 87-94.

[18] Sheldon R A, Woodley J M. Role of biocatalysis in sustainable chemistry [J]. Chemical Reviews, 2018, 118 (2): 801 838.

[19] Cipolatti E P, Valerio A, Henriques R O, et al. Nanomaterials for biocatalyst immobilization-state of the art and future trends [J]. RSC Advances, 2016, 6 (106): 104675-104692.

[20] Ramani K, Karthikeyan S, Boopathy R, et al. Surface functionalized mesoporous activated carbon for the immobilization of acidic lipase and their application to hydrolysis of waste cooked oil: Isotherm and kinetic studies [J]. Process Biochemistry, 2012, 47 (3): 435-445.

[21] Khan A A, Akhtar S, Husain Q. Direct immobilization of polyphenol oxidases on Celite 545 from ammonium sulphate fractionated proteins of potato (*Solanum tuberosum*) [J]. Journal of Molecular Catalysis B: Enzymatic, 2006, 40 (1-2): 58-63.

[22] Lian X, Fang Y, Joseph E, et al. Enzyme-MOF (metal-organic framework) composites [J]. Chemical Society Reviews, 2017, 46 (11): 3386-3401.

[23] Sirisha V L, Jain A, Jain A. Enzyme immobilization: An overview on methods, support material, and applications of immobilized enzymes [M]//Steve Taglor. Advances in Food and Nutrition Research. Volume 79. Academic Press, 2016: 179-211.

[24] Song Y, Sun Q, Aguila B, et al. Opportunities of covalent organic frameworks for advanced applications [J]. Advanced Science, 2019, 6 (2): 1801410.

[25] 陈静，冷鹃，杨喜爱，等．磁性纳米粒子固定化酶技术研究进展 [J]. 生物技术进展，2017 (4): 284-289.

[26] Cai R, Yang D, Peng S, et al. Single nanoparticle to 3D supercage: framing for an artificial enzyme system [J]. Journal of the American Chemical Society, 2015, 137 (43): 13957-13963.

[27] Kamble M P, Chaudhari S A, Singhal R S, et al. Synergism of microwave irradiation and enzyme catalysis in kinetic resolution of (*R*,*S*)-1-phenylethanol by cutinase from novel isolate Fusarium ICT SAC1 [J]. Biochemical Engineering Journal, 2017, 117: 121-128.

[28] 林源清，李夏兰，张光亚．酶自固定化方法研究进展 [J]. 化工进展，2018，37 (12): 4523-4532.

[29] 刘文山．脂肪酶在酿酒酵母中的表面展示研究 [D]. 武汉：华中科技大学，2010.

[30] Lyu F, Zhang Y, Zare R N, et al. One-pot synthesis of protein-embedded metal-organic frameworks with en-

hanced biological activities [J]. Nano Letters，2014，14 (10)：5761-5765.

[31] 王艳艳，袁国强，朱科，等. 酶法合成头孢氨苄工艺研究 [J]. 中国抗生素杂志，2013，38 (7)：516-519.

[32] 刘东，杨梦德，胡国刚，等. 一种制备头孢氨苄的方法：CN 103805671A [P]. 2014-05-21.

[33] 王启斌，田伟，陈琪，等. 从酶法制备头孢氨苄的反应产物中分离头孢氨苄的方法：CN 108822133A [P]. 2018-11-16.

[34] Su Q，Nagy Z K，Rielly C D. Pharmaceutical crystallisation processes from batch to continuous operation using MSMPR stages：Modelling，design，and control [J]. Chemical Engineering and Processing：Process Intensification，2015，89：41-53.

[35] Myerson A S，Krumme M，Nasr M，et al. Control systems engineering in continuous pharmaceutical manufacturing [J]. Journal of Pharmaceutical Sciences，2015，104 (3)：832-839.

[36] McDonald M A，Marshall G D，Bommarius A S，et al. Crystallization kinetics of cephalexin monohydrate in the presence of cephalexin precursors [J]. Crystal Growth & Design，2019，19：5065-5074.

[37] Kemperman G J，de Gelder R，Dommerholt F J，et al. Efficiency of cephalosporin complexation with aromatic compounds [J]. Journal of the Chemical Society Perkin Transactions 2，2001，4 (4)：633-638.

[38] 侯红杰，刘崧，杨晓斌，等. 一种酶法合成头孢氨苄母液的循环利用的方法：CN 106220646A [P]. 2016-12-14.

[39] Samarghandi M R，Al-Musawi T J，Mohseni-Bandpi A，et al. Adsorption of cephalexin from aqueous solution using natural zeolite and zeolite coated with manganese oxide nanoparticles [J]. Journal of Molecular Liquids，2015，211：431-441.

[40] 王启斌，田伟，侯瑞峰，等. 从酶法合成头孢氨苄母液中回收头孢氨苄的方法：CN 108084210A [P]. 2018-05-29.

[41] 吴洪溪. 一种头孢氨苄结晶母液中苯甘氨酸的回收利用方法：CN 105349608A [P]. 2016-02-24.

第4章 制药行业废水废液资源化回收成套技术

4.1 水资源的回收技术

4.1.1 反渗透膜分离技术

4.1.1.1 技术简介

本技术采用反渗透技术原位再生，将凝结水制备为纯水，满足提取工段纯水需求，替代外购纯水，从而有效降低新鲜水耗和废水排放，为行业节水减排清洁生产提供技术支持。

4.1.1.2 国内外研究进展

反渗透技术是以半透膜两侧的压力差为推动力，使溶剂透过半透膜并截留溶质，从而实现溶剂溶质分离的过程。反渗透技术不涉及相变，具有操作和设计较为简单、去除效率高等优点，被广泛应用于水处理领域，但通常膜污染较为严重，需定期进行膜清理。最初反渗透技术主要应用在海水淡化方面，随着反渗透技术开发研究的深入，反渗透技术具有了广泛的应用范围。目前反渗透技术作为高效的分离技术，在高盐废水处理、含油废水处理、制药废水处理等方面均得到了广泛应用。

在制药废水处理方面，反渗透技术主要用于制药废水的深度处理。利用反渗透处理技术对制药废水处理的二级出水进行处理，在将有机物质及悬浮固体等消除掉的同时还可以把污水中的病原菌、可溶解盐类物质等过滤，可以获取较高标准的再生水。赵平等[1]采用反渗透技术对氧化处理后的制药废水进行深度处理，发现反渗透技术对低浓度废水中杂质截留效果较好，综合性制药废水经过膜法深度处理后，主要指标符合工业循环冷却水标准，可回用于生产过程。涂凯等[2]利用反渗透技术对经 MBR 工艺处理后的制药废水进行深度处理，在 MBR 出水 COD 浓度为 120mg/L、SS 浓度为70mg/L、电导率>3000μS/cm 的条件下，经过反渗透系统处理后废水的 COD 浓度可降至 10mg/L，色度去除率可达 99%，电导率≤10μS/cm，出水水质可以达到《再生水工业用水水质》标准。同时，反渗透工艺产生的浓水可用于冲渣，其他产水可满足车间用水要求，基本上实现了制药废水的“零排放”。张圣敏等[3]采用混凝、生化处理、反渗透和三效蒸发器组合工艺对某制药企业生产废水进行处理。首先通过混凝沉淀、生化处理技术去除制药废水中部分有机物和氮磷，然后利用反渗透系统进行深度处理，进一步去除废水汇总剩余的有机物、氮磷和盐分，最后采用三效蒸发器对反渗透系统的浓水进行蒸发浓缩。研究结果表明，经该组合工艺处理后出水水质可满足企业生产工艺用水水质要求，并可达到“零排放”的目的。

4.1.1.3 适用范围

制药行业凝结水。

4.1.1.4 技术就绪度评价等级

TRL-6。

4.1.1.5 技术指标及参数

（1）基本原理

采用反渗透技术处理制药凝结水，该废水呈酸性，pH值大约为3.2，水温较高，水的硬度、无机盐含量、悬浮固体含量很低，有机物含量较高，TOC浓度约为356.8mg/L，电导率为164.2μS/cm。蒸汽在使用后绝大部分变成冷凝水，其水质接近纯水的水质，是宝贵的可再次利用的能源。提取工段每天有500t左右的凝结水未进行任何利用，同时提取工段离子交换工艺离子交换树脂清洗需消耗大量纯水，对水质要求较低，电导率<20μS/cm即可满足需求，有效降低新鲜水耗和废水排放，为行业节水减排清洁生产提供技术支持。

（2）工艺流程

反渗透膜分离技术工艺流程如图4-1所示。

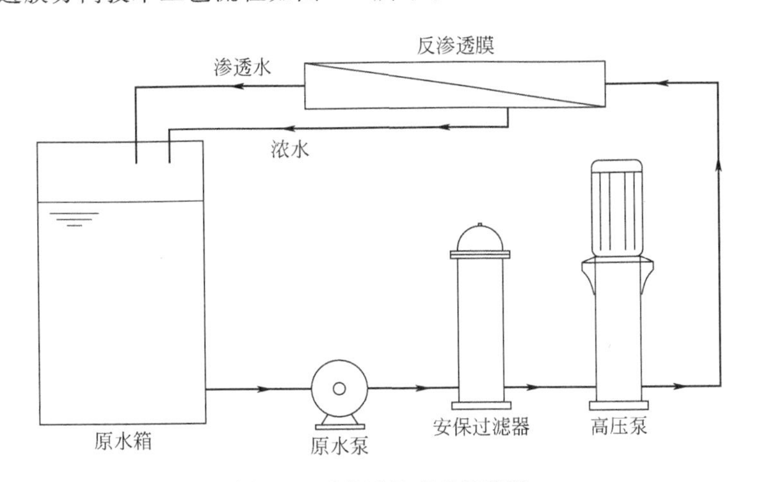

图4-1 反渗透处理系统流程

（3）主要技术创新点及经济指标

近年来，随着膜材料和制膜技术的迅猛发展，开发出了各种性能优异的反渗透复合膜，这些膜对水中小分子有机物的截留率较高，有的还具有一定的抗污染、耐有机溶剂等性能，极大地提高了反渗透技术用于小分子有机物分离的可行性。采用反渗透技术回收制药凝结水，相对蒸发法具有节水、节能的优势，因此从技术集成的角度考虑该套集成技术和设备具有明显先进性。

凝结水处理成本主要包括电费、药剂费、膜组件费等，以本中试规模的设备为例计算如下：设备运行功率约为2kW，凝结水原位再生成本为2.96元/t，企业外购纯水吨成本约为8元，每吨纯水可节约成本5.04元，每吨节约加热成本3.6元，每吨纯水可产生经济效益8.64元。

（4）工程应用及第三方评价

① 应用单位：东北某制药公司。

② 实际应用案例介绍：该工艺不仅可以减少外购纯水量，减少购水费用，还可以削减废水排放量，减轻末端废水处理压力。目前该技术和设备已应用于东北某制药公司维生素C（VC）生产提取工段三效蒸发凝结水的中试规模试验（图4-2），产水规模500L/h，反渗透进水应调节pH值为6～7，温度＜35℃，进水压力为1～1.5MPa，回收率为50%左右；脱盐率高于99%，TOC去除率高于98%。当进水电导率＜800μS/cm，TOC＜350mg/L时，所产纯水电导率＜7μS/cm，TOC＜6mg/L；当进水电导率＜1800μS/cm，TOC＜1000mg/L时，所产纯水电导率＜15μS/cm，TOC＜15mg/L。产水可满足VC制药提取工段纯水水质要求，从而替代外购纯水。

(a)

(b)

图4-2 反渗透处理装置

将制药凝结水处理后达到VC制药提取工段所需纯水的水质要求，不仅可以减少外购纯水量，减少购水费用，还可以削减废水排放量，减轻末端废水处理压力；另外，为避免温差过大损坏生产设备，外购纯水需加热后才能满足提取工段水温要求，本工艺充分利用凝结水的余温，所产纯水温度控制在35℃左右，能够减少加热耗能。因此，制药凝结水原位再生制备纯水技术具有明显的环境效益和经济效益，对促进制药行业的节水减排具有重要作用。

该集成设备操作简单、占地面积小、处理效率高。本技术在东北某制药公司实施后可大大减少外购纯水量及相应的购水费用，还减少废水排放量及加热耗能，因而具有很好的适用性和应用前景。

4.1.2　陶瓷膜超滤分离技术

4.1.2.1　技术简介

本技术采用反渗透技术原位再生，将凝结水制备为纯水，满足提取工段纯水需求，替代外购纯水，从而有效降低新鲜水耗和废水排放，为行业节水减排清洁生产提供技术支持。

4.1.2.2　国内外研究进展

无机陶瓷膜是一种以氧化铝、氧化钛、氧化硅等为原材料制备而成的非对称膜。与有机膜相比，无机陶瓷膜具有耐高温、化学稳定性好、机械强度强、膜通量高、分离性能好、便于清洗、无毒性、使用寿命长等优点。无机陶瓷膜可以在较为苛刻的条件下长期稳定使用，使得无机陶瓷膜在废水处理领域具有比有机膜更大的发展潜力。

无机陶瓷膜的商业化应用与深度开发始于20世纪末期，并逐步将应用体系从食品、化工和环境等领域扩展了到医药领域。目前，无机陶瓷膜技术在天然植物提取制备中药口服液和针剂、生物技术原料药提取、医药合成与药物净化等各个医药工业领域均具有广泛的应用前景。在废水处理方面，无机陶瓷膜分离技术既可以用于废水的预处理，也可以用于废水的深度处理及资源化利用。目前无机陶瓷膜分离技术已经在化工废水、印染废水、制药废水处理等方面得到了应用。张春晖等[4]采用陶粒过滤-陶瓷膜组合工艺对止咳糖浆制药废水进行深度处理，在COD浓度为1000～2000mg/L、BOD_5浓度为400～1000mg/L的条件下，废水经陶粒过滤-陶瓷膜组合处理后，其BOD_5、COD、SS和NH_4^+-N指标均可稳定达标排放。

4.1.2.3　适用范围

制药行业维生素发酵废水。

4.1.2.4　技术就绪度评价等级

TRL-6。

4.1.2.5　技术指标及参数

（1）基本原理

采用无机陶瓷膜高效分离VC发酵醪液渣中古龙酸钠。VC生产采用细菌发酵，发酵液中蛋白胶体及细菌代谢产物的分离是提取工段的难题。采用无机陶瓷膜高效分离VC发酵醪液渣中古龙酸钠，具有操作方便、节能、不造成新的环境污染等众多优点，因此，无机陶瓷膜在2-酮-L-古洛糖酸的分离提纯中的应用日益广泛。

（2）工艺流程

陶瓷膜超滤分离技术如图 4-3 所示。

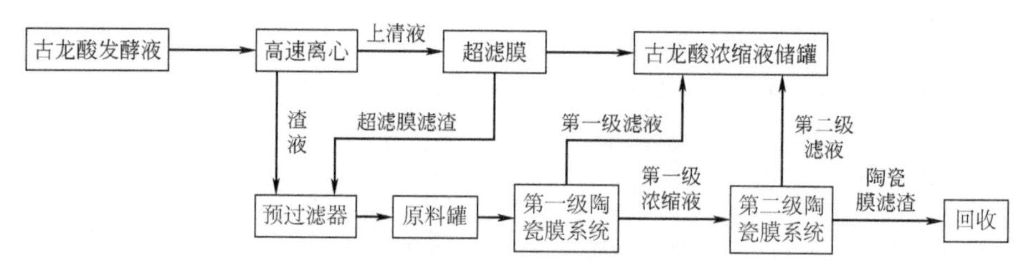

图 4-3 陶瓷膜超滤装置实验设计

（3）主要技术创新点及经济指标

目前醪液分离技术包括加热、絮凝、有机膜超滤和超临界萃取等方法。加热会影响古龙酸的收率；絮凝使用絮凝剂增加成本，遇到严重染菌批号又影响絮凝效果；滤液质量差，而且影响下游树脂收率；超临界萃取操作条件较为严苛，且该项技术只停留在实验室阶段，并没有工程化。有机板式超滤膜不能分离固形物含量高的液体，无机陶瓷膜具有聚合物分离膜所无法比拟的一些优点：a. 耐高温；b. 化学稳定性好，能抗微生物降解；c. 机械强度高，耐高压，有良好的耐磨、耐冲刷性能；d. 孔径分布窄，分离性能好，渗透量大，可反复清洗再生，使用寿命长；e. 对发酵液染菌批次物料也能很好地处理。因此，对高固含量的 VC 发酵液，无机陶瓷膜过滤有较大的优势。

陶瓷膜工艺对古龙酸的收率比原絮凝-沉淀工艺平均提高了 20.64%。该技术中所用陶瓷膜分离、稳定性好，耐磨、耐冲刷性能强，使用寿命长，能经济高效地提高古龙酸和 VC 的品质和收率。因此，该技术具有明显的先进性。

VC 发酵每批料平均产生 7.5t 高速离心渣液，平均古龙酸含量为 69.81mg/mL，车间收率约为 86.5%。每月高速离心渣液中古龙酸总量为 52357.5kg，经陶瓷膜处理后每年可以多产古龙酸 9347.7kg，年创经济效益 126.2 万元。

（4）工程应用及第三方评价

① 应用单位：东北某制药公司。

② 实际应用案例介绍：该工艺在高效回收产品的同时，减少了进入废水的有机物，降低了污水处理厂的负荷。目前该技术和设备已应用于东北某制药公司高浓度 VC 醪液的生产规模试验（图 4-4）。同公司内原有的絮凝-沉淀工艺相比，陶瓷膜工艺回收的料液透光率提高了 20.64%，物料中的蛋白含量明显降低，物料质量明显提高，从而有效提高了后续工艺古龙酸和 VC 的品质和收率。

③ 环境效益分析：VC 发酵醪液在东北某制药公司的产生量约为 120t/d。陶瓷膜处理过程中无需添加助剂，浓缩物质（菌丝体等）可回收利用，减少废渣排放 2500t/a，每年减少有机污染物产生与排放（折合 COD）142.1t。并且陶瓷膜滤液中杂质含量明显降低，减轻了后续离子交换工艺的负担，延长了清洗周期，减少了废水排放。采用原絮凝沉淀工艺时，离子交换废水排放量为 2600m^3/d，COD 浓度约为 850mg/L；采用陶瓷膜工艺后离子交换废水排放量为 1752m^3/d，COD 浓度约为 773mg/L，年减排 COD 258t，COD 排放量降低了 38.91%。

图 4-4　陶瓷膜试验装置

该集成设备操作简单、占地面积小、处理效率高，可大大减少进入废水的有机物，有利于废水的后续生化处理。本技术在东北某制药公司实施后，可增加古龙酸的产量，增加盈利，因而具有很好的适用性和应用前景。

4.2 有价资源的回收技术

4.2.1 络合-解络合富集分离技术

4.2.1.1 技术简介

通过在复杂高浓度氨氮废水中加入碱，使 NH_4^+ 转化为 NH_3，并存在多余的 OH^-。废水换热升温后进入汽提精馏塔内，通过控制输入汽提塔内蒸汽流量和蒸汽压力来控制塔内温度分布，使液体在汽提塔内一定的温度区域保持一定的停留时间，使络合物在高温区域吸收能量，配位键被破坏，实现重金属与氨的解络合。NH_3 在高温下挥发，实现氨与水的气液分离，同时溶液中过量的 OH^- 与解络合重金属反应生成沉淀，使解络合反应化学平衡向右移动，促进重金属-氨的解络合。如此反复，经过多级反应平衡之后，最终实现氨的彻底脱除。最终 NH_4^+-N 在塔顶经冷凝吸收后形成浓度>16%的高纯氨水，处理后塔底出水 NH_4^+-N 浓度<10mg/L。

4.2.1.2 国内外研究现状

制药、化工、焦化、冶金等工业废水产生大量 NH_4^+-N 废水，对环境有严重的危害。高浓度 NH_4^+-N 废水中 NH_4^+-N 浓度为 2000～4000mg/L，有的甚至高达 30000mg/L，无法直接采用生物法处理。针对此类废水，处理方法包括折点氯化法、磷酸铵镁沉淀法、吹脱法、蒸汽汽提法、膜吸收等方法[5-7]。蒸汽汽提法的特点在于适合处理高浓度的

NH_4^+-N 废水，但存在的问题是所需的能耗较高，对于复杂的 NH_4^+-N 废水处理成本较高。蒸汽汽提法的核心在于精馏塔。研究人员基于流程模拟软件（如 AspenPlus）针对精馏塔的一些工艺条件进行模拟优化，如精馏塔塔底的加热方式（直接加热与间接加热及其衍生）等[8-10]，但是针对复杂 NH_4^+-N 废水的模拟优化计算较为困难。本技术通过基于精馏的 MESH 方程组建立 MINLP 模型，直接根据进口浓度和出口要求确定最优操作条件，并进一步研究药剂强化热解络合-分子精馏分离技术、精馏塔内件的三维可视化设计技术、流型流态可视化技术、力学性能可视化技术等，建立了基于全局优化的短程精馏-生物耦合脱氮模型，为实际工业操作提供指导[11,12]。

4.2.1.3 适用范围

适用于制药等行业产生的高浓度 NH_4^+-N 废水（NH_4^+-N 浓度 1～70g/L）的资源化处理。

4.2.1.4 技术就绪度评价等级

目前技术处于工程示范阶段，技术就绪度 7 级。

4.2.1.5 技术指标及参数

（1）基本原理

基于氨与水分子相对挥发度的差异，通过氨-水的气液平衡、金属-氨的络合-解络合反应平衡、金属氢氧化物的沉淀溶解平衡的热力学计算，在汽提精馏脱氨塔内将 NH_4^+-N 以分子氨的形式从水中分离，然后以氨水或液氨的形式从塔顶排出，并资源化回收为高纯氨水或铵盐产品，可回用于生产或直接销售；脱氨后废水 NH_4^+-N 浓度降至 10mg/L 以下，可直接排放或处理后回用于生产。

（2）工艺流程

络合-解络合富集分离技术工艺流程如图 4-5 所示。废水首先进入换热器中进行预热，并根据需要选择加入碱，然后从汽提塔中部的废水入口进入汽提塔。废水与来自汽提塔底部的蒸汽逆流接触，废水中的氨在蒸汽汽提的作用下进入气相，在汽提塔的精馏段经过多次气液相平衡后，气相中的氨浓度大幅度提高，由塔顶进入塔顶冷凝器，含氨蒸汽被液化为稀氨水，稀氨水再经过回流泵从塔顶回流到汽提塔中，当冷凝氨水浓度达到所需浓度（16%～25%）后，氨水作为产品被输送到回收氨水储罐。脱氨后废水由塔底流出（NH_4^+-N＜10mg/L），塔底出水经与进塔废水换热后可达标排放或回用，也可进入后续金属回收系统进行重金属回收。

（3）主要技术创新点及经济指标

1）技术创新点

① 研制药剂强化热解络合-分子精馏分离技术，一步处理实现废水 NH_4^+-N 浓度由 1～70g/L 降至低于 10mg/L（最低可＜5mg/L），NH_4^+-N 浓度削减率大于 99%；实现了废水中氨资源的高效提取与纯化，可回收浓度 16%～25%的高纯氨水，并闭路循环于生产工艺，氨资源回收率＞99%。

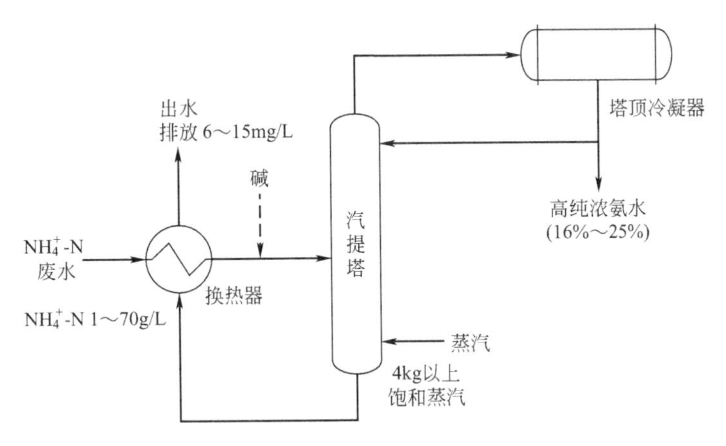

图 4-5　络合-解络合富集分离技术工艺流程

② 研制 NH_4^+-N 废水精馏处理的系列关键技术，包括塔内件的三维可视化设计技术、流型流态可视化技术、力学性能可视化技术、槽式液体分布器等，显著增强了设备的抗垢性能，实现设备长期稳定运行，清塔周期由 2 周延长到 180d。将运行弹性负荷由传统 70%～130%拓宽到 20%～140%、能耗降低 20%。

2）经济指标

以处理量 $800m^3/d$，进水 NH_4^+-N 浓度 8000～16000mg/L、镍浓度 10～20mg/L，处理出水 NH_4^+-N 浓度＜10mg/L、镍浓度＜1mg/L 的示范工程为例。

3）投资情况

项目总投资 1200 万元，其中设备投资 900 万元、基建费用 200 万元、其他费用 100 万元。

4）运行费用

年处理废水量约 24 万吨，年运行费用 600 万元，吨水运行费用 25 元。

5）经济效益分析

该项目总投资 1200 万元，运行费用 600 万元/年，企业通过污染物减排和资源回收利用实现经济净效益 430 万元/年，投资回收年限为 2.8 年。示范工程运行能将废水中 NH_4^+-N 由 8000～16000mg/L 一步处理至 10mg/L 以下。示范工程正常运行每年可减排高浓度 NH_4^+-N 废水 24 万吨、减排 NH_4^+-N 2900t、减排重金属镍约 4.2t，有效减少污染物排放。

4.2.2　湿式氧化-磷酸盐沉淀回收技术

4.2.2.1　技术简介

磷霉素制药废水是化学合成类磷霉素生产过程中产生的高浓度难降解有机废水，其中 COD 高达十几万到几十万毫克每升，有机磷达几万至十几万毫克每升，废水中高浓度有机物、高浓度有机磷中间体对微生物抑制作用强，常规物化和生物处理方法均无法实现其达标排放。

湿式氧化-磷酸盐固定化回收耦合技术，是在湿式氧化条件下，利用分子氧破坏磷霉素废水中高浓度有机磷化合物 C—P 键，实现 P 的无机化的同时将废水中高浓度有机物转化为小分子有机酸，去除废水的生物毒性，提高可生化性，实现废水中 COD 去除率 95.0%和有机磷转化率 99.0%以上。在此基础上，采用磷酸钙和磷酸铵镁结晶回收技术，通过钙、铵镁磷酸盐结晶沉淀方法对废水中无机化磷酸盐进行回收，在 Mg^{2+} ：NH_4^+-N ：PO_4^{3-}-P 摩尔比为 1.2 ：1 ：1、Ca^{2+} ：PO_4^{3-}-P 摩尔比为 1.2 ：1、进水无机磷浓度为 15000mg/L 条件下，磷酸盐固定化回收率达 99.9%以上，出水 PO_4^{3-}-P 浓度低于 5.0mg/L，有效实现了废水中磷元素的资源化回收，并有效降低了废水中高浓度磷酸盐对后续生化处理的影响。

4.2.2.2 国内外研究进展

湿式氧化是处理高浓度有机废水的一种行之有效的方法，其基本原理是在高温（200～320℃）和高压（2～20MPa）条件下通入空气，形成羟基自由基及其他活性氧物质，使废水中的有机污染物被氧化的热化学过程[13]。按处理过程有无催化剂可将其分为湿式空气氧化和湿式空气催化氧化两类。

最近的研究表明，该工艺在很大程度上适用于废水中 COD 的去除。有研究表明，当化学合成废水 COD 浓度为 7～12g/L 时，湿式氧化可有效去除废水中总有机物，且随着非均相铜催化剂用量的增加和温度的升高，湿式氧化过程得到增强[14]。采用非均相纳米催化剂 Fe_2O_3/SBA15 进行研究，结果表明该催化剂具有较高的去除 TOC 能力和 COD 降解能力[15]。该工艺也可作为预处理环节，从而使废水适宜后续生物处理。

磷酸盐固定化回收技术包括磷酸钙（calcium phosphate，CP）沉淀法[16]和磷酸铵镁（magnesium ammonium phosphate，MAP）结晶法[17,18]，是国内外废水除磷和磷资源化回收领域研究的热点[19]。该技术除磷效率高且稳定可靠，目前已在厌氧污泥上清液[20,21]、畜禽养殖废水[22,23]等富磷废水中营养元素磷的资源化回收中得到应用，但在工业废水方面，磷酸盐固定化技术的研究和应用仍然较少[24]。

采用湿式氧化-磷酸盐固定化组合工艺处理磷霉素制药废水，在湿式氧化条件下，利用分子氧作为氧化剂，将废水中高浓度 TOP 氧化分解为无机磷酸盐，对湿式氧化处理后的废水分别采用 CP 沉淀和 MAP 结晶方法进行磷酸盐固定化回收，实现废水中磷元素的资源化。

4.2.2.3 适用范围

含有机磷高浓度工业废水。

4.2.2.4 技术就绪度评价等级

TRL-6。

4.2.2.5 技术指标及参数

（1）基本原理

在湿式氧化条件下，利用分子氧破坏磷霉素废水中高浓度有机磷化合物 C—P 键，实现 P 的无机化同时，将废水中高浓度有机物转化为小分子有机酸，去除废水的生物毒性，提高可生化性，实现废水中 COD 去除率 95.0% 和有机磷转化率 99.0% 以上。在此基础上，采用磷酸钙和磷酸铵镁结晶回收技术，通过钙、铵镁磷酸盐结晶沉淀方法对废水中无机化磷酸盐进行回收。

（2）工艺流程

工艺流程为“湿式氧化-无机磷的沉淀-磷的回收”。具体如下：

① 首先将高浓度有机磷废水装入湿式氧化反应器中，密闭；

② 预热至设定温度，开启搅拌，采用高压氧气钢瓶通入指定分压的氧气，开始湿式氧化反应；

③ 采用磷酸钙（CP）沉淀法，向出水中投加一定量的饱和 $CaCl_2$ 溶液，或采用磷酸铵镁（MAP）结晶法，投加一定比例的 $MgCl_2$ 和 NH_4Cl 溶液，静置反应约 0.5h，得到上层上清液与底层磷酸钙或磷酸铵镁晶体沉淀；

④ 底层磷酸钙或磷酸铵镁晶体作为磷资源得到回收，而上清液可进入生化单元进一步处理，实现达标排放。

（3）主要技术创新点及经济指标

该技术采用湿式氧化的方式，大量削减了废水的 COD，改善了废水的可生化性，使得废水中 99.0% 的有机磷实现无机化；同时钙、铵镁磷酸盐结晶沉淀方法对生成的无机磷进行固定化回收，从而有效实现了废水中磷元素的资源化。

湿式氧化成本相对较高，但可通过磷酸盐固定化回收降低处理成本。废水有机磷浓度为 10000mg/L 时，处理成本为 30～35 元/t，但可回收的磷酸盐价值约 20 元/t，吨水合计成本为 10～15 元；废水有机磷浓度为 40000mg/L 时，处理成本为 35～40 元/t，但可回收的磷酸盐价值为 35～40 元/t，吨水合计成本几乎为 0 元；当废水浓度更高时，可通过废水的处理实现部分利润。

（4）工程应用及第三方评价

① 应用单位：东北某制药公司。

② 实际应用案例介绍：东北某制药公司是目前国内乃至世界上最大的化学合成类磷霉素生产企业，其磷霉素产量占世界磷霉素生产总量的 40% 以上，其高浓度磷霉素废水产生量 10299t/a。本技术在东北某制药公司实施后，可实现年削减 COD 720.9t，特征污染物有机磷年削减量 154.5t；同时可实现磷资源回收 751.8t（以 $MgNH_4PO_4 \cdot 6H_2O$ 计）。该集成设备氧化效果好、占地面积小、处理效率高，对高浓度的磷霉素钠而言具有很好的适用性和应用前景。

湿式氧化-磷酸盐固定化回收耦合技术设备示意如图 4-6 所示。该反应器在高效去除 COD 的同时，还可有效地强化对磷霉素钠等有机磷类物质的降解，并实现磷的回收。在废水进水 COD 浓度为 60000mg/L、总有机磷含量为 15000mg/L 条件下，反应时间 30min 内，可实现出水 COD 浓度在 3000mg/L 以下、总有机磷含量在 20mg/L 以下、COD 和有机磷去除率分别为 95.0% 和 99.0% 以上。在 Mg^{2+} ∶ NH_4^+-N ∶ PO_4^{3-}-P 摩尔比为 1.2 ∶ 1 ∶ 1、Ca^{2+} ∶ PO_4^{3-}-P 摩尔比为 1.2 ∶ 1 条件下，磷酸盐固定化回收率达 99.9% 以上，并可实现吨水回收磷酸盐 109.8kg（以 $MgNH_4PO_4 \cdot 6H_2O$ 计）。

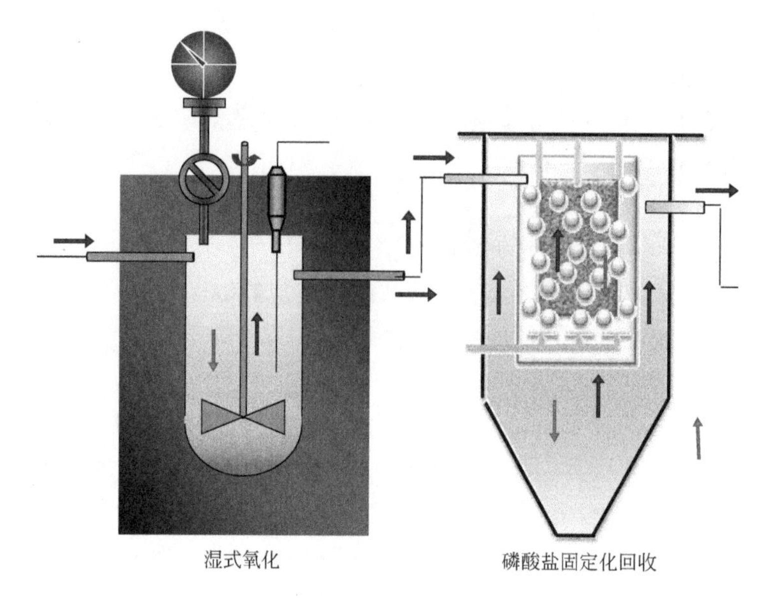

图 4-6　湿式氧化-磷酸盐固定化回收耦合技术小试设备流程示意

高浓度磷霉素钠废水在东北某制药公司的产生量约为 30t/d，该技术在该公司应用后每天可减少 COD 排放 1700kg、减少有机磷排放 450kg。

4.2.3　铁碳微电解技术

4.2.3.1　技术简介

采用序批式的铁碳微电解的反应器对黄连素含铜废水进行处理，吨水处理的成本为 300～400 元，但可回收的铜的价值在 600 元以上，因而通过含铜废水的处理可以实现一定的盈利。

4.2.3.2　国内外研究进展

铁碳微电解技术基于金属腐蚀电化学的基本原理，将具有不同电化学电位的金属和非金属置于导电性较好的废水中，利用低电位的 Fe 和高电位的 C 在废水中所产生的电位差，形成无数的原电池，由此引起一系列作用并用于废水处理[25]。铁碳微电解技术起源于 Robert W. Gillham 提出的零价铁理论[26]，该理论最早被美国以及欧洲等国家用于处理地下水污染修复问题。20 世纪 70 年代，苏联研究者将该技术应用于印染废水的处理并取得成功。20 世纪 80 年代，我国研究人员引入该技术并由最初的将其应用于地下水污染修复领域扩展到应用于工业废水处理领域，尤其是可生化性差的高浓度有机废水。经过 40 多年的发展，铁碳微电解技术以其适用范围广、工艺简单、处理效果好等优点，被多个国家广泛应用于印染、制药、电镀、化工、渗滤液等难降解工业废水的处理。

目前，对铁碳微电解技术的主要影响因素研究集中于废水 pH 值、反应时间、铁屑种类及粒径、铁碳比、曝气量等。由微电解反应原理可以看出，电极电位差在酸性条件下比碱性条件下更高。所以酸性越强反应速率也越快，但生成过多的 Fe^{2+} 会产生大量的污泥，所以工业上一般把 pH 值控制在 3～7 之间。颜兵等[27]利用铁碳微电解处理双甘膦农药废水，考察进水 pH 值对废水 COD 去除率的影响，结果表明：在铁炭比为 1∶1、HRT 为 1h 的条件下，随 pH 值的增加，COD 去除率呈现先增大后减小的趋势；在 pH=3 时，COD 去除率达到 72%。张博[28]也进行了类似的研究，在反应时间为 45min、铁水比为1∶6、铁碳比为 1∶1 的条件下，对不同 pH 值的造纸废水进行处理，实验结果表明：pH=3.5 时处理效果最好，COD 去除率最高可达 62%。

反应时间也是影响铁碳微电解处理效果的重要因素之一，不同工业废水由于水质不同，对反应时间的要求也不尽相同。张良金[29]发现，在废水 pH=3、气水比约为 400 的条件下，反应 4h 后 COD 去除率可达 53%，此后延长时间 COD 去除率没有显著提升。由此可见，反应达到一定时间后会趋于饱和，延长反应时间并不能提高污染物去除率。相反，过长的反应时间会使铁屑表面钝化而形成致密氧化膜，阻止反应的进行[30]。

在铁碳微电解技术中，铁碳比决定了可形成原电池数量的多少，电势增加有利于微电解反应的进行，同时也可以保持铁碳填料层的空隙率，避免铁屑板结。铁碳比过小不仅会导致形成过少的原电池，碳粒也会阻碍反应生成的活化产物与有机物分子的反应；而过大的铁碳比则会使得反应以铁的锈蚀为主导，影响处理效果。李海松等[31]在最优条件下，通过控制铁碳（质量）比对造纸废水进行微电解处理，实验结果表明：在铁碳比为 1∶1 时，COD 去除率最高可达 72.73%，目前工业中也以铁碳比控制在 1∶1 为宜。

由于 O_2 会参与铁碳微电解的反应，所以增大曝气量可以增加铁屑与碳粒的接触机会，有利于反应的进行，提高 COD 去除率，同时也能够减少板结现象。杨玉峰[32]在相同条件下通过改变曝气状态对比发现：曝气情况下 COD 去除率比不曝气情况下高 13.6%。

此外，新型微电解材料也是研究者高度关注的热点之一。Zhang 等[33]将氯化钠分散在铁屑中，用以避免细小铁颗粒的凝聚，采用聚乙烯醇作为合成碳的前体物，合成制备了纳米铁碳结构复合微电解材料，缓解了铁碳填料的板结问题。Huang 等[34]通过添加制孔剂和催化剂也制备出了空隙率较高的微电解材料，有效防止板结现象的发生。

铁碳微电解技术作为一种高效简单的工艺技术在现代难降解工业废水处理应用中得到了广泛应用，但其在应用过程中出现的铁碳填料板结和失活、物化污泥量大等问题是未来研究发展需要解决的。此外，微电解技术对有机物降解的内在机理还有待进一步揭示。

4.2.3.3　适用范围

含铜制药废水、电镀废水。

4.2.3.4　技术就绪度评价等级

TRL-6（工业规模）。

4.2.3.5 技术指标及参数

(1) 基本原理

采用铁碳微电解技术处理高浓度黄连素含铜废水，该废水 pH 值为1.0～3.0，COD 浓度为 16000mg/L，Cu^{2+}浓度在 20000mg/L 左右，废水的生物毒性大。铁碳微电解预处理单元处理含铜黄连素制药废水，该技术集活性炭吸附、铁碳微电解及 Fe 的氧化还原等作用于一体。废水经铁碳微电解技术预处理后，具有生物毒性的黄连素结构被破坏，通过活性炭的吸附以及絮凝沉淀作用去除大量 COD，提高废水的可生化性，降低了其对后续生化处理单元的冲击。高浓度的Cu^{2+}经铁还原转化为单质铜。残渣中含有剩余活性炭与铜，经过压缩过滤、焚烧等处理后以 $CuCl_2$形态回收再利用，可实现吨水回收铜 18kg 左右（以单质铜计）。

(2) 工艺流程

工艺流程为“铁碳微电解-压滤-回收”，如图 4-7 所示，具体如下：

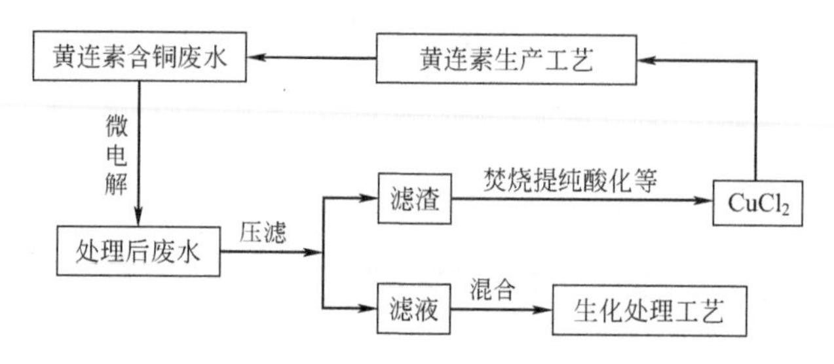

图 4-7 废水处理及铜回收工艺流程

① 首先将高浓度含Cu^{2+}废水装入铁碳微电解反应器中；

② 投加一定量的铁粉与活性炭，搅拌反应约 1h；

③ 采用螺杆泵将固液混合物打入压滤机进行分离，其中废液进入后续处理单元，实现达标排放；

④ 将固体废渣（主要成分为铜与炭）干燥后焚烧，最后经盐酸溶解后以 $CuCl_2$形态实现资源回收。

(3) 主要技术创新点及经济指标

利用粉末状的铁粉与碳粉，通过电机搅拌实现了与废水中Cu^{2+}与黄连素的高效混合，进而提高了 Fe 与 C 的利用效率。该技术充分利用活性炭吸附、铁碳微电池及 Fe 的氧化还原作用的协同作用，能去除废水中 99.9%以上的Cu^{2+}；废水中残渣易沉淀分离，对压滤后的滤渣进行焚烧、提纯、酸化后得到 $CuCl_2$成品；同时该 $CuCl_2$成品可作为生产黄连素药品过程中催化剂原料，进而实现铜的循环利用，该工艺可实现处理吨水回收铜 18～19kg（以 Cu 计）。对废水中的Cu^{2+}处理和回收后，避免了金属铜的无效消耗，既降低了成本又减少了对环境的污染，取得了良好的经济效益和社会效益。

(4) 工程应用及第三方评价

① 应用单位：东北某制药公司。

② 实际应用案例介绍：黄连素含铜废水在东北某制药公司的产生量约为 20t/d，反应器的规模为 5t/批次，采用间歇运行的方式。该反应器在高效去除废水中 Cu^{2+} 同时，还可有效地去除废水中的黄连素，提高废水的可生化性。目前该集成技术和设备已应用于东北某制药公司高浓度含铜废水的生产规模试验（图 4-8）。试验结果表明，铁碳处理 90min 后，对黄连素的去除率达 70.0%以上，铜的回收率达 99.9%以上，废水中残余 Cu^{2+} 含量低于 20mg/L，吨水处理可回收 18～19kg 铜（以 Cu 计），出水满足该公司生化处理工艺的要求。应用该技术每天可减少 COD 排放 300kg，减少黄连素排放 20kg，减排铜约 480kg。

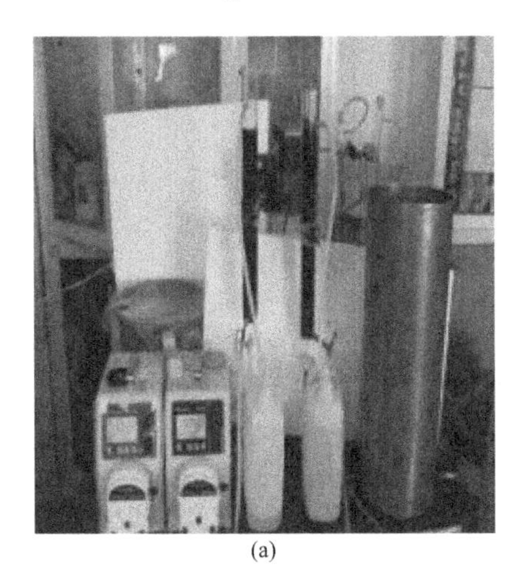

(a)

(b)

图 4-8　铁碳微电解预处理及 Cu 的回收集成技术小试及中试设备照片

该技术反应条件温和、反应速率快、铁碳的利用效率高，能有效削减含铜废水中黄连素及 Cu^{2+} 的含量，同时沉渣易分离，经压滤、焚烧等后续工艺能实现 Cu 的循环利用。因此，从技术集成的角度讲该套集成技术和设备具有明显的先进性。

4.2.4　沉淀结晶-树脂吸附技术

4.2.4.1　技术简介

采用分质处理技术对黄连素含铜废水等影响生物处理效率的废水进行预处理，通过络合沉淀反应使铜离子形成碱式氯化铜，99%以上的 Cu^{2+} 被去除，出水 Cu^{2+} 浓度远低于现有处理工艺的效果，达到后续处理单元的要求；同时可以碱式氯化铜的形式回收废水中的 Cu^{2+} 等有价物质，具有较高的经济价值。

4.2.4.2　国内外研究现状

沉淀结晶-树脂吸附技术是一种新型组合工艺技术，将沉淀结晶法与离子树脂交换法进行组合，以实现对黄连素含铜废水中 Cu^{2+} 的高效去除和回收，避免了两种工艺单独应用过程中存在的缺点和局限性，既解决了离子交换树脂在处理高浓度含铜废水过程中使用周期较短的问题，也使得化学沉淀工艺中得到的大量沉淀 Cu^{2+} 被回收利用，实现了制药废水资源化利用和达标排放[35]。

离子交换树脂吸附技术是我国在工业废水处理领域应用最广泛的技术之一。20世纪70年代中期，上海光明电镀厂等首先引入离子交换树脂法处理含铬废水，同时实现了污染物去除以及资源的回收利用[36]。因为树脂吸附法处理容量大、处理效果好、易回收利用，在工业废水处理领域被广泛应用与发展。

目前，离子交换树脂吸附技术的主要研究集中于离子树脂对重金属离子吸附的影响因素、离子交换树脂对有机物的吸附等方面。影响离子树脂吸附效果的主要因素有废水pH值、停留时间、反应温度等。He等[37]发现采用D851离子交换树脂处理含Cu^{2+}的废水时，在停留时间为60min、最佳pH值及反应温度分别为5.5和35℃下可取得最佳吸附效果。

Budak[38]使用强酸阳离子交换树脂除去合成漂洗水中的Cu^{2+}，结果表明：该实验的最适流速为2.5mL/min，树脂用量为35g。

近年来，离子交换树脂对有机物的吸附也是研究者高度关注的热点之一。朱晓燕等[39]采用离子交换树脂对废水中三乙胺进行吸附，实验结果表明：在三乙胺初始质量浓度为1500mg/L、初始pH值为11.5、吸附时间为2h、吸附温度为298K的静态吸附条件下，RX01型树脂对三乙胺的吸附去除率为96.3%。Chularueangaksorn等[40]研究了采用阴离子交换树脂PFA300对全氟辛烷磺酸盐进行吸附，实验表明：PFA300的吸附能力高达455mg/g。Fan等[41]采用新型磁性阴离子交换树脂处理生化废液中的有机质，结果表明：离子交换树脂可以有效去除有机污染物，有机碳处理率为60%。

沉淀结晶-树脂吸附技术作为一种高效绿色的组合工艺，在黄连素含铜废水等制药废水的处理应用中效果显著，已经完成工程规模试运行。如何解决树脂工艺中一次性投资高、操作要求及管理严格、再生问题、树脂的中毒和老化等问题仍有待进一步研究。此外，将其推广至其他类型的制药废水中也是未来研究发展一个新的方向。

4.2.4.3 适用范围

适用于制药废水的资源化回收。

4.2.4.4 技术就绪度评价等级

TRL-6（成功开展工程规模运行）。

4.2.4.5 技术指标及参数

（1）基本原理

黄连素含铜废水作为一种高浓度制药生产废水，来源于化学合成法生产黄连素中脱铜反应过程。作为有机反应中的催化剂，Cu^{2+}是废水中存在的唯一重金属离子。采用化学沉淀法和树脂吸附法结合处理黄连素含铜废水，不仅能够使废水达标排放，而且可以碱式氯化铜的形式回收废水中的 Cu^{2+} 等有价物质，而碱式氯化铜一般用作农药中间体、医药中间体、木材防腐剂、饲料添加剂，具有较高的经济价值。

(2) 工艺流程

黄连素含铜废水分质处理技术的工艺流程为“废水调节水质-沉淀结晶-大孔树脂吸附回收-尾水排入生化池”，如图 4-9 所示。高浓度黄连素含铜废水中含有浓度为 8000～20000mg/L 硝基芳香烃，首先进入调节池，以均衡水质水量；混合调节池出水由提升泵进入反应罐，投加碱，调整 pH 值为 6 左右，反应时间 0.5h；然后进入厢式压滤机，产品为固体，反应停留时间为 2h，Cu^{2+} 的去除率为 90%以上；滤液进入 2 级大孔树脂柱，吸附黄连素和 Cu^{2+}，出水 Cu^{2+} 浓度能达到 1mg/L 以下，吸附出水进入厂内的综合生物池，通过处理后达标排放。

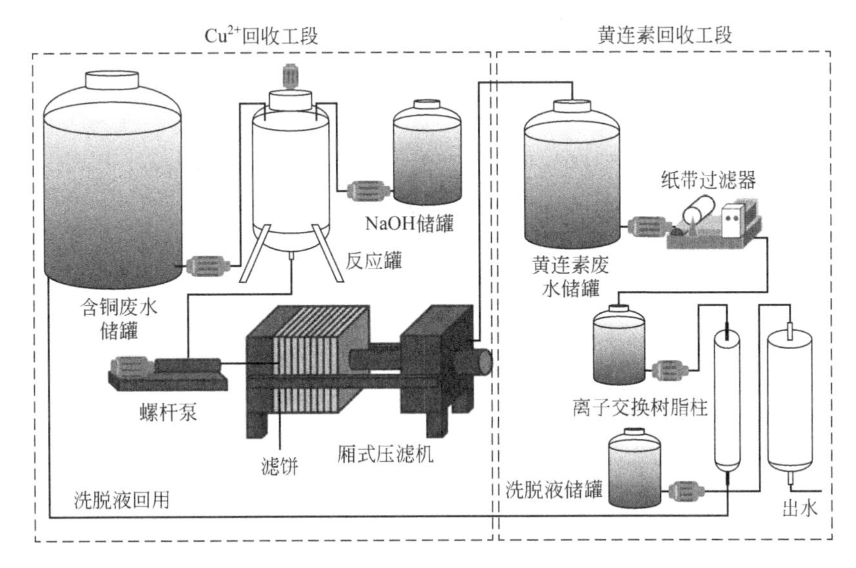

图 4-9　高浓度黄连素含铜废水资源化技术工艺流程

(3) 主要技术创新点及经济指标

通过沉淀结晶工艺和 2 级大孔树脂吸附技术对制药行业高浓度黄连素含铜废水进行分质处理，在进水 Cu^{2+} 浓度为 8000～20000mg/L 时，出水 Cu^{2+} 浓度可达到 1mg/L 以下，急性毒性去除 90%以上，使其满足后续生物处理要求。产生的沉淀以碱式氯化铜的形式得以回收，实现经济效益为 26.74 万～95.38 万元/年。

(4) 工程应用及第三方评价

① 应用单位：东北某制药公司。

② 实际应用案例介绍：东北某制药公司是以化学合成为主，兼有生物发酵、中西药制剂和微生态制剂的大型综合性制药企业，其黄连素生产车间每月的黄连素含铜废水量为 48t。高浓度黄连素含铜废水资源化技术相关工段照片如图 4-10 所示。技术示范在黄连素车间的 5t 反应罐中进行，进水 Cu^{2+} 浓度为 15000mg/L，经过 0.5h 的结晶沉淀，出水 Cu^{2+} 浓度小于 40mg/L，产生的碱式氯化铜每年可实现 26.74 万～95.38 万元的收益。

(a) 结晶沉淀罐　(b) 结晶沉淀罐内部搅拌装置

(c) 碱罐　(d) 结晶沉淀罐温度调控

(e) 开板　(f) 压滤出水采样

(g) 碱式氯化铜

图 4-10　高浓度黄连素含铜废水资源化技术相关工段照片

4.2.5　结晶母液中头孢氨苄的绿色回收技术

4.2.5.1　技术简介

头孢氨苄结晶母液中残留 2～15g/L 的头孢氨苄，若直接当成“三废”排放，不仅造成产品的损失，还会增加后续废水处理难度。目前工业上常采用络合法回收头孢氨苄，并以二氯甲烷作解络合剂，二氯甲烷毒性大、极易挥发，造成溶剂的大量损失，并导致 VOCs 污染，同时还存在爆炸等安全隐患的问题。

头孢氨苄酶法制备结晶母液中产品绿色回收技术是针对目前头孢氨苄回收过程存在溶剂消耗量大、VOCs 污染严重等问题开发的绿色清洁技术。首先采用高效络合剂对结晶母液中的低浓度头孢氨苄进行富集，再利用绿色解络合剂实现头孢氨苄高效分离回收，解络合剂通过反萃取实现回收和循环利用。

与传统的头孢氨苄回收工艺相比，头孢氨苄绿色回收工艺以低污染绿色解络合剂代替二氯甲烷，解络合剂具有沸点高的特点，从源头避免 VOCs 的产生和溶剂损耗；解络合剂通过反萃取的方法，可高效地实现回收，回收的解络合剂解络合效果未下降，具有良好的循环利用性能。

4.2.5.2　国内外研究现状

头孢氨苄合成反应结束后，工业生产中通常采取等电点结晶法分离反应液中的头孢氨苄，其等电点 pH 值为 4.72，结晶母液中头孢氨苄的残留量为 12～15g/L，约占总量的 10%。若将其直接排放，则会造成经济损失和严重的环境污染，因此必须回收结晶母液中残留的头孢氨苄。

结晶母液中残留头孢氨苄的回收方法有树脂法[42]、双水相萃取法[43]、液膜法[44]、膜浓缩法[45]和络合法[46]等。采用树脂吸附酸化的结晶母液，通过水洗、乙醇水溶液解吸附等操作，得到解析溶液，调节 pH 值，结晶得到头孢氨苄产品，剩余的滤液通过减压蒸馏可得到循环利用的溶剂乙醇。该工艺在洗脱过程中使用大量的乙醇水溶液，会产生 VOCs 污染，乙醇蒸馏回收能耗高，树脂再生将产生大量废水。双水相萃取法成相组分回收成本高，产业化难。液膜法膜溶剂易流失，膜使用寿命较短。络合法具有选择性好、效率高等优点，适用于溶液中低浓度头孢氨苄的富集。工业上常采用 β-萘酚为络合剂、二氯甲烷为解络合剂，对母液中的剩余头孢氨苄进行回收。该工艺络合收率较低，还有约 8%的头孢氨苄未被络合，残留在废水中，在解络合过程中使用大量低沸点有机溶剂二氯甲烷，产生严重的 VOCs 污染；二氯甲烷采用精馏工艺回收，需要大量热能与冷媒。本项目开发的结晶母液中头孢氨苄绿色回收技术，对络合剂进行了系统的筛选，并开发了一种绿色的解络合剂，实现了对溶液中头孢氨苄的高效络合富集，络合收率可以达到 97%。绿色解络合剂具有沸点高、不易挥发的特点，从工艺源头消除有机溶剂挥发造成的 VOCs 污染，解络合收率可以达到 99%，循环稳定性较好，大大降低了解络合剂的用量[47]。

4.2.5.3　适用范围

适用于头孢氨苄酶法制备结晶母液的资源化回收利用。

4.2.5.4　技术就绪度评价等级

TRL-5。

4.2.5.5　技术指标及参数

（1）基本原理

通过络合反应形成络合物沉淀结晶，是富集溶液中低浓度头孢氨苄的有效方法。再通过解络合反应，实现头孢氨苄与络合剂的分离，从而得到头孢氨苄产品。本技术以酚类物质为络合剂对溶液中的头孢氨苄进行分离回收，并开发了一种高沸点的绿色解络合剂，实现了对头孢氨苄的绿色分离，从工艺源头消除有机溶剂挥发造成的 VOCs 污染，大大降低了解络合剂的用量。

头孢氨苄是一种两性化合物，在其等电点下其具有最小的溶解度，利用这种特性可应用结晶工艺实现头孢氨苄的分离纯化，但其结晶母液中仍会残留一定浓度的头孢氨苄（40mmol/L），因此本技术以低浓度的头孢氨苄作为模拟体系，研究了络合方法在其回收中的应用，首先分别对比了萘系络合剂和苯系络合剂与头孢氨苄的络合效果，如图 4-11 所示。

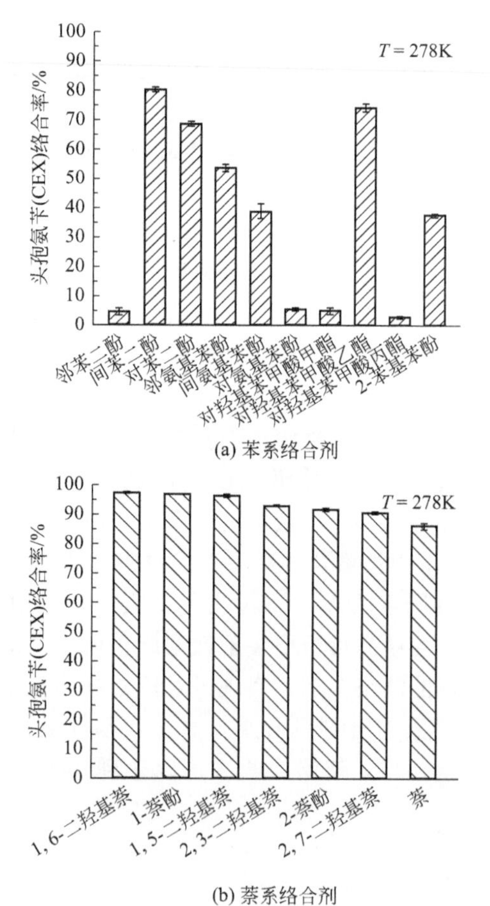

(a) 苯系络合剂

(b) 萘系络合剂

图 4-11　两种不同类型的络合剂对头孢氨苄分离的效果

从图 4-11 中可以看出，萘系络合剂中 1,6-二羟基萘和 1-萘酚的络合效果最好，能达到 98%以上，1,5-二羟基萘的络合率在 96%左右，2-萘酚的络合率在 93%左右；对于苯系络合物来说，其中间苯二酚的络合率最好，能达到 81%，对羟基苯甲酸乙酯的络合率达到 78%，对苯二酚络合率达到 69%，其他的苯系络合物的络合率都在 60%以下，络合效果不佳。综合对比萘系络合剂和苯系络合剂的络合效果，萘系络合剂的络合效果明显高于苯系络合剂。

（2）工艺流程及装备

结晶母液头孢氨苄绿色回收技术工艺流程如图 4-12 所示，具体如下：

① 向头孢氨苄结晶母液中加入酚类络合剂，完全络合后通过离心分离出固相，得到复盐沉淀；

② 向复盐沉淀中加入水和胺类物质进行解络合反应，调节 pH 值使之完全溶解，头孢氨苄进入水相，酚类物质被萃取进入胺类物质中，分离水相和有机相；

③ 通过等电点结晶对得到的水相中的头孢氨苄进行分离，得到头孢氨苄产品；

④ 向有机相中加入碱化剂，进行反萃取处理，使其中的酚类物质进入水相，两相分离后得到的有机相为胺类解络合剂，进行循环使用。

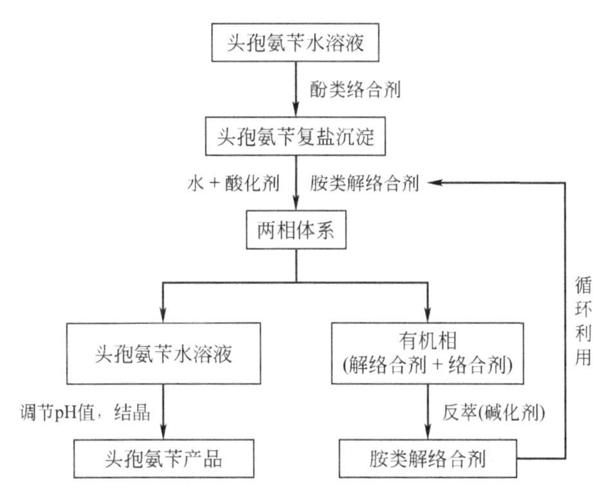

图 4-12 结晶母液头孢氨苄绿色回收技术工艺流程框图

（3）主要技术创新点及经济性指标

头孢氨苄结晶母液中头孢氨苄的绿色回收技术，采用绿色高效的解络合剂代替二氯甲烷，从源头上消除了挥发性有机溶剂带来的 VOCs 污染问题，解络合剂具有良好的循环利用性能，显著降低解络合剂的消耗。7-ADCA、PGME 和 PG 对头孢氨苄与络合剂络合效果的影响如图 4-13 所示。该技术对头孢氨苄的络合回收率可达到 97%，绿色解络合剂的解络合率达到 99.6%，与传统的解络合剂二氯甲烷相比，解络合剂用量降低 92%。该项技术大大降低了头孢氨苄回收过程中的污染物排放和运行成本，具有显著的社会效益、环保效益和经济效益。

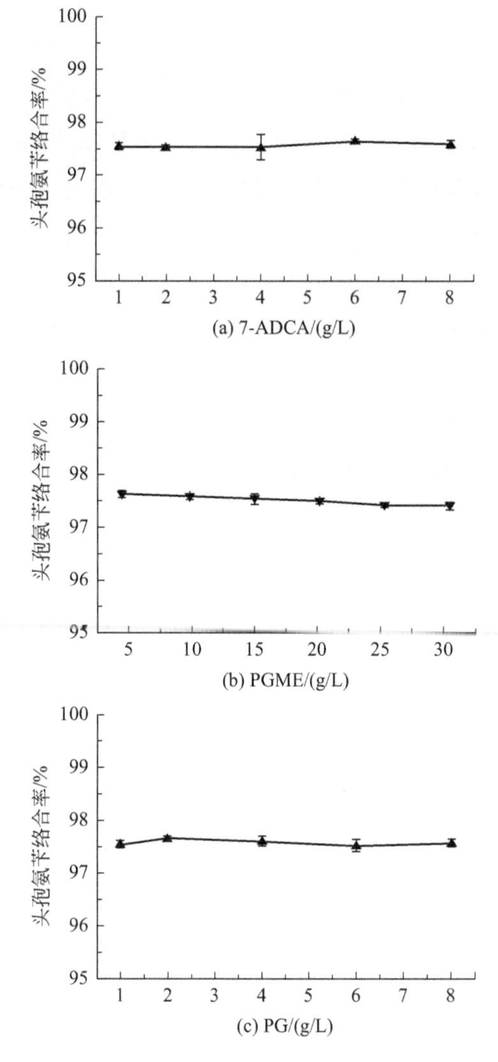

图 4-13 7-ADCA、PGME 和 PG 对头孢氨苄与络合剂络合效果的影响

参 考 文 献

[1] 赵平，王振，吴赳，等．制药废水膜法深度处理效果分析 [J]．应用技术，2020，49 (2)：522-526.

[2] 涂凯，许高鹏，吴昊，等．某化工制药废水处理“零排放”工程实例研究 [J]．山西化工，2018，38 (1)：147-149.

[3] 张圣敏，李永丽．制药废水零排放技术应用研究 [J]．工业水处理，2016，36 (12)：109-111.

[4] 张春晖，朱书全，齐力，等．应用陶粒过滤-陶瓷膜组合对止咳糖浆制药废水深度处理的试验研究 [J]．环境工程学报，2008，2 (8)：1066-1068.

[5] 黄军，邵永康．高效吹脱法＋折点氯化法处理高氨氮废水 [J]．水处理技术，2013，39 (8)：131-133.

[6] 文艳芬，唐建军，周康根．MAP 化学沉淀法处理氨氮废水的工艺研究 [J]．工业用水与废水，2008，39 (6)：33-36.

[7] Ma X，Li Y，Cao H，et al. High-selectivity membrane absorption process for recovery of ammonia with electrospun hollow fiber membrane [J]. Separation and Purification Technology，2019，216：136-146.

[8] 龙敢飞．钢铁焦化厂蒸氨系统工艺的优化 [D]．湘潭：湘潭大学，2007.

[9] 王剑舟．氨蒸馏工艺中蒸氨塔的模拟计算 [J]. 浙江化工，2012，43 (5)：29-33.

[10] 郭秀玲．直接蒸氨工艺与间接蒸氨工艺的比较 [J]. 煤化工，2009，(1)：18.

[11] Liao M, Zhao Y, Ning P, et al. Optimal design of solvent blend and its application in coking wastewater treatment process [J]. Industrial & Engineering Chemistry Research, 2014, 53: 15071-15079.

[12] 廖明森，赵月红，宁朋歌，等．基于MINLP模型的焦化废水蒸氨塔操作优化 [J]. 过程工程学报，2014，14 (1)：125-132.

[13] Debellefontaine H, Foussard J N. Wet air oxidation for the treatment of industrial wastes. Chemical aspects, reactor design and industrial applications in Europe [J]. Waste Management, 2000, 20 (1): 15-25.

[14] Kyoung-Hun K, Son-Ki I. Heterogeneous catalytic wet air oxidation of refractory organic pollutants in industrial wastewaters: a review [J]. Journal of Hazardous Materials, 2011, 186 (1): 16-34.

[15] Boroski M, Rodrigues A C, Garcia J C, et al. Combined electrocoagulation and TiO_2 photoassisted treatment applied to wastewater effluents from pharmaceutical and cosmetic industries [J]. Journal of Hazardous Materials, 2009, 162 (1): 448-454.

[16] Song Y, Weidler P G, Berg U, et al. Calcite-seeded crystallization of calcium phosphate for phosphorus recovery [J]. Chemosphere, 2006, 63 (2): 236-243.

[17] Wang J, Song Y H, Yuan P, et al. Modeling the crystallization of magnesium ammonium phosphate for phosphorus recovery [J]. Chemosphere, 2006, 65 (7): 1182-1187.

[18] Song Y, Yuan P, Zheng B, et al. Nutrients removal and recovery by crystallization of magnesium ammonium phosphate from synthetic swine wastewater [J]. Chemosphere, 2007, 69 (2): 319-324.

[19] Song Y, Yuan P, Qiu G, et al. Research on nutrient removal and recovery from swine wastewater in China [A]//Ashley K, Mavinic D, Koch F, eds. International Conference on Nutrient Recovery from Wastewater Streams [C]. London: IWA Publishing, 2009: 327-338.

[20] Hafner S D, Bisogni J J. Modeling of ammonia speciation in anaerobic digesters [J]. Water Res, 2009, 43 (17): 4105-4114.

[21] Pastor L, Mangin D, Ferrer J, et al. Struvite formation from the supernatants of an anaerobic digestion pilot plant [J]. Bioresour Technol, 2010, 101 (1): 118-125.

[22] Suzuki K, Tanaka Y, Kuroda K, et al. Removal and recovery of phosphorous from swine wastewater by demonstration crystallization reactor and struvite accumulation device [J]. Bioresour Technol, 2007, 98 (8): 1573-1578.

[23] Qiu G, Cui X, Song Y, et al. Nutrient removal and recovery from swine wastewater using MAP crystallization process [A]//The 2nd IWA Asia Pacific Regional YWP Conference [C]. Beijing, 2009: 236-244.

[24] Ryu H D, Kim D, Lee S I. Application of struvite precipitation in treating ammonium nitrogen from semiconductor wastewater [J]. J Hazard Mater, 2008, 156 (1/3): 163-169.

[25] 周伟，庄晓伟，陈顺伟，等．铁碳微电解预处理工业废水研究进展 [J]. 工业水处理，2017，37 (7)：5-9.

[26] Gillham R W, O'Hannesin S F. Enhanced degradation of halogenated aliphatics by zero-valent iron [J]. Groundwater, 1994, 32 (6): 958-967.

[27] 颜兵，尹晓爽，刘瑛，等．铁炭微电解法对双甘膦废水的降解 [J]. 化工进展，2009，28 (S2)：86-88.

[28] 张博．铁碳微电解工艺处理造纸废水的试验研究 [D]. 哈尔滨：哈尔滨工业大学，2007.

[29] 张良金．铁炭微电解处理高浓度难降解有机废水实验研究和工程应用 [D]. 重庆：重庆大学，2007.

[30] 刘娟娟．微电解-Fenton组合工艺处理亚麻废水的试验研究 [D]. 哈尔滨：哈尔滨工业大学，2007.

[31] 李海松，闫阳，买文宁，等．铁碳微电解-H_2O_2耦合联用的类Fenton法处理制浆造纸废水 [J]. 环境化学，2013，32 (12)：2302-2306.

[32] 杨玉峰．铁炭微电解组合工艺预处理高浓度难降解有机废水的研究 [D]. 杭州：浙江工业大学，2009.

[33] Zhang D, Wei S, Kaila C, et al. Carbon-stabilized iron nanoparticles for environmental remediation [J].

Nanoscale，2010，2（6）：917-919.

[34] Huang D，Yue Q，Fu K，et al. Application for acrylonitrile wastewater treatment by new micro-electrolysis ceramic fillers [J]. Desalination & Water Treatment，2016，57（10）：4420-4428.

[35] 崔晓宇，单永平，曾萍，等．结晶沉淀-树脂吸附组合工艺回收黄连素废水中铜试验研究［J］. 环境工程技术学报，2017，7（1）：1-6.

[36] 黄艳，尚宇，周健，等．离子交换树脂在工业废水处理中的研究进展［J］. 煤炭与化工，2014，37（1）：48-50.

[37] He X W，Fang Z Q，Jia J L，et al. Study on the treatment of wastewater containing Cu(Ⅱ) by D851 ion exchange resin [J]. Desalination and Water Treatment：Science and Engineering，2016，57（8）：3597-3605.

[38] Budak T B. Removal of heavy metals from wastewater using synthetic ion exchange resin [J]. Asian Journal of Chemistry，2013，25（8）：4207-4210.

[39] 朱晓燕，孙贤波，唐琪玮．离子交换树脂处理三乙胺废水［J］. 化工环保，2015，35（5）：475-480.

[40] Chularueangaksorn P，Tanaka S，Fujii S，et al. Regeneration and reusability of anion exchange resin used in perfluorooctane sulfonate removal by batch experiments [J]. Journal of Applied Polymer Science，2013，130（2）：884-890.

[41] Fan J，Li H，Shuang C，et al. Dissolved organic matter removal using magnetic anion exchange resin treatment on biological effluent of textile dyeing wastewater [J]. Journal of Environmental Sciences，2014，26（8）：1567-1574.

[42] Dutta N N，Saikia M D. Adsorption equilibrium of 7-aminodeacetoxy cephalosporanic acid-cephalexin mixture onto activated carbon and polymeric resins [J]. Indian J Chem Technol，2005，12（3）：296-303.

[43] Shahriari S，Doozandeh S G，Pazuki G. Partitioning of cephalexin in aqueous two-phase systems containing poly(ethylene glycol) and sodium citrate salt at different temperatures [J]. J Chem Eng Data，2012，57（2）：256-262.

[44] Vilt M E，Winston Ho W S. Selective separation of cephalexin from multiple component mixtures [J]. Ind Eng Chem Res，2010，49（23）：12022-12030.

[45] Wang K Y，Chung T S. Polybenzimidazole nanofiltration hollow fiber for cephalexin separation [J]. AIChE J，2010，52（4）：1363-1377.

[46] Kemperman G J，de Gelder R，Dommerholt F J，et al. Clathrate-type complexation of cephalosporins with beta-naphthol [J]. Chem istry-A European Journal，1999，5（7）：2163-2168.

[47] 王新，马政生，刘庆芬．头孢氨苄络合回收工艺［J］. 过程工程学报，2018，18（6）：1232-1238.

第5章 制药行业废水综合控制成套技术

5.1 物化处理技术

5.1.1 臭氧催化氧化技术

5.1.1.1 技术简介

采用固相催化剂催化臭氧氧化去除制药废水中的残留抗生素等有毒有害有机物。

5.1.1.2 国内外研究现状

制药废水中残留的抗生素等难降解有机物主要通过活性炭吸附、氧化等方法去除。活性炭脱色效果好，但是当活性炭吸附饱和后再生和更换操作困难，再生成本高。Fenton 工艺使用过氧化氢作为氧化剂，亚铁离子作为催化剂，在酸性条件下产生羟基自由基（·OH），将有机物氧化分解；该法优点是投资小，处理效果较好，但是过氧化氢的成本较高，需要投加大量药剂，成本较高，反应后产生大量铁泥，造成二次污染。臭氧氧化性很强，可用于废水深度去除 COD 和脱色，但是对于某些含有难降解有机物的废水，臭氧直接氧化工艺效果不佳，而采用臭氧催化氧化工艺，催化剂催化臭氧产生氧化性能更强的·OH，对大分子杂环化合物等难降解物质的去除率可以达到100%，臭氧利用效率提高，因此臭氧催化氧化相比臭氧直接氧化更具优势。

臭氧催化氧化工艺的核心在于催化剂，其作用是提高臭氧利用率以及自由基生成率。催化剂按载体分类，分为活性炭载体、氧化铝载体、陶粒载体等。蔡少卿等[1]采用臭氧/活性炭联用体系对高浓度有机制药废水的处理进行研究，在不同 pH 值条件下活性炭起吸附和催化作用。杨文玲等[2]将 Cu、Fe 负载 γ-Al_2O_3催化剂用于臭氧催化氧化，相比单独臭氧氧化的 COD 去除效果提升 20%以上。中国科学院过程工程所研究了用于工业废水深度处理的臭氧催化氧化系列催化剂，如改性多孔炭、MnO_2、Fe_3O_4/MnO_2、g-C_3N_4、改性石墨烯材料等[3-8]，并率先应用于工业废水深度处理示范工程，取得了很好的效果。

5.1.1.3 适用范围

制药废水深度处理去除有机物和 COD。

5.1.1.4 技术就绪度评价等级

目前技术处于工程示范阶段，技术就绪度7级。

5.1.1.5 技术指标及参数

（1）基本原理

臭氧在固相催化剂作用下产生强氧化性自由基，废水中的残留抗生素等有机物被臭氧及自由基氧化降解而去除。

（2）工艺流程

工艺流程为“过滤-臭氧催化氧化”，具体如下：

① 废水首先通过过滤去除悬浮物（SS）和胶体等；

② 废水进入臭氧催化氧化段，在催化氧化塔（池）内，废水由上面进入，臭氧气体由下面进入，废水与臭氧逆流接触，在固相催化剂表面发生反应，将残留抗生素等有机物完全去除。

（3）主要技术创新点及经济指标

采用高效的固相催化剂催化臭氧发生氧化反应，提高有机物去除率和臭氧利用率。实现排放尾水中残留药物去除率不低于99%，出水满足《发酵类制药工业水污染物排放标准》（GB 21903—2008）或《化学合成类制药工业水污染物排放标准》（GB 21904—2008）。

（4）工程应用及第三方评价

① 应用单位：华北某制药公司。

② 实际应用案例介绍：日处理3000t发酵制药废水工程示范，采用臭氧催化氧化技术处理制药废水A/O处理工艺出水，对废水中的残留抗生素、COD等去除效率高，出水满足《发酵类制药工业水污染物排放标准》（GB 21903—2008）。该技术适用于制药废水深度处理领域，能够满足制药废水直接排放要求，处理成本不高于2～3元/m^3废水，具有很好的环境效益，应用前景包括制药废水深度处理或者需要提标改造的情况。

5.1.2 超临界水氧化技术

5.1.2.1 技术简介

在耐高压防腐蚀材料研制、大型超临界水氧化装备的研发及设备稳定化运行和能量利用方面取得有效突破，适用于处理农药、制药等化工行业高浓度难降解有毒有机废水。

5.1.2.2 国内外研究现状

超临界水氧化技术（supercritical water oxidation technology，SCWOT）作为一种高效环保技术，能够以超临界水为反应介质，将有机物进行氧化分解，是一种处理危险废水的强有力的绿色技术，近年来成为环境废物处理领域热门技术之一[9]。该处理技术为解决浓度高、毒性强、难降解的废水、污泥及其他放射性化学废物的处理，提供了新的发展方向[10]。

美国国家标准与技术研究院（NIST）公布的数据显示，水的临界状态是指温度 $T_c=647.096K$、压力 $P_c=22.064MPa$ 时，临界密度为 $\rho=322kg/m^3$。当温度和压力超过临界点时，水会以不同于气液固状态的第四种状态——超临界状态存在，在密度、溶解能力、流动性三方面的特点类似于液体，而其扩散系数和黏度又类似于气体，是一种非极性溶剂[11]。超临界水中的气液两相界面消失，可以任意比例溶解多数气体和有机物，因而形成均相反应。超临界水氧化技术就是利用水在超临界状态下的特殊性质，通过加入氧化剂，快速将有机污染物完全氧化成 CO_2、H_2O、N_2 等小分子无机物，几秒或几分钟内就可以将污染物完全去除。

国外超临界水氧化技术已经被用于诸多有机物质及环境污染物的处理，美国将其用于处理国防工业废水[12,13]，典型物质如推进剂、爆炸物、毒烟、毒物及核废料等，Michael Modell 在 1980 年首次提出超临界水氧化技术之后，成立了第一个超临界水氧化技术的商业化公司，全世界范围内先后有近 20 个公司涉足该领域。欧洲和日本等国家和地区也在极力研究超临界水氧化技术对有毒难生物降解废水的处理[6]，处理对象主要为联苯、苯酚、硝基苯胺、有毒军用品和卤代烃废水等。日本 NGK 和 NORAM 公司、瑞典 Chematur 公司、韩国 Hanwha Chemical 公司也基于该技术开展了有毒有害废弃物的处理。

我国对超临界水氧化技术的研究起步于 20 世纪 90 年代中期，相比发达国家起步较晚，最早由清华大学、浙江工业大学等高校开展相关研究，其中西安交通大学王树众教授团队作为对超临界水氧化技术研究得最全面的团队，于 2012 年开发了我国第一套中试装置，日处理城市污泥 3t。2015 年新奥集团投资 2.6 亿元，成立南京新奥环保技术有限公司，建立 4 套、每套年处理工业固废 1 万吨的超临界水氧化装置，其中 2 套已于 2017 年 3 月投产，这是国内第一家全面从事超临界水氧化技术商业化应用的公司[14]。石家庄奇力科技有限公司针对药厂废水研制出处理量 900～1000L/d 的超临界水氧化中试设备，经过 4min 的反应停留时间 COD 去除率达到 99%以上[15]。江苏省某化学工业园区建立日处理量 5t 的超临界水氧化设备，旨在处理工业园区内高浓度有机废水，解决周边水系的污染问题，进水 COD 浓度为 16000～20000mg/L，经过 22MPa、465～545℃的超临界水氧化处理，COD 去除率为 95.8%～99.8%[16]。

目前超临界水氧化技术在制药废水、化工生产等多个污水处理行业均取得了一定的进展，施华顺等[17]利用超临界水氧化法处理诺氟沙星模拟废水，研究了过程参数、动力学等，并利用分析其中间产物，推断了诺氟沙星的超临界降解途径。在化工生产以及污水（城市污水和化工废液）处理过程中会产生大量污泥，传统处理方法（生物处理、填埋、焚烧等）存在处理不彻底、易造成二次污染等问题。徐雪松[18]研究发现，当超临界体系中存在 HCHO 或 $NaHCO_3$ 时，可以促进有机物的降解，在 420℃、24MPa、pH=10 的条件下，加入少量的 HCHO，污泥 COD 去除率更可以高达 98%以上。

超临界水氧化技术作为一种针对高浓度难降解有害物质的处理方法，正在从实验逐步走向工业化生产，它的高效性、优越性已渐渐得到人们的认可，将在今后拥有更为广阔的应用前景。

5.1.2.3　适用范围

农药、制药等化工行业高浓度难降解有毒有机废水。

5.1.2.4　技术就绪度评价等级

TRL-6。

5.1.2.5　技术指标及参数

（1）基本原理

水在温度374℃、压力22MPa的超临界状态下，气液两相性质非常接近，以至于无法分辨，此时水的密度大大高于气体，黏度比液体大为减小，扩散度接近于气体，超临界水氧化（SCWO）是利用超临界水兼具气体与液体高扩散性、高溶解力及低表面张力的特性，对有机废弃物进行氧化分解，将其转化成 H_2O 及 CO_2，达到去毒无害的目的。基于该技术形成的设备可将高浓度难降解废水［COD浓度为（2～10）×10^4mg/L］一步降解到COD＜50mg/L。

（2）工艺流程

超临界水氧化技术工艺流程如图5-1所示。基于超临界水氧化技术的整个工艺流程简单实用，基本过程为废水通过高压泵打入换热器，然后进入超临界反应釜，在反应釜内与经空压机进入反应釜的氧气充分混合反应，反应后的出水经换热器到冷却器进行冷却，然后通过减压阀减压之后进行气液分离。

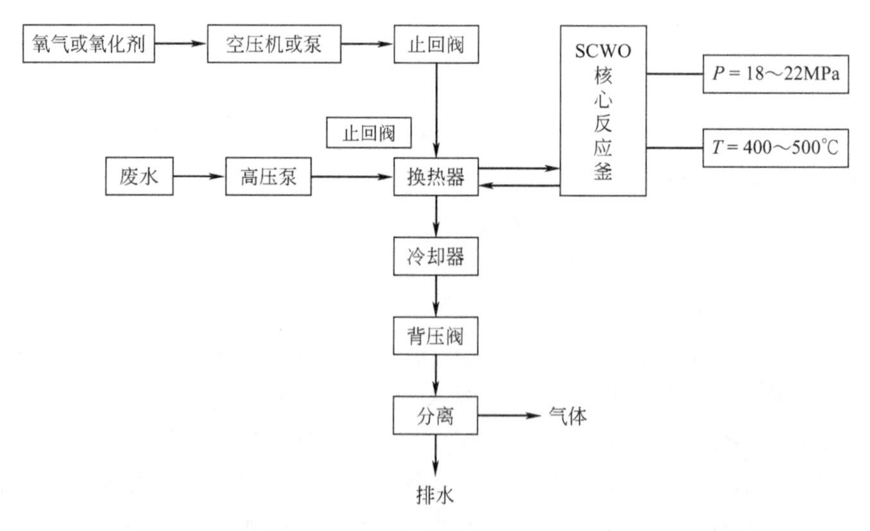

图5-1　超临界水氧化技术工艺流程

（3）主要技术创新点及经济指标

① 材料梯度组合技术，形成高强度、耐腐蚀、耐高温的设备组合材料。

② 全系统压力、温度亚稳定平衡下的连续运行、多阀联排等多种运行保障技术。

③ 超临界水氧化设备造价低：一套日处理量达20t的SCWO设备初期投资成本约为210万元，投资费用较为适中。吨运行成本≤200元，较焚烧具有明显优势。

④ 20t/d超临界水氧化装备系统总装机容量约186kW，工作压力18～22MPa，工作温度400～500℃。

⑤ 自主研发/优化集成，具有多项相关知识产权。

（4）工程应用及第三方评价

① 应用单位：江苏省某化学工业园区。

② 实际应用案例：为了更好地促进江苏省某化学工业园的全面协调可持续科学发展，确保开发区集中式污水处理厂污水稳定达标排放，依托江苏省某化工园区，筹建了100t/d“难降解高浓度有机废水亚超临界深度氧化处理示范工程”，示范工程由5套20t/d的超临界水氧化设备组成。目前园区现有工艺都很难单凭一种工艺将高盐高毒高浓度有机废水处理达到排放标准，必须几种工艺组合，最后还需增加生化处理工艺，达标难度非常大。采用超临界水氧化工艺可以直接处理达标，处理效率高，且污泥产生量小，具有较好的经济性。成果应用后预计可提升园区进驻企业的可持续发展，提高后续污水处理厂的达标稳定性，有效地解决周边水系的水污染问题，持续改善园区河道甚至是相关海域的水环境。

5.2 生物处理技术

5.2.1　水解酸化-生物接触氧化

5.2.1.1　技术简介

采用水解酸化-生物接触氧化技术处理低浓度磷霉素钠制药废水和生活污水混合得到的综合废水。

5.2.1.2　国内外研究现状

随着我国工业化进程的发展，不同领域废水排放的水质、水量差异巨大，废水处理难度日益增加。水解酸化法在废水处理中通常作为一种预处理技术，用以提高废水的可生化性，为其有效处理创造良好条件。水解酸化是水解阶段和酸化阶段两个过程的总称，通过水解产酸菌将固体大分子物质转化为可溶性的、低分子可生化性强的物质。在生物处理有机废水过程中，大分子物质在进入细胞前，在细胞外经由附着在细胞壁上的固定酶和游离的自由酶来完成一系列催化氧化过程，水解和酸化通常没有明显的界限[19]。生物接触氧化法是一种介于生物膜法与活性污泥法之间的处理工艺，能够利用好氧微生物在有氧条件下通过自身的分解作用去除水中的有机物[20]。生物接触氧化池内设有不同类型、特殊设计的生物填料和高效水下曝气装置，适用于高、低负荷的进水冲击，并产生不同的生物相，优化出水、减少剩余污泥量。

20世纪70年代，外国学者将水解酸化与生物接触氧化联合运用于废水处理领域，

80年代后期该工艺也引起了国内研究人员的广泛关注。为改善该工艺的处理效能，国内外的研究人员对水解酸化-生物接触氧化工艺过程进行了长期优化，现在已普遍用于印染废水、制药废水等各个废水处理领域，并成为比较适用于我国国情的污水处理方式[21]。金建华等[22]探讨了水解酸化-生物接触氧化工艺处理印染废水，结果表明，该工艺能使废水的可生化性大大提高，对色度的去除效果尤为明显。王明健[23]利用水解酸化-生物接触氧化处理中草药制药废水，进一步证明该工艺具有适应环境能力强、氧气利用率高、污泥产生量少等特点，在减少污泥沉淀对处理流程影响的同时，有效保证了污水的达标排放。韩相奎等[24]发现利用该工艺，COD浓度为1094mg/L、BOD浓度为327mg/L的中药废水，经接触氧化处理13h、水解酸化8.6h后，其COD与BOD去除率均可达到96%以上，水解酸化-生物接触氧化工艺对中药废水中的COD、BOD有很好的去除效果。

5.2.1.3 适用范围

难降解制药废水处理。

5.2.1.4 技术就绪度评价等级

TRL-7。

5.2.1.5 技术指标及参数

（1）基本原理

采用水解酸化-生物接触氧化技术处理低浓度磷霉素钠制药废水和生活污水混合得到的综合废水，该废水COD 2000mg/L，BOD_5 1000～1500mg/L，pH 6.0～9.0；废水的生物毒性大。根据厌氧微生物及好氧微生物对有机污染物的氧化代谢机理，将厌氧微生物控制在水解酸化的环境条件下，将难生物降解高分子复杂有机底物转化为易生物降解的低分子简单有机物，降低磷霉素钠生物毒性，改善和提高磷霉素钠废水可生化性。活性污泥中含有降解磷霉素钠的微生物，生活污水同磷霉素钠废水的混合可以为磷霉素钠的降解细菌提供维持生命的能量和基质；反应器中的磷霉素钠的降解细菌的数量随着反应器的运行逐步增加，磷霉素钠的降解能力不断增强，从而达到降解磷霉素钠废水的目的。

（2）工艺流程

工艺流程为“水质水量调节-水解酸化-接触氧化-二沉池泥水分离-排水”，如图5-2所示，具体如下：

① 进水到达调节池进行水质水量调节，与生活污水混合提高废水的可生化性；

② 废水进入反应器后，在兼性厌氧条件下将难降解物质转化为易生物降解物质；

③ 水解酸化池的出水进入接触氧化反应器，经微生物好氧处理后的废水排入二沉池；

④ 泥水混合物在二沉池沉淀分离，上清液作为出水排放，出水达到行业排放三级标准。

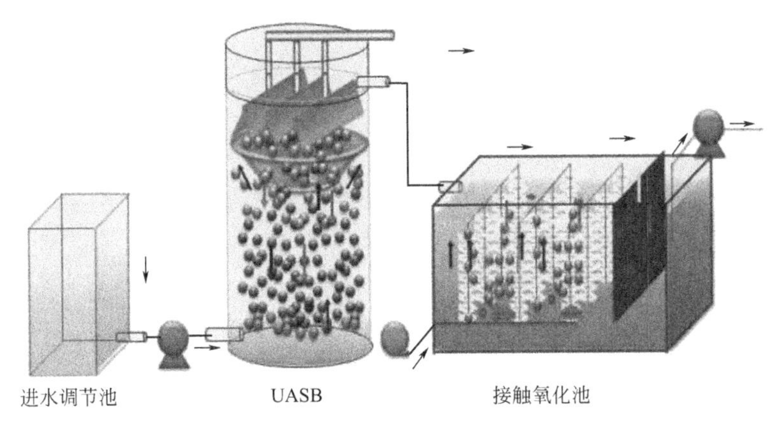

图 5-2　水解酸化-生物接触氧化流程示意

(3) 主要技术创新点及经济指标

东北某制药公司制剂厂区的污水成分主要为生活污水、低浓度的磷霉素钠废水，水解酸化-生物接触氧化耦合技术为制药废水处理规范推荐的处理技术，但直接应用于磷霉素钠废水的处理很难达到设计的出水标准。因此，在关键技术的研发中通过难降解制药废水和生活污水的共代谢技术来提高水解酸化-好氧生化工艺的处理效率，通过调试寻找最佳制药废水和生活污水配比，最后通过实验确定进水磷霉素钠浓度小于20mg/L、水解酸化段的HRT为72h、好氧反应段HRT为24h。

水解酸化能将难生物降解的高分子复杂有机底物转化为易生物降解的低分子简单有机物，降低磷霉素钠废水的生物毒性，提高了废水可生化性。同生活污水混合，可以为磷霉素钠的降解细菌提供维持生命的能量和基质，这能达到磷霉素钠废水与生活污水共代谢的目的。从技术集成角度上讲，该套集成技术具有一定的先进性。

水解酸化-生物接触氧化技术已应用于东北某制药公司制药综合污水处理示范工程，其处理低浓度磷霉素钠废水的综合成本为1.0～1.5元/t。

(4) 工程应用及第三方评价

① 应用单位：东北某制药公司。

② 实际应用案例介绍：该技术的小试试验在沈阳试验基地完成，中试试验在东北某制药公司中试基地取得良好效果。试验结果表明，该反应器在高效去除废水中COD同时，还可有效地提高废水的可生化性。当进水COD平均值在2000mg/L时，反应器接种污泥运行30d；出水COD在100～300mg/L之间，去除率在80.0%以上，达到了多数化学合成类制药企业执行的《污水综合排放标准》(GB 8978—1996) 中的三级标准。该结果也表明水解酸化-生物接触氧化工艺中的微生物对磷霉素钠的耐受程度可以达到20mg/L。该集成技术已应用于东北某制药公司制剂厂区污水处理工程。试验结果表明，有机磷的去除率达70%以上。

通过该技术的实施运行，每天可实现COD减排1.2t。

磷霉素钠废水由于其生物毒性，目前没有有效的处理方法。该技术为强化生物集成处理技术，对低浓度磷霉素钠废水具有较好的处理效果，出水达到行业排放标准。该技术也可应用于其他难降解废水的处理。

5.2.2 ABR-CASS生物强化处理技术

5.2.2.1 技术简介

针对高浓度含难生物降解物质的制药废水（磷霉素等），将其按照特定的比例[(1∶1)～(1∶5)]与含有生活污水的低浓度废水混合后，采用二级ABR-CASS工艺处理。利用易降解物质产生的酶加快难降解物质的分解，并为处理难降解物质的微生物提供充足的能量；ABR可强化难降解物质的水解，将大分子的难降解物质分解为小分子物质；CASS反应器设计了针对毒害物的反应区，可进一步强化脱毒效果。

5.2.2.2 国内外研究现状

制药废水通常具有成分复杂、毒性大、COD浓度高、可生化性差等特点，采用单一的生化与物化技术往往难以达到污水排放标准，所以将多种工艺联合使用是一种趋势。ABR-CASS耦合工艺作为一种高效降解制药废水的生物强化处理技术。其中ABR工艺即厌氧折流板反应器工艺，最早是在1981年由Stanford大学的Mc Carty及其合作者提出的，是基于厌氧生物转盘反应器开发的一种高效、新型的厌氧污水生物技术，ABR反应器具有构造简单、能耗低、抗冲击负荷能力强等优点。CASS工艺即循环活性污泥法，是20世纪80年代由美国教授Goronszy在ICEAS的基础上开发研究出的一种SBR工艺。CASS反应器一般由生物选择器、厌氧区与好氧区构成，是一种可以同步脱氮除磷的间歇式活性污泥处理工艺，具有工艺简单、运行稳定、投资与维护费用低等优点。ABR-CASS耦合工艺结合了ABR能够抗毒害物的冲击和将大分子难降解有机物降解为小分子物质的特点以及CASS预选区微生物的选择性可以处理某些毒害物的优势，同时又克服了ABR出水无法达标的问题。廖苗等[25]利用ABR-CASS中试反应器处理东北某制药厂综合废水，在相同的操作参数下，进水成分的变动使ABR-CASS表现出不同的处理能力，延长ABR的水力停留时间或者降低污泥负荷可以实现对关键毒害物的有效削减，组合生物反应器在进水毒害物冲击条件下处理制药废水的研究提供经验。吴俊峰等[26]利用ABR-CASS结合UASB工艺处理庆大霉素制药废水，出水水质稳定达到《污水综合排放标准》(GB 8978—1996）二级标准，主要污染物COD、BOD_5、SS的排放量分别可减少2615.9t/a、1052.3t/a、58.8t/a。

ABR-CASS耦合工艺不仅被用于制药废水，在制糖废水及印染废水处理中也有应用。利用ABR-CASS耦合工艺处理甘蔗制糖废水后，系统COD、BOD_5与NH_4^+-N的去除率均在95%以上，出水达到《制糖工业水污染物排放标准》(GB 21909—2008）中的甘蔗制糖排放限值要求[27]。染整废水经ABR-CASS耦合工艺处理后，COD_{Cr}、BOD_5的去除率达到96%，出水的COD_{Cr}、BOD_5、pH值、色度、NH_4^+-N等各项指标均达到《纺织染整工业水污染物排放标准》(GB 4287—2012）一级[28]。

5.2.2.3 适用范围

适用于难降解制药综合废水的处理。

5.2.2.4　技术就绪度评价等级

TRL-7。

5.2.2.5　技术指标及参数

（1）基本原理

合成制药行业废水组成复杂，高浓度废水中含有的抗生素及溶剂等有毒有害物质导致废水难以处理。针对高浓度含难生物降解制药废水（磷霉素等），将其按照特定的比例［(1∶1)～(1∶5)］与含有生活污水的低浓度废水混合后，采用二级 ABR-CASS 耦合工艺处理。利用易降解物质产生的酶加快难降解物质的分解，并为处理难降解物质的微生物提供充足的能量；ABR 可强化难降解物质的水解，将大分子的难降解物质分解为小分子物质；CASS 反应器设计了针对毒害物的反应区，进一步强化脱毒效果。

（2）工艺流程

制药综合废水处理工程采用两级四段工艺，实施串联加并联污水生物水处理的独特技术路线，如图 5-3 所示。厂区的低浓度废水与生活污水（118t/d）排入下水道混合后进入综合污水处理厂，高浓度废水经污水运输专线进入综合污水处理厂。首先，高浓度废水进入高浓度调节池，在此与低浓度废水按照（1∶1)～(1∶5）的比例混合，再进入一级 ABR 反应池，经深度水解处理后进入一级 CASS 好氧强化生物池，该 CASS 池的 DO 浓度保持在 6mg/L 以上；之后，经过两段生物处理的高浓度废水与低浓度废水混合，再依次进入二级 ABR 反应池（HRT 控制在 20～30h）和二级 CASS 好氧强化生物池（DO 浓度保持在 6mg/L 以上，HRT 控制在 15～20h），处理后废水经分离后达标

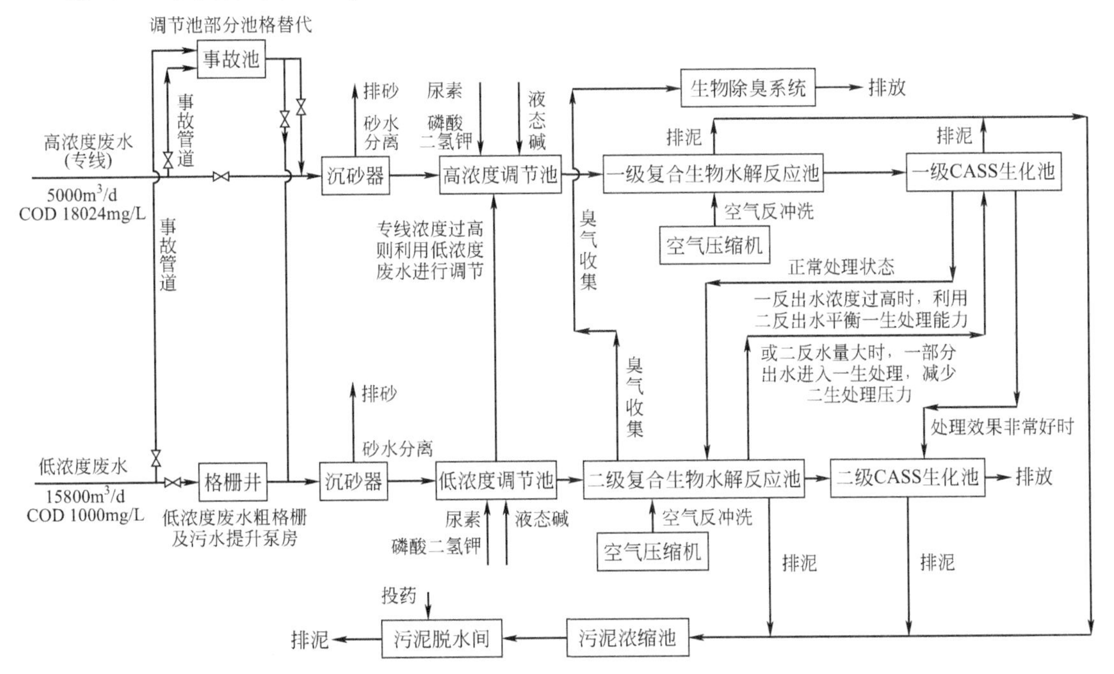

图 5-3　制药综合废水分质处理复配功能菌强化 ABR-CASS 生物处理工艺流程

排放。

(3) 主要技术创新点及经济指标

针对高浓度含难降解制药废水（磷霉素等），将其按照特定的比例［(1∶1)～(1∶5)］与含有生物污水的低浓度废水混合后，采用二级 ABR-CASS 耦合工艺处理。利用易降解物质产生的酶加快难降解物质的分解，并为处理难降解物质的微生物提供充足的能量。处理后废水达到行业排放标准，苯酚、对甲苯酚和邻苯二甲酸酯等毒害物的去除率达 90%以上，每千克 COD 的处理费用为 5.3～5.7 元。

(4) 工程应用及第三方评价

① 应用单位：东北某制药公司。

② 实际应用案例介绍：东北某制药公司的示范工程“制药行业废水有毒有害物控制示范工程”位于沈阳市某开发区，设计规模为 2×10^4 t/d。

该示范工程于 2012 年 10 月开工建设，于 2014 年年底完工，示范工程建设主体单位（用户）为东北某制药公司。在原料药生产过程中产生的废水中含有难生物降解物质和抑制微生物生长的物质，但废水中可生物降解的有机物成分仍较多，因此，根据水质污染程度的不同实施分类处理，将生产排放的有机污水分解为低浓度污水和高浓度废水。为保证生产废水水质稳定达到综合污水处理厂水质要求，各产品实施预处理，并设有一个或多个废水收集池或提升池。废水收集后经地下污水管网或地上污水管廊进入污水处理装置进行处理。

部分高浓度难生化废水设置了废水专线，废水经收集后经管廊进入高浓度调节池。其他项目废水均经污水管网进入低浓度调节池。该示范工程满负荷运行后年削减 COD 5500t，有毒有害污染物削减率达 90%以上，对改善浑河沈阳段控制单元水质具有重要意义。

5.2.3 MIC 多级内循环厌氧强化生物处理技术

5.2.3.1 技术简介

两级分离内循环厌氧反应器（IC）技术研发内容包括气液固三相分离器的设计优化及分离效果研究、IC 反应器的水力学优化研究、IC 启动、运行特性研究、IC 关键调控参数的优化研究。此技术已成功应用于高浓度难降解制药废水，经过改进后 IC 反应器处理能力达到 10kg COD/(m^3·d) 以上，COD 去除率达到 85%以上。

5.2.3.2 国内外研究进展

厌氧反应器已经发展到第三代，主要包括膨胀颗粒污泥床（EGSB）、内循环厌氧反应器、厌氧折流板反应器（IC）、厌氧折流板反应器（ABR）等[29]。IC 反应器是第三代厌氧反应器的代表之一，1985 年荷兰 Paques 公司建立了第一个 IC 中试反应器，1988 年第一座生产性规模的 IC 反应器投入运行[30]。

目前，IC 反应器已广泛应用于各类工业生产污水处理中，具有以下优点：

① 容积负荷高。IC 反应器具有独特的内循环系统，在缩短水力停留时间的同时延

长了污泥停留时间，增强了厌氧反应器的处理效果和容积负荷。

② 节约能源。IC反应器通过自身产生的沼气对泥水混合液进行提升并通过回流管回流形成内循环，此过程不需要外加动力。同时IC反应器运行过程中所产生的沼气为可再生能源，能用于燃气或其他用途。

③ 抗冲击性好且出水稳定。IC反应器独有的内循环系统可使进水与循环水充分混合，因此进水被大大稀释，进水污染物浓度降低，从而提高IC反应器的抗冲击性。此外，废水在第一反应室高负荷运行后再进入精处理区进行低负荷处理，保证了出水的稳定性。

④ 占地面积小，基建费用低。IC反应器的高径比较大，且容积负荷高，从而能够减少占地面积，节约基建成本。

⑤ 具有pH缓冲作用。IC反应器具有内循环系统，循环水通过回流管回流至混合区时可中和进水pH值，从而起到缓冲作用[31]。

IC反应器的结构是影响其稳定性的重要因素。在IC反应器的诸多部件中，对运行负荷与去除率有着显著影响的关键结构有布水系统、重渣排放和反应器循环系统，目前主要存在布水不均匀、容易出现死区、反应器钙化严重且重渣无法实现有效排放、循环量不足、反应器缓冲能力差、生物颗粒污泥流失严重等问题。其中大多与反应器内的流场状态有关。因此，对IC反应器的关键结构进行优化，使反应器实现长期稳定高效的运行具有重要的理论与现实意义。流场模拟发现，高径比分别为0.80、1.00、1.25、1.50和1.75时，高径比越大，反应器内死区越小[32]。水力回流量对于反应器的运行也有明显影响，Wang等[33]研究了水力回流对IC反应器处理印染废水的影响，发现在由水力回流引起的上升流速由0.1m/h升至23.9m/h后，COD去除率从70%提高到85%，但进一步将上升流速提高到40.9m/h后则引起污泥的破碎和解体，从而导致反应器的恶化。IC反应器存在启动缓慢、颗粒污泥难培养、容易酸化等问题，增设外循环对解决这些问题有一定的帮助。外循环厌氧反应器采用出水回流技术，可加大反应器内上流速度，增强反应器内部的传质作用，使系统更加稳定、高效地运行。附加外循环可有效提高IC反应器的运行稳定性。张燚等[34]研究发现外循环回流比在2.0时产气量增加，颗粒污泥由松散变得紧密，且附加外循环在回流比不超过4.0的情况下不会破坏反应器的厌氧条件。

5.2.3.3　适用范围

高浓度制药废水。

5.2.3.4　技术就绪度评价等级

TRL-7。

5.2.3.5　技术指标及参数

(1) 基本原理

针对高浓度难降解生物制药废水，研发了基于两级分离内循环厌氧反应器的生物制药废水能源化处理技术。该技术的主要特征：

① 优化反应器内部结构，采取旋流布水、多点回流的结构设计，克服了传统反应器泥水混合不均匀、容易产生死角等缺点，泥水传质得到加强；

② 通过考察各种导致酸化的因素，比较各种酸化恢复方法的单独及联合操作的经济性与实用性，开发出一种快速、经济、实用的酸化恢复方法，经过改进后反应器处理能力达到 10kg COD/(m^3・d) 以上，COD 去除率达到 85%以上。

两级分离内循环厌氧反应器针对高浓度生物发酵制药废水，突破气液固三相分离器的设计优化及分离效果研究、IC 反应器的水力学优化研究、IC 反应器启动和运行特性研究、IC 反应器关键调控参数的优化研究，提高了两级分离内循环厌氧反应器的复合和处理效果，为高浓度生物发酵制药有机废水的能源化、资源化处理提供系统集成创新技术。

两级分离内循环厌氧反应器（IC）是目前世界上最先进的厌氧处理技术，该技术在第二代厌氧反应器 UASB 的基础上，把多级处理技术、流化床技术、污泥颗粒化技术、内外循环等技术集合在同一个厌氧反应器内，在两级分离内循环厌氧反应器中，厌氧颗粒污泥（微生物）将废水中的 COD 厌氧降解转化为沼气，内循环厌氧反应器是基于气体提升原理由“上升管”和“下降管”中所含气体量的不同而产生的，受反应器气流的驱动，循环流比率取决于进水 COD 浓度，因此可达到自行调节。高的进水 COD 负荷产生高的气体流动，就会有更多的循环，有更强的进水产生稀释效应。产生的气体被两个称为三相分离器的装备从所处理的废水中分离出来，引出反应器。两级分离内循环厌氧反应器含有上下两个 UASB（上流式厌氧污泥床反应器）反应室，一个负荷高，一个负荷低，它的特点是沼气在整个反应器中分两个阶段分离。在第一阶段收集的气体驱动气流上升，并形成内部循环流。经过改进后 IC 反应器处理能力达到 10kg COD/(m^3・d) 以上，COD 去除率达到 85%以上。

（2）工艺流程

示范工程废水处理工艺流程如图 5-4 所示，分为有机废水的高效处理和回用两部分，有机废水高效处理采用“两级分离内循环厌氧反应器（IC）技术＋改良 A/O 生物处理技术”集成处理工艺，示范工程处理规模为 2000t/d。

（3）主要技术创新点及经济指标

两级分离内循环厌氧反应器是目前世界上最先进的厌氧处理技术。反应器内污泥浓度高，微生物量大，且存在内循环，传质效果好，其进水有机负荷是普通厌氧反应器的 3 倍以上；其体积相当于普通反应器的 1/4～1/3，大大降低了反应器的基建投资，占地面积少。它具有抗低温能力强、可缓冲 pH 值、内部自动循环、不必外加动力等优点。两级分离内循环厌氧反应器在去除污染物的同时可以产生沼气，给企业带来直接经济效益，降低企业的能源消耗，因此具有很强的市场竞争力和良好的应用推广前景。

两级分离内循环厌氧反应器处理效率高，工程投资省，处理能力达到 10kg COD/(m^3・d) 以上，COD 去除率达到 85%以上；在削减 COD 排放量的同时还产生优质沼气，作为能源进行充分利用。

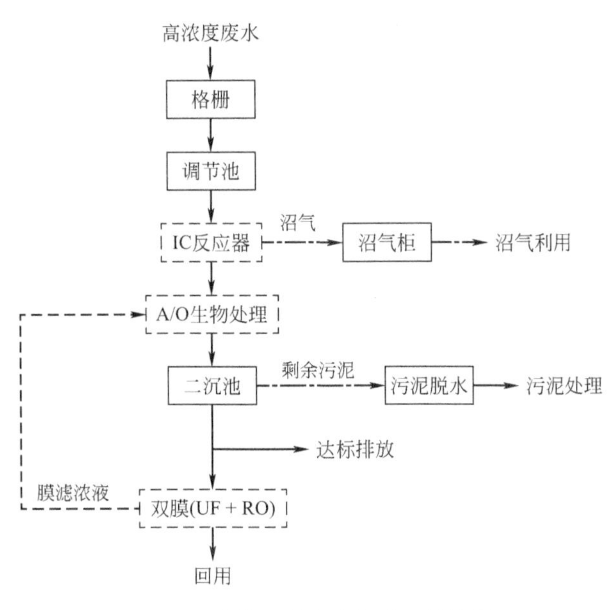

图 5-4　示范工程废水处理工艺流程

(4) 工程应用及第三方评价

① 应用单位：某生物制药。

② 实际应用案例介绍：某生物制药废水有机物浓度为 9000mg/L，经过小试和中试研究开发了两级分离内循环厌氧反应器技术、改良 A/O 生物处理技术、双膜（UF＋RO）处理技术，为工业废水的高效处理与回用提供技术支撑与示范。

两级分离内循环厌氧反应器及现场装置如图 5-5 和图 5-6 所示。示范工程可分为有

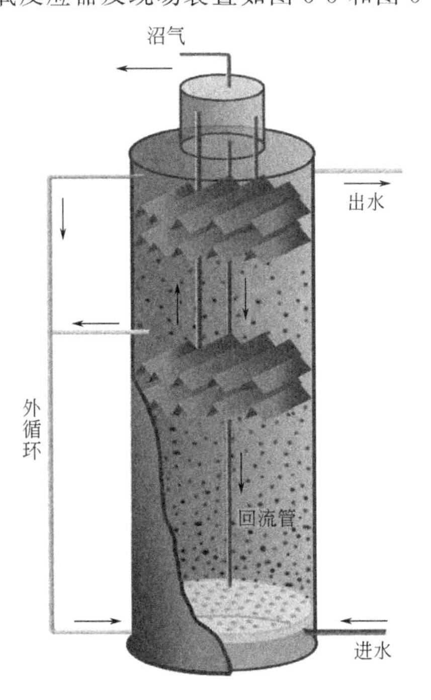

图 5-5　两级分离内循环厌氧反应器示意

图 5-6 两级分离内循环厌氧反应器装置

机废水的高效处理和回用两部分，有机废水高效处理采用“两级分离内循环厌氧反应器（IC）技术＋改良 A/O 生物处理技术”集成处理工艺，示范工程处理规模为 2000t/d。出水 COD≤100mg/L、NH_4^+-N≤20mg/L，各项指标达到《发酵类制药工业水污染物排放标准》（GB 21903—2008）要求。在废水达标的基础上，废水回用处理采用“预处理＋双膜（UF＋RO）技术”集成处理工艺，示范工程处理规模为 1000t/d，处理出水 COD≤15mg/L，满足补充循环冷却水指标，废水回用率达 50％以上。示范工程建成投入运行后，COD 削减量为 5874t/a、NH_4^+-N 削减量为 85.8t/a，废水回用量 $165000m^3/a$，沼气产生量 $185\times10^4m^3/a$，具有显著的经济效益、环境效益和社会效益。

通过技术攻关，研究开发的“两级分离内循环厌氧反应器（IC)＋改良 A/O 生物处理技术”集成技术，已经在河南省、安徽省、四川省 10 多家企业推广应用，取得了显著的环境效益和经济效益。

5.2.4 全流程复合膜强化同步脱氮工艺

5.2.4.1 技术简介

集成高效水解、泥膜共生强化自养及异养耦合脱氮过程，实现污染物降解与 NH_4^+-N 同步高效去除的节能处理技术，适用于砷碱渣无害化处理。

5.2.4.2 国内外研究进展

水解酸化＋好氧活性污泥法是污废水处理中常用工艺，常用于城镇生活污水、印染废水、煤气化废水和制药废水等处理。水解酸化可在一定程度上提高废水的可生化性，有利于有机污染物在后续好养活性污泥法中的去除。面对高浓度制药废水时，微生物活性往往会被抑制，而生物膜法，相较于活性污泥法，对废水中的毒性污染物具有更高的抗性。因此，生物膜技术，如接触氧化法、曝气生物滤池和 MBBR 工艺等，在工业废水处理方面有广泛的应用研究[35]。

生物膜是由好氧菌、厌氧菌、兼性菌等各类微生物组成的生态系统，因此生物膜法具有良好的脱氮能力，可同时进行硝化和反硝化，甚至厌氧氨氧化。除此之外，与传统的活性污泥污水生物处理技术相比，生物膜法还具有许多优点：a. 产生的污泥量少，不会引起污泥膨胀；b. 对污水水质和水量的变动具有较好的适应能力；c. 工艺系统运行管理较方便等。污水处理中，生物膜反应体系通常由液、气、固三相所组成，水中污染物必须通过液、气、固之间的紊动产生传质，从而进行反应，因此传质效果是影响生物膜法处理效果的重要因素之一[36]。而活性污泥法相较于生物膜法，最大的优点为受传质效果的影响小。因此，生物膜法和活性污泥法的结合（泥膜共生）可以结合两者的优点。

生物填料作为生物膜水处理工艺的核心组成部分，影响着微生物的附着、生长繁殖和脱落，其性能的好坏将直接影响和制约充氧性能、污水处理效率、基建投资、运行周期和费用[37]。填料可以是天然的，也可以是经过加工的石英砂、无烟煤、大理石、白云石、磁铁矿石、石榴石、锰砂等颗粒物质，还可以是人造聚苯乙烯发泡塑料球、高效纤维束和陶瓷填料。按照成分的不同，填料可分为无机填料和有机高分子滤料；按照密度的不同，填料可分为悬浮式填料和沉没式填料。无机填料一般为沉没式填料，有机高分子填料一般为悬浮式填料[38]。

相较于沉没式填料，在生物膜技术中悬浮填料所适用的情况更多，有更好的传质效果。目前合成悬浮填料的主要原料是聚丙烯、聚乙烯、聚氨酯以及聚氯乙烯等，这类填料存在亲水性、生物亲和性及氧传质性能欠佳等问题，造成反应器中污染物降解速率低和水处理效果不理想等问题，材料本身性能的局限制约了悬浮填料在污水处理中的应用。因此，对悬浮填料表面做适当的改性，提高填料亲水性、表面能、传质效率以及延长填料使用寿命，能更好地满足污水处理的要求[39]。

填料的改性可以分为表面改性和共混改性：塑料生物填料的表面改性主要是用化学或物理方法在填料表面接枝上可以提高亲水性和生物亲和性的官能团，提高填料的挂膜性能；而共混改性是指在填料的形成过程中加入添加剂，使添加剂均匀地分散到填料内部，包括亲水改性、生物亲和性改性和磁改性等[40]。与塑料生物填料的表面改性相比，共混改性制得的填料具有成本低廉、制作简单、性能优良等优点。

5.2.4.3　适用范围

高浓度制药废水。

5.2.4.4　技术就绪度评价等级

TRL-7。

5.2.4.5　技术指标及参数

（1）基本原理

该工艺将高效水解与泥膜共生的好氧处理技术相结合，是一种污染物降解与 NH_4^+-N

同步去除的高效、节能水处理工艺。在水解段利用多介质膜强化水解发酵细菌的活性、数量及生物多样性，从而达到快速水解、解除后续生物处理抑制的目的；在好氧处理段采用投加专利多相流动态膜填料作为生物膜载体，兼具传统流化床和生物接触氧化法两者的优点，生物填料优越的水动力设计及高度开放的外表面提高了氧转移效率，实现了低溶解氧高污泥浓度运行。同时单个填料会形成由外而内的溶解氧梯度，使得填料上硝化、反硝化、厌氧氨氧化菌同时存在，实现自养-异养耦合的同步脱氮过程；池内附着相和悬浮相微生物共生（也称泥膜共生）也使得生物菌群更加丰富，生物量大，结合溶解氧控制或不均匀曝气技术、填料投配比可针对高、低氨氮废水设计多级多相流动态膜反应池，出水水质好，能耗低，污泥产量小。该技术也可用于城市污水处理厂在不增加池容的前提下升级改造。

（2）工艺流程

工艺流程为“格栅-调节/预处理-高效水解-多相动态膜好氧处理-沉淀”。具体如下：

① 格栅单元，拦截水中一定尺寸的颗粒及悬浮物，减轻提升泵和减少后续单元的负荷压力等；

② 调节/预处理单元，均衡水质、水量，也可调节污水 pH 值、水温，有预曝气作用，还可用作事故排水，工业废水处理也可以考虑具有初沉池的功能；

③ 高效水解单元，难生物降解物质转变为易生物降解物质以提高废水的可生化性，非溶解态有机物截留并逐步转变为溶解态有机物，以利于后续的好氧生物处理；

④ 多相动态膜好氧处理单元，在现有的活性污泥池中投加生物填料，也可以根据进水水质、水质达标要求设计多级多相动态膜好氧反应池，控制不同的溶解氧浓度和填料投加比；活性污泥将与生物膜共存于同一反应池中，并通过污泥回流量控制二者之间生物量比例；

⑤ 沉淀单元，分离老化生物膜、活性污泥。

（3）技术创新点及主要技术经济指标

① 多相流动态膜微生物载体填料已获得发明专利，专利号 ZL201510160267.1，具有亲水性好、挂膜速度快、生物量大、水动力性强等特点。

② 采用低溶解氧高污泥浓度运行，强化短程硝化-厌氧氨氧化-反硝化脱氮过程，实现自养-异养耦合的同步脱氮过程，解决传统生物处理工艺中 COD 容积负荷低、能耗高、NH_4^+-N 及 TN 去除率低等难题。

③ 较传统处理工艺，运行费用降低 15%～35%，占地面积减少 20%以上，能耗降低 20%～30%，吨水处理成本节省 20%～40%。

（4）工程应用及第三方评价

① 应用单位：黑龙江某乳业有限公司。

② 实际应用案例介绍：利用本技术对黑龙江某乳业有限公司污水处理站进行了升级改造，废水处理规模 2000t/d，进水 COD 浓度 1200～3090mg/L、NH_4^+-N 浓度 160～230mg/L，出水 COD 浓度低于 80mg/L、NH_4^+-N 浓度低于 15mg/L，达到了国家一级排放标准；同时大幅降低了气浮的使用时间和加药量，比原有水处理系统运行成本降低了 20%以上。该工程自 2016 年建成运行以来，在水质、水量波动较大的前提下

运行效果好，出水稳定达标。

该技术在城市污水处理和啤酒工业废水处理上已经推广应用。其中在中粮某有限公司污水处理改造项目，应用水解酸化-多相流动态膜处理技术进行升级改造，在不增加原有池容前提下处理规模提升50%，达到6000t/d。出水指标稳定达到$COD_{Cr} \leqslant 260mg/L$，$NH_4^+$-N≤9mg/L；另外，在某机场回迁安置区居民生活污水处理项目中，采用两级MBBR动态膜深度脱氮处理技术，设计处理规模600t/d，经过处理出水指标可以达到$COD_{Cr} \leqslant 50mg/L$，$BOD_5 \leqslant 10mg/L$，$NH_4^+$-N≤5mg/L，TN≤15mg/L，TP≤0.5mg/L。

5.2.5　高硫废水厌氧发酵及硫回收技术

5.2.5.1　技术简介

高硫废水先经过厌氧硫酸盐还原反应器被还原成硫化物，随后进入吹脱塔中转化为H_2S，与厌氧硫酸盐还原反应器产生的H_2S一并进入碱吸收塔，随后通过生物脱硫技术氧化为单质硫。其中生物脱硫技术是一种在常温常压下利用硫氧化菌将硫化物氧化为单质硫或硫酸盐的方法。与传统物理、化学方法相比，生物脱硫技术具有能耗低、条件温和、无二次污染、操作费用低、设备简单等优点。

5.2.5.2　国内外研究现状

目前工业上常用的脱除H_2S的方法有克劳斯（Claus）法和络合铁法，其中克劳斯法属于干法脱硫，主要应用于大规模的H_2S处理，但脱硫精度不高，尾气中含有较高浓度的SO_2[41]；生物脱硫技术工业上常用的有Bio-SR生物脱硫技术和Shell-Paques生物脱硫技术。

（1）克劳斯法脱硫

克劳斯法脱硫[42]是一种化学氧化脱硫过程，主要由热反应过程和催化反应过程组成。其中热反应过程有1/3体积的H_2S气体在反应炉内被氧化为SO_2和S同时放出大量的热，具体反应如式(5-1)和式（5-2）所列；催化反应过程是剩余的H_2S气体在催化剂的作用下与SO_2继续反应生成S，反应如式(5-3)所列；催化剂一般为天然矾土或氧化铝，也可以是活性更大的硅酸铝和铝硅酸钙。

$$2H_2S+O_2 \longrightarrow 2H_2O+2S \tag{5-1}$$

$$2H_2S+3O_2 \longrightarrow 2H_2O+2SO_2 \tag{5-2}$$

$$2H_2S+SO_2 \longrightarrow 2H_2O+3S \tag{5-3}$$

在克劳斯法脱硫过程中，一般要控制进入反应炉中的原料气体积为1/3，保证H_2S和SO_2在催化反应器以摩尔比为2而进行反应生成单质硫；另外，要控制适当的温度以防止脱硫系统存在液相凝结而腐蚀设备。克劳斯法脱硫工艺根据SO_2的生成方式通常可分为直流法、分流法和直接氧化法，不同的H_2S浓度选择不同的方法进行脱硫。另外，克劳斯法脱硫工艺装置一般包括了反应炉、废热锅炉、催化反应器、冷凝器和再热器；其中废热锅炉用来回收反应炉中释放的热量。

(2) 络合铁法脱硫

络合铁法脱硫是一种以铁为催化剂氧化脱除硫化物的方法，其特点如下：

① 铁作为催化剂，价廉易得；

② 络合铁溶液中 Fe^{2+}/Fe^{3+} 电子对的氧化还原电位避免了 H_2S 过度氧化为硫酸盐或硫代硫酸盐；

③ H_2S 的再生和络合铁溶液的再生均可在常温下进行，且不存在环境污染问题。

该方法工艺流程简单、脱硫效率高、脱硫液硫容高，可广泛应用于废气、炼厂气和天然气中的 H_2S 处理。

络合铁法脱硫工艺[43,44]是一种湿法脱硫工艺，脱硫过程主要包括 H_2S 的吸收过程、HS^- 的氧化过程和 Fe^{3+} 络合铁溶液的再生过程。H_2S 气体与碱液接触从气相进入液相并发生反应生成 HS^-，反应如式(5-4) 所列；随后 HS^- 在络合态 Fe^{3+} 的作用下被氧化为单质硫，同时形成 Fe^{2+} 络合铁溶液，反应如式(5-5) 所列，式中 L 表示络合剂；最后在空气的作用下被氧化成 Fe^{3+} 络合铁溶液，实现了络合铁溶液的再生循环，反应如式(5-6) 所列。其中络合铁碱性溶液主要由可溶性铁盐、络合剂组成，还包括稳定剂、硫颗粒改性剂等。

H_2S 吸收： $$H_2S+Na_2CO_3 \longrightarrow NaHCO_3+NaHS \tag{5-4}$$

H_2S 吸收： $$HS^- +2Fe^{3+}L \longrightarrow 2Fe^{2+}L+S+H^+ \tag{5-5}$$

络合铁溶液再生： $$4Fe^{2+}L+O_2+2H_2O \longrightarrow 4Fe^{3+}L+4OH^- \tag{5-6}$$

目前，基于上述脱硫原理开发的脱硫工艺主要有 LO-CAT 工艺、Sulferox 工艺和 Sulfint 工艺[45]。

① LO-CAT 工艺[46,47]采用乙二胺四乙酸（EDTA）和羟乙基乙二胺三乙酸（HEDTA）作为络合剂，以多聚糖类物质作为稳定剂，此工艺一般用于处理炼厂气、天然气、油田气等。另外，改良后的 LO-CAT(Ⅱ) 工艺采用气升式反应器，将吸收和氧化再生过程结合在一起，避免了 HS^- 与空气接触，减少了副反应的产生。

② Sulferox 工艺[48]是在 LO-CAT 工艺的基础上，采用 EDTA 作为络合剂，但开发了一种新型配体，其降解程度小且螯合容量大，因此提高了络合铁的浓度，进而减少了络合铁溶液的循环量，降低了能耗和成本。Sulferox 工艺能够灵活应对气体量和硫化氢含量的变化，并能有效处理极低硫化氢浓度的气体。迄今为止，全球已有 30 多家工厂采用 Sulferox 工艺脱硫并副产硫黄，日产量为 0.1～20t。自 1990 年首次应用以来，它已在全球范围内用于处理炼厂废气、焦炉煤气、天然气、胺废气等。

③ Sulfint 工艺采用 EDTA 作为铁基的络合剂，在回收络合铁溶液过程中引入了反渗透装置，保留了络合铁的同时过滤掉硫酸盐和碳酸盐，一般适用于处理低含量 H_2S 气体；为了能够处理高压气体，开发了新型 Sulfint HP 脱硫工艺[49,50]，其在 Sulfint 工艺的基础上，通过高压连续过滤的方法回收细小的硫黄颗粒，避免了硫堵问题。

(3) Bio-SR 生物脱硫技术

Bio-SR 工艺由日本钢管公司京滨制作所开发，并于 1984 年实现工业化的应用，主要用于工业废气脱硫。Bio-SR 生物脱硫技术主要是在酸性条件下利用氧化亚铁硫杆菌的间接氧化作用完成对硫化氢气体的脱除。该工艺装置由吸收塔、固液分离器和生物氧化塔三部分组成，其中吸收塔通过 $Fe_2(SO_4)_3$ 溶液对硫化氢气体进行吸收，固液分离器用于硫黄的分离与回收，生物氧化塔则是用于把 Fe^{2+} 氧化成 Fe^{3+}。

Bio-SR 生物脱硫工艺中吸收液形成闭路循环，没有溶液的降解且无肥料的排除，无二次污染且副产高纯度的硫黄，带来一定的经济效益；同时不需要额外的催化剂和化学试剂，只需要补充少量的无机盐供氧化亚铁硫杆菌生长。但是由于氧化亚铁硫杆菌嗜酸性，所以该工艺是在强酸性条件下进行的，这必然会对工艺的设备和管道形成腐蚀，造成经济损失，提高设备的投资成本；但强酸性环境下杂菌也不容易生存，有利于氧化亚铁硫杆菌的生长和亚铁离子的氧化。因此 Bio-SR 生物脱硫工艺在工业上的应用会受到一定的限制。

(4) Shell-Paques 生物脱硫技术

Shell-Paques 工艺是由荷兰 Paques 公司与美国 Shell 公司联合开发的，并于 2002 年在加拿大 Bantry 天然气处理厂投入使用。Shell-Paques 脱硫技术是在碱性条件下采用脱氮硫杆菌（*T. denitrificans*）作为混合菌群脱除 H_2S[51]。该工艺装置由吸收塔、生物反应器、沉降式离心分离器 3 个部分组成，其中吸收塔通过碱性溶液对硫化氢气体进行吸收，生物反应器则是用于富液再生并把可溶性硫化物氧化为单质硫或硫酸盐，沉降式离心分离器用于硫黄的分离与回收。

Shell-Paques 生物脱硫技术相较于传统的液相氧化、胺处理、克劳斯硫黄回收＋尾气处理等技术，整个装置性能稳定，工艺安全可靠，流程简单，控制系统和监测系统很少，没有复杂的控制回路，操作维护简单方便且安全。该工艺以最少的化学品消耗，一次完成对硫化氢气体的净化和硫黄回收过程。生物反应器中的硫化物转化率接近 100%且硫黄回收率达到 99.9%以上，副产的生物硫黄具有一定的经济效益。该工艺副产的生物硫黄水溶性好，可以很好地溶于水和无机盐中，具有很强的亲水性和流动性，因此避免了生产过程中的管道堵塞和腐蚀。回收得到生物硫黄可以用于杀虫剂、杀菌剂、化肥以及硫酸的原料[52]。另外，工艺中的再生碱液中会携带少许的生物硫黄颗粒，这些生物硫黄颗粒进入吸收塔后会强化弱碱性溶液吸收硫化氢的吸收效果[53]。

5.2.5.3 适应范围

天然气、沼气等含硫化氢气体及含硫化物废水处理。

5.2.5.4 技术就绪度评价等级

TRL-7。

5.2.5.5 技术指标及参数

(1) 技术原理

在硫酸盐还原-生物硫氧化脱硫阶段，通过 pH 值、温度、基质浓度等条件控制，使得硫酸盐还原菌的硫酸盐还原代谢处于优势，将 SO_4^{2-} 还原为 S^{2-}；溶液中大部分的 S^{2-} 通过吹脱以 H_2S 气体的形式分离，同时在产甲烷菌与产酸菌作用下，将废水中的有机物转化为乙酸、H_2及CO_2；厌氧反应器产生的含H_2S沼气和H_2S吹脱气经过碱液吸收后形成含S^{2-}溶液；含S^{2-}溶液通过嗜盐嗜碱硫氧化菌氧化为单质硫颗粒并通过沉降分离回收。

（2）工艺工程

高硫废水厌氧发酵及硫回收技术工艺流程如图5-7所示。

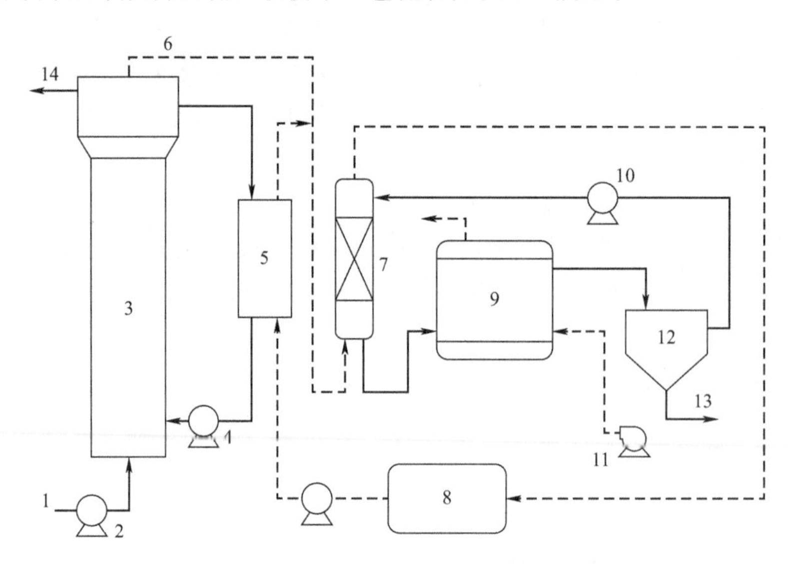

图5-7 高硫废水厌氧发酵及硫回收技术工艺

1—硫酸盐废水；2—进料泵；3—厌氧硫酸盐还原反应器；4—内循环泵；5—吹脱塔；6—含硫沼气；7—碱吸收塔；8—循环气柜；9—好氧生物滤池；10—碱液循环泵；11—空气泵；12—硫泥沉淀池；13—回收单质硫；14—出水

高硫酸盐废水经进料泵进入厌氧硫酸盐还原反应器，反应器内发生硫酸盐还原反应，SO_4^{2-}被还原为S^{2-}。水相中的S^{2-}在内循环泵作用下进入吹脱塔转变为H_2S气体进入气相，与厌氧硫酸盐还原反应器产生的含H_2S沼气一起进入碱吸收塔进行碱液吸收。作为酸性气体，二氧化碳在碱吸收塔中也会被部分吸收。净化后的气体进入循环气柜循环利用。富含S^{2-}的碱吸收液进入好氧生物滤池完成硫氧化脱除和单质硫富集。生物硫氧化反应所需氧气由空气泵鼓入。好氧生物滤池的出水进入硫泥沉淀池，水中富集的单质硫在重力作用下沉降在池底作为硫泥外排。再生的碱液通过碱液循环泵打回碱吸收塔循环利用。

（3）主要技术创新点及经济指标

在普通生物脱硫工艺基础上，通过自行筛选、定向改造脱硫菌，形成了以极端微生物为基础的Sul-20T沼气生物脱硫工艺；所开发的是第二代的生物脱硫技术，采用的是嗜碱性的极端微生物，处理pH值进一步提高到9.3～10.5。该技术具有工艺流程简单、能耗低、净化水平高、应用范围广等优势；与普通中性-弱碱性生物脱硫系统相比，该工艺在高pH值条件下运行，具有很好的脱硫能力，大幅提高了生物脱硫系统的容积负荷，有效降低了处理成本。该新技术与目前沼气脱硫市场上所用各项技术对比如表5-1所列。

表 5-1　沼气脱硫市场上所用各项技术对比

项目	Fe_2O_3干法脱硫	络合铁法	生物脱硫法	
			现有技术	本团队技术
脱硫原理	水合 Fe_2O_3 催化脱硫	碱吸收+铁氧化	碱吸收+生物氧化	
脱硫剂	Fe_2O_3	Fe^{3+}	普通硫氧化菌	嗜盐嗜碱硫氧化菌
有毒试剂	无毒	有毒	无毒	无毒
定期补充	定期更新	Fe^{3+}、有毒试剂	碱液+菌剂	少量碱液+少量菌剂
设备堵塞	易堵塞	易堵塞	不易堵塞	不易堵塞
劳动强度	小	大	小	小
二次污染	有二次污染	有二次污染	无二次污染	无二次污染
设备腐蚀	易腐蚀	易腐蚀	不易腐蚀	不易腐蚀
硫磺纯度	<50%	<50%	<90%	>98%

由于嗜盐嗜碱生物脱硫技术上先进，使得本工艺投资及运行成本也有明显的优势，从表 5-2 中可以看出，新技术显示了明显的优势。对于一个沼气量（标态）$10000m^3/d$，H_2S 含量（标态）$15g/m^3$ 系统，投资+5 年操作费用要比现有技术要低约 25%，具体数据如表 5-2 所列。

表 5-2　嗜盐嗜碱生物脱硫技术与现有技术比较

以沼气量(标态)$10000m^3/d$,H_2S 含量(标态)$15g/m^3$ 进行比较		
名称	现有技术	嗜盐嗜碱生物脱硫技术
运行 pH 值	7.5～8.5	9.3～10.5
处理负荷/[$kgS/(m^3 \cdot d)$]	<3	约 7
投资费用/万元	>250	<180
运行费用/(万元/年)	约 20	约 10
投资+5 年操作费用/万元	>350	<240

(4) 工程应用及第三方评价

① 应用单位：河北某药业有限公司。

② 实际应用案例介绍：沼气生物脱硫及单质硫回收技术已经应用在河北某药业有限公司赵县环保中心项目中，现场如图 5-8 所示。沼气处理能力为 $6000m^3/d$，沼气源的含 H_2S 浓度低于 $20000mg/m^3$，其中 CH_4 含量高于 55%，CO_2 含量低于 40%，处理后沼气中 H_2S 浓度低于 $15mg/m^3$。

③ 应用区域：河北省石家庄市赵县。

图 5-8 现场图

5.3 物化-生化处理技术

5.3.1 难降解制药园区尾水与生活污水综合处理关键技术

5.3.1.1 技术简介

对制药园区尾水首先采用水解酸化＋臭氧氧化预处理，然后与生活污水混合后进行生物共处理。本技术适用于制药园区尾水处理。

5.3.1.2 国内外研究进展

近年来，随着制药行业的快速发展，导致制药综合废水中成分越来越复杂，由于不同药品的生产工艺不同导致废水水质差异巨大，这给制药尾水的处理提出了难题。制药尾水极端的水质特征主要归纳为以下 2 个方面：

① 制药废水中含有大量生化性极差且对微生物具有毒性的中间体和成品药；

② 废水高盐，或本身盐度不高但 pH 值极端，中和过程使其转变为高盐废水。

这些特征给处理技术的选择和研究提出了巨大挑战。

《制药工业污染防治技术政策》规定，结合不同化学合成类型的制药废水特点、废水处理技术及国家对企业向工业园区的公共污水处理厂或城镇排水系统排放废水，应进行处理，并按法律规定达到国家或地方规定的排放标准要求，对制药废水污染防治技术选择如下：

① 可生化降解的高浓度废水应进行常规预处理；

② 难生化降解的高浓度废水应进行强化预处理，预处理后的高浓度废水，先经“厌氧生化”处理后，与低浓度废水混合，再进行“好氧生化”处理及深度处理；或预处理后的高浓度废水与低浓度废水混合，进行“厌氧（或水解酸化）-好氧”生化处理及深度处理；

③ 毒性大、难降解废水应单独收集、单独处理后，再与其他废水混合处理。

通过文献计量学的分析发现，物理化学法处理制药尾水的主要方法集中在吸附法、

O_3氧化和光催化3个领域。首先，吸附法在制药废水处理过程中发挥了重要作用。目前，大量的研究都集中在使用活性炭作为吸附剂去除药物方面[54-58]。Mestre等制备了一种比表面积为$1038m^2/g$和孔容积为$0.49cm^3/g$的活性炭样品，发现其对布洛芬的吸附动力学符合伪二级动力学方程。然而，在一般情况下对控制活性炭吸附药品过程的总吸附速率和质量传输机制研究较少。O_3氧化作为一种高级氧化技术（AOPs），一直备受关注。O_3通常在高pH值的条件下能增加·OH的产量，从而达到氧化目标污染物的目的，实现污染物的有效去除。此外，O_3可与光照射、过氧化氢（H_2O_2）、活性炭和铁离子等结合，用于制药废水中特定药品的去除。光催化分成异相光催化和均相光催化。二氧化钛（TiO_2）几乎被用于所有光催化处理制药废水的研究中。除TiO_2外，氧化锌（ZnO）和硫化镉（CdS）也已用作制药废水处理的光催化剂。Kaniou等和Chatzitakis等对比了ZnO和TiO_2分别降解磺胺二甲嘧啶和氯霉素的催化活性，发现ZnO对两种物质的降解效率较TiO_2略有提高。

以AOPs为代表的高级氧化技术，在处理有毒有害难降解制药废水方面具有独特的优势，经AOPs处理的废水往往具有较好的生化降解性。但制药废水中除难降解的有毒有害物外，还存在大量易降解的有机溶液，AOPs的无选择性导致其在降解目标污染物的同时，首先氧化大量易降解的污染物，造成大量能量的消耗，运行成本成倍提高。对比物化处理技术，生物处理技术具有低的运行成本且更加环境友好；此外，单独使用物化处理技术很难实现污染物的完全矿化，需要进行后续的生化处理。制药废水中存在抑制微生物生长，降低微生物降解能力的高浓度难降解有毒有害污染物，因此给这类废水的生物处理提出挑战。就制药废水生物处理技术而言，大体上可以分为厌氧生物处理和好氧生物处理两大类。对于COD_{Cr}含量高且具有一定可生物降解性的有机制药废水，厌氧生物处理过程特别是水解酸化过程可以将难降解大分子有机物转化为易生物降解的小分子有机物，改善废水的可生化性。此外，厌氧生物处理可以在去除废水中有机污染物的同时产生生物质能源。故国内外研究者利用多种厌氧生物技术及工艺对制药废水处理进行探索性研究。李伟成等采用两级中温UASB处理山东某药厂的高浓度有机废水，经过两级UASB的串联处理，T COD_{Cr}的去除率能达73.5%。Chelliapan采用UASB处理制药废水中的大环内酯类物质，发现废水中95%的抗生素类物质被有效去除，但随着大环内酯类物质浓度升高，反应器处理效率明显下降。Shi等为了提高制药废水出水水质，在UASB反应器后分别连接一个膜生物反应器（MBR）和序批式反应器（SBR），发现无论是UASB+MBR还是UASB+SBR系统均取得了高的有机物去除效率，COD_{Cr}去除率分别为94.7%和91.8%，同时UASB+MBR系统具有更好的硝化处理效果。邱光磊等研究UASB+MBR组合工艺处理模拟制药废水中的黄连素，发现在HRT为24h，进水COD_{Cr}、黄连素和氨氮浓度分别为1717～4393mg/L、64.4～276.8mg/L和91.8～158.7mg/L时，组合工艺可实现废水COD_{Cr}、黄连素和NH_4^+-N的有效去除，最高去除率分别达到90%、99%和98%以上。Chen等利用TPAD+MBR组合工艺处理含吡啶和季铵盐的化学合成类制药废水，当进水pH值为4.3～7.2、COD_{Cr}浓度为5789～58792mg/L时，该组合工艺对目标污染物及其他有机污染物表现出较好的去除效果和抗冲击能力，经好氧段MBR处理后出水COD_{Cr}浓度低于

40mg/L，pH 值为 6.8～7.6。Ng 等对生物截留膜反应器（BEMR）和盐沼沉积物膜生物反应器（SMSMBR）进行了评价，研究其对制药废水的有机物处理的性能，发现 BEMR 对总化学需氧量（TCOD）的去除率为 54.2%～68.0%，而 SMSMBR 可实现 74.7%～90.9%的 TCOD 去除率。

物化与生化技术耦合构建的物化生化组合或者生化-物化组合处理工艺，在提高废水的可生化性、降低废水的毒性的同时实现废水中有机污染物的最终处理处置和达标排放[59-61]。Alaton 等研究发现，当采用 O_3 氧化预处理青霉素生产废水后，将其与生活污水混合后进入后续生化处理系统处理时，氧化产生的难降解中间产物抑制了生化系统中的微生物活性，阻碍了微生物对混合废水的处理，无法实现该废水中有机物的有效去除。考虑到实际制药废水中同时包含了难降解的有毒有害物和易降解的有机污染物，如在前段采用物化处理，势必导致易降解的有机物先于难降解的有机物被降解，造成氧化剂的大量浪费。因此，研究人员尝试将 AOPs 处理技术置于生化处理系统后端。Sirtori 等对光 Fenton 和固定化生物反应器（immobilized biomass reactor，IBR）的组合工艺处理进行改进后，将光 Fenton 置于 IBR 后端处理含萘啶酮酸的制药废水，经 IBR 处理后废水中仍然残留小部分目标污染物和难降解的中间产物，但经过后续光 Fenton 处理后，污染物完全矿化。Lester 等采用 CSTR＋O_3 工艺处理从药物制剂工厂（TevaKS，以色列）排放的制药废水，以减少药物卡马西平（CBZ）和文拉法辛（VLX）的浓度，经过该工艺处理后 CBZ 和 VLX 的去除率分别为 99%和 98%。

5.3.1.3 适用范围

制药园区尾水处理。

5.3.1.4 技术就绪度评价等级

TRL-7。

5.3.1.5 技术指标及参数

（1）基本原理

该技术采用“水解酸化＋臭氧氧化强化预处理-生物共处理”工艺，可以实现氮磷污染物以及制药园区尾水中难降解有机物的有效去除。首先在水解酸化阶段厌氧条件下，制药园区尾水中的长链及杂环难降解有机物在微生物的作用下实现“断链”或“开环”，转化为小分子有机物；其后在臭氧氧化池中，利用生成的·OH 具有强氧化性和非选择性的特点，进一步将大分子、难降解有机物转化为可降解有机物，从而提高尾水的可生化性；预处理后的尾水与生活污水按特定体积比进行混合后进入改良 A^2/O 反应器进行生物共处理，利用生活污水中的易降解有机物充当一级基质，微生物在分解一级基质时所产生的关键酶可以同时对难降解的有机污染物（二级基质）产生作用，使其分解，从而实现脱氮除磷，同时有效去除制药尾水中的有机污染物。

（2）工艺流程

工艺流程为“水解酸化-臭氧氧化-混合-生物共处理”。具体如下：

① 制药园区尾水首先进入水解酸化池，在HRT为6～10h条件下，利用微生物将制药尾水中长链高分子化合物转化为有机小分子化合物，同时将部分杂环类有机物破环降解成可降解的有机分子。

② 水解酸化池出水进入臭氧氧化池，在臭氧投加量20～30mg/L、氧化时间30min的条件下，进一步将尾水中的大分子、难降解有机物部分转化为小分子、易降解有机物，提高尾水的可生化性。

③ 臭氧氧化池出水进入混合池，按照尾水体积占30%、生活污水占70%的比例进行混合。

④ 混合后污水进入改良A^2/O反应器进行生物共处理，进水量的10%～20%进入预缺氧池，80%～90%进入厌氧池，在总水力停留时间18～22h、好氧池溶解氧2～4mg/L、硝化液回流比150%～300%、污泥回流比50%～150%的条件下，利用生活污水中可降解有机物充当一级基质，对尾水中的难降解有机物进行有效去除，同时进行脱氮除磷。

(3) 主要技术创新点及经济指标

针对制药尾水含有难降解有机物、单一处理工艺难以达标的问题，首先利用臭氧氧化＋水解酸化对制药园区尾水进行强化预处理，提高其可生化性，保障后续生化处理的稳定性，再按特定比例将尾水与生活污水混合，进行生物共处理，实现有机物和氮磷污染物的有效去除。工程运行的综合处理成本约1.0～1.3元/t，单位水量电耗0.4～0.5kW·h。

(4) 工程应用及第三方评价

① 应用单位：国电某环保产业集团有限公司。

② 实际应用案例介绍：示范工程“西部污水处理厂扩建工程”位于沈阳市，处理规模为25×10^4t/d，其中包括7×10^4t/d的某制药园区难降解尾水。示范工程于2013年10月开工建设，于2014年年底完工，示范工程建设主体单位（用户）为国电某环保产业集团有限公司。

示范工程首先对某制药园区尾水进行水解酸化与臭氧氧化的强化预处理，生活污水进行曝气沉砂和水解酸化预处理；两种出水混合后，通过改良A^2/O工艺对污水进行脱氮除磷以及有机物的去除；最后，通过高效沉淀池和纤维滤池进行深度处理，紫外消毒后出水达到一级A排放标准。

目前该示范工程处于调试阶段，正常满负荷运行后预计年消减COD 13000t、NH_4^+-N 1530t、TN 765t、TP 130t，对改善浑河沈阳段控制单元水质具有重要意义。

5.3.2 中药材加工废水“强化物化预处理+双循环厌氧-好氧”达标处理工艺技术

5.3.2.1 技术简介

中药材加工废水一直是废水处理行业的难点，在污染物和毒性联合减排的高效低耗物化/生物控制技术研究的基础上，建立了成套的高效低耗短流程技术方案。利用经济高效的无机和有机复配絮凝剂对中药材加工废水中悬浮物及色度进行强化去除，同时去除一部分有机物及毒性物质；其次，利用高效的复合双循环厌氧反应器去除大部分有机物及毒性物质；最后，利用高效水解-好氧组合工艺进一步去除剩余的有机物及毒性物质。

5.3.2.2 国内外研究进展

中药废水成分复杂，是较难处理的废水之一。中药废水污染物主要来自中草药清洗、蒸煮、浓缩等生产过程，主要成分为糖类、木质素、蛋白质、色素、纤维素等物质。因此，对于中药材加工废水，首先要去除木质素、纤维素和色素等致浊和致色物质；其次，所含的糖类和蛋白质多为大分子有机物，需要采用厌氧技术使其降解为小分子物质；最后，结合好氧生化技术进一步去除有机物。混凝沉淀＋厌氧＋好氧技术也是中药材加工废水实际处理中常用的技术组合[62,63]。

混凝沉淀法处理中药废水时，通常是无机药剂与有机药剂混合使用，无机药剂用于改变颗粒表面的电荷，使其脱稳凝聚，而添加有机药剂后，产生絮凝作用。混凝沉淀法对 COD、SS 和色度均有去除效果。余登喜等[64]研究对比了聚合硫酸铁（PFS）、聚合氯化铝（PAC）、硫酸铝（AS）、硫酸亚铁（$FeSO_4 \cdot 7H_2O$）对中药废水 COD、SS 的去除效果，发现 PFS 的效果最佳。500mg/L PFS 与 8.0mg/L PAM 配合使用后对中药废水的 COD 和 SS 去除率分别达到 38.6%和 98.9%。而程旺斌[65]研究发现采用聚合氯化铝（PAC）、硫酸铝（AS）和聚丙烯酰胺（PAM）作为复合药剂，配比为 3∶2∶1 时处理中药废水的效果最佳。

混凝沉淀后，中药废水中仍含有大量可生化性差的有机物，需要厌氧处理来提高可生化性。上流式厌氧污泥反应床（UASB）、厌氧折流板反应器（ABR）、膨胀颗粒污泥床（EGSB）和两级分离内循环厌氧反应器（IC）在中药废水的处理中都有应用研究。虽然第三代厌氧反应器（ABR、EGSB 和 IC）在高浓度有机废水处理方面有理想的效果，但是面对难降解废水或毒性废水，其效果往往不理想，需要对反应器结构或运行条件做进一步优化改进[66]。高效的厌氧反应器应具备为颗粒污泥与废水提供充分的接触条件，主要方法是通过调控反应器的水力条件，从而增强颗粒污泥与废水的传质作用，减少反应器内的死区，提高有效容积。而双循环厌氧反应器通过将出水作为外循环重新引入反应器内，通过控制回流比可在不破坏厌氧环境的条件下，提高传质效果，减少死区。

5.3.2.3 适用范围

中药材加工废水的处理。

5.3.2.4 技术就绪度评价等级

TRL-6（通过中试验证）。

5.3.2.5 技术指标及参数

（1）基本原理

中药材加工企业分布广、数量多、加工品种与工艺各异，废水排放量大且污染因子多、浓度高、波动大、难生化降解，其达标处理技术一直是废水处理行业的难点。经长期研究开发了工程化的中药材加工废水处理工艺，开展了基于污染物和毒性联合减排的高效低耗物化/生物控制技术研究，建立成套的高效低耗短流程技术方案。首先，利用经济高效的无机和有机复配絮凝剂对中药材加工废水中悬浮物及色度进行强化去除，同时去除一部分有机物及毒性物质；其次，利用高效的复合双循环厌氧反应器去除大部分有机物及毒性物质；最后，利用高效水解-好氧组合工艺进一步去除剩余的有机物及毒性物质。各处理单元发挥其各自的处理优势，使得中药材加工废水经过“强化物化预处理＋双循环厌氧-好氧”工艺处理可稳定满足《中药类制药工业水污染物排放标准》（GB 21906—2008）中表 3 规定的水污染物特别排放限值要求。

（2）工艺流程

中药材加工废水“强化物化预处理＋双循环厌氧-好氧”达标处理工艺流程如图 5-9 所示。

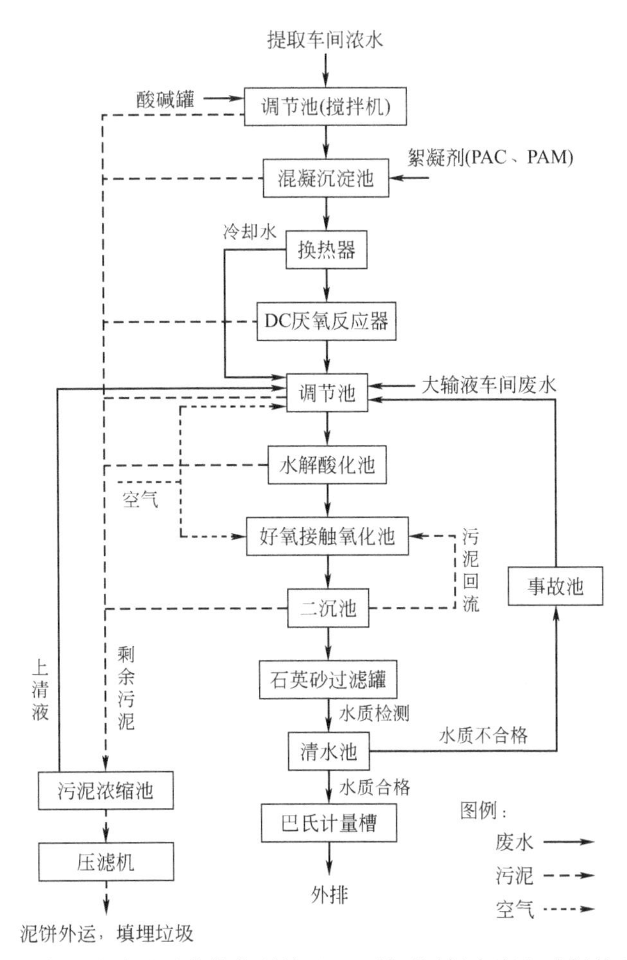

图 5-9 中药材加工废水“强化物化预处理＋双循环厌氧-好氧”达标处理工艺流程

由于药材加工废水中醇沉车间废水悬浮物和有机污染物浓度较高，因此高浓度有机废水首先经过混凝沉淀池去除悬浮物和非溶解性有机物，随后进入双循环厌氧反应器进行厌氧处理，最后其他车间废水与厌氧出水混合，依次经过水解池、生物接触氧化池、二沉池及滤罐处理后，达标排放。

（3）技术创新点及主要技术经济指标

该工艺通过集成传统的物化＋生化处理单元，在厌氧处理技术和设备上取得了技术突破。厌氧停留时间为9h，回流比R为2，常温，COD去除率为93.4%，去除负荷为11.63kg COD/(m^3·d)，产气率为0.157m^3 CH_4/kg COD。根据反应器设计理论，采用独特的结构设计，改善气液固传质动力学条件，解决了传统厌氧处理反应器处理中药材加工废水效能差、抗冲击负荷能力弱、运行成本高的问题。

本技术相关成果申请国家发明专利2项，其中1项已授权。

（4）工程应用及第三方评价

① 应用单位：湖北某药业有限公司。

② 实际应用案例介绍：在湖北某药业有限公司新厂区，设计与建设了采用“强化物化预处理＋双循环厌氧-好氧处理技术”的中药材加工废水处理装置，处理规模为2.0m^3/d。稳定运行3年，第三方监测结果表明，出水水质稳定满足《中药类制药工业水污染物排放标准》（GB 21906—2008）表3中水污染物特别排放限值要求，与现有中药废水污染治理技术相比，降低COD排放总量46.5%，出水急性毒性（$HgCl_2$毒性当量）稳定达标，处理成本2.53元/t，低于同行业平均成本的27.7%。

5.3.3　高级氧化-UASB-MBR组合技术

5.3.3.1　技术简介

采用高级氧化（脉冲电絮凝/臭氧/Fenton)-UASB-MBR物化生化集成技术处理高浓度难降解制药废水。该技术用于黄连素成品母液废水的处理已取得较好的处理效果，可实现废水中黄连素完全去除，并可实现制药行业废水达标排放。

5.3.3.2　国内外研究现状

（1）高级氧化技术研究现状

高级氧化技术（advanced oxidation processes，AOPs）又称深度氧化技术，在反应中能够产生强氧化能力的自由基（如·OH、HO_2·、过氧离子等），在高温、高压、电、声、光辐照、催化剂等反应条件下，自由基与废水中的有机物之间发生结合、取代、电子转移、断键等化学反应，使废水中大分子难降解有机物氧化为低毒或无毒的小分子物质，或者直接降解成CO_2和H_2O的氧化技术。目前主要的高级氧化方式包括Fenton试剂法、类Fenton法、光化学氧化法、臭氧氧化法、脉冲电絮凝、声化学氧化法和电化学法等，其中Fenton试剂法是最常用的产生羟基自由基（·OH）的高级氧化技术之一。1894年，英国人Fenton发现采用Fe^{2+}/H_2O_2体系可以氧化多种有机物，后人将亚铁盐与过氧化氢的组合称为Fenton试剂，它能将H_2O_2在Fe^{2+}的催化作用下生成具有高反应活性的·OH，与大多数有机物作用，有效氧化去除传统废水处理技术无法去除的难降解有机污染物。Fenton技术已广泛应用于石化、制药等行业废水处理中，戴杨叶[67]用Fenton试剂法预处理难生物降解制药废水，研究表明：乳酸左氧氟沙星的降解率可达75.13%。祁佩时等[68]采用Fenton氧化-活性炭吸附协同深度处理抗生素制药废水，结果表明COD去除率可达68.5%。由于Fenton法处理废水时所需时间长、试剂用量大，而且过量的Fe^{2+}会导致污水反色等二次污染等问题，研究人员又将研究热点放在臭氧氧化法和脉冲电絮凝处理废水方面。

臭氧氧化法具有较强的脱色和去除有机污染物的能力，反应速度快，不产生污泥，无二次污染。它不仅对水中污染物具有氧化与分解的作用，而且能够起到脱色、除臭、杀菌等作用[69]。臭氧氧化法对于分类抗菌剂、克罗米通、磺胺及大环内酯抗生素等有机物的降解效率为20%～50%，因此在制药废水预处理中具有广泛的应用价值[70]。任越中等[71]在臭氧氧化反应体系中投加1.0g/L的改性沸石，4.0h反应时间后青霉素矿化去除率可达65.6%。

脉冲电絮凝技术作为废水处理中的新型高级氧化法，尚处于起步阶段，研究较少。脉冲电絮凝法也可快速高效地去除电镀废水中Cr^{6+}、Cu^{2+}、Ni^{2+}等金属离子，去除率高达99%[72]。陈意民等[73]将脉冲电絮凝法用于高浓度染料废水的处理，发现不仅可高效去除水中色度和有机物，且节能优势明显。任美洁等[74]采用脉冲电絮凝方法对黄连素制药废水进行处理，模拟废水中COD_{Cr}和黄连素的去除率分别达到69.6%和72.8%；采用最优条件处理实际废水，其COD_{Cr}与黄连素的去除率分别为62.6%和92.1%，且与传统电絮凝相比，脉冲电絮凝法节能优势明显，其能耗仅为传统电絮凝法的20%。

(2) UASB与MBR研究现状

UASB是目前世界上应用最为广泛的厌氧生物处理技术。这项工艺是1971～1978年由荷兰Wageningen农业大学Lettinga等在研究厌氧滤池工艺过程中开发研制的。UASB与上流式厌氧滤池基本类似，区别在于反应器底部不是附着生长在各种填料上的厌氧污泥，而是高浓度悬浮生长的絮状或颗粒状污泥组成的污泥床。采用技术处理制药废水效果稳定，污染物去除率高，且反应器结构简单、负荷率高、水力停留时间短、能耗低和无需另设污泥回流装置[75]。

MBR作为膜分离技术与生物技术有机结合的废水处理技术，由于出水水质低、占地面积小、耐冲击负荷、运行成本低等优点已经被广泛应用于城市生活污水和难降解工业废水的治理中[76]。采用MBR对青霉素厂废水进行处理，COD去除率可达到90%以上，出水符合国家污水综合排放二级标准，且吨水处理成本仅1.626元[77]。研究表明，MBR技术在经济上和技术上有较好的实用性。

(3) 高级氧化-UASB-MBR组合技术研究现状

制药废水具有成分复杂、难降解有机物含量较高、毒性大等特点，单一高级氧化技术或生化法难以达到预期处理效果。将多种工艺进行组合是目前处理高浓度有机废水的主流工艺，如化学合成制药的主要品种阿司匹林、阿莫西林、头孢拉定、左氧氟沙星和呋喃唑酮的废水出水处理普遍采用多重技术组合工艺。邓海涛等[78]利用臭氧氧化-UASB-SBR工艺处理含乙酰类化合物的制药废水，COD_{Cr}和NH_4^+-N去除率分别为95%、91%以上，处理效果稳定，出水优于《提取类制药工业水污染物排放标准》(GB 21905—2008)，吨水处理费用仅为1.8元。当采用MBR联合UV/O_3深度处理工艺对制药废水进行处理时，尾水中卤代烃、苯系物得到了较为彻底的去除，处理后尾水的可生化性也得到了大幅提高，MBR-UV/O_3联合工艺处理制药废水吨水成本为 25.072 元，但由于大幅度减少了排污费，总处理成本较现有单一工艺降低 41.72%[79]。臭氧催化-UASB-MBR 组合工艺在老龄垃圾渗滤液毒性的降低、可生化性的提高以及有机污染物的去除方面具有显著优势[80]。

5.3.3.3 适用范围

高浓度难降解制药废水。

5.3.3.4 技术就绪度评价等级

TRL-6。

5.3.3.5 技术指标及参数

（1）基本原理

采用高级氧化（脉冲电絮凝/臭氧/Fenton)-UASB-MBR 物化生化集成技术处理高浓度难降解制药废水。制药废水经脉冲电絮凝物化预处理单元或臭氧氧化预处理提高可生化性后依次进入 UASB、MBR 生化单元进行水解酸化和好氧生物作用，最后经膜过滤处理后出水。脉冲电絮凝或臭氧氧化物化预处理单元氧化破坏有机物结构，降低废水的生物毒性，提高废水可生化性，并去除大量 COD，降低了后期处理中的生物负荷。UASB 和 MBR 生化单元利用厌氧颗粒污泥和微滤膜截留、富集、固定高效降解微生物，降解残留毒物和高浓度有机物，同时可实现废水中 N 的同步硝化反硝化脱除。该技术用于黄连素成品母液废水的处理已取得较好的处理效果，可实现废水中黄连素完全去除，并可实现制药行业废水达标排放。该技术具有节能、高效、清洁等优点，有较好的应用前景。

（2）工艺流程

工艺流程为“水质水量调节-高级氧化（Fenton/臭氧氧化/电絮凝)-UASB-MBR-排水”，如图 5-10 所示，具体如下：

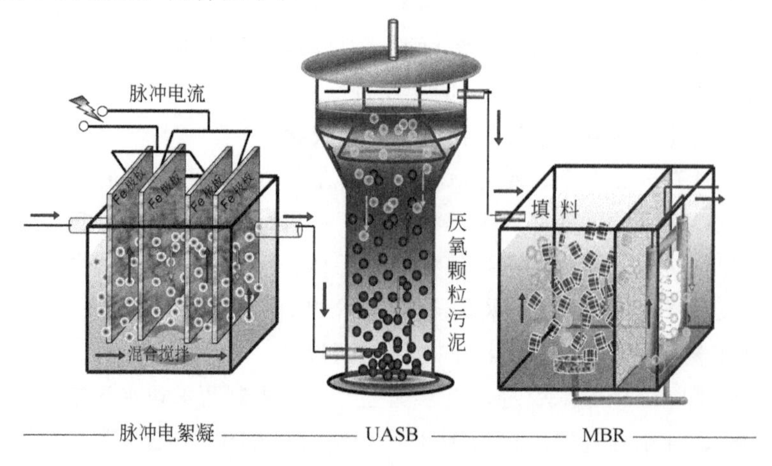

图 5-10 高级氧化-UASB-MBR 组合技术工艺流程

① 进水到达调节池进行水质水量调节；

② 经过高级氧化处理降解废水中的大分子物质，提高废水的可生化性；

③ 从高级氧化池出来的排水到达中间池去除多余的·OH，再进入UASB反应器；

④ 废水进入反应器后，在厌氧条件下进一步将难降解物质转化为易生物降解物质；

⑤ 从UASB排放的废水进入MBR反应器，经微生物处理后的废水通过膜组件直接达到《化学合成类制药工业水污染物排放标准》(GB 21904—2008)。

(3) 主要技术创新点及经济指标

该技术采用脉冲的方式对废水进行电絮凝预处理，能有效地解决电极钝化的问题；相比传统的絮凝方法，脉冲电絮凝过程中生成的絮体粗大而稳定，对有机污染物具有更好的处理效果并改善废水的可生化性；采用UV与O_3组合，有利于提高O_3的氧化效率；通过UASB中厌氧颗粒污泥固定化富集优势降解微生物，在强生物毒性的黄连素和连续流MBR的水力条件双重选择作用下，活性污泥絮体形成好氧颗粒污泥，通过厌氧好氧双颗粒污泥系统强化黄连素废水中有毒有机污染物的去除，并有效控制了膜污染。

该技术集物化预处理及强化生化处理于一体，对黄连素废水具有较好的处理效果，出水达到行业排放标准。该技术可应用于其他高浓度难降解废水的处理。同时该集成技术体系设备紧凑，占地面积小，具有一定的优势。从技术集成角度该套集成设备具有明显技术先进性。

该技术处理黄连素废水综合处理成本为3.0～5.0元/t。

(4) 工程应用及第三方评价

① 应用单位：东北某制药公司。

② 实际应用案例介绍：东北某制药公司是目前国内乃至世界上最大的化学合成类黄连素生产企业，年产黄连素400t左右，占全国黄连素产量的60.0%以上，黄连素废水年产生量10950t。该技术的小试与中试实验均在东北某制药公司试验基地完成，取得良好处理效果，其小试设备及中试设备如图5-11所示。高级氧化-UASB-MBR组合工艺对黄连素废水的去除率为94.8%，出水平均COD浓度为80mg/L，该集成技术可实现出水达到制药废水行业标准。

黄连素废水在东北某制药公司的产生量约为30t/d，该技术在东北某制药公司实施后，可实现年削减COD 833.3t，特征污染物黄连素年削减量31t，因而具有很好的适用性和应用前景。

5.3.4 催化臭氧氧化-A/O-膜生物法集成技术

5.3.4.1 技术简介

采用催化臭氧氧化预处理技术，改善石油化纤废水的可生化性，采用缺氧-好氧(A/O)-膜生物法技术高效除碳脱氮。该技术适用于石化、冶金、制药、印染、造纸等重污染行业废水的达标排放。

(a)

(b)

图 5-11　高级氧化-UASB-MBR 物化生化集成技术小试设备及中试设备照片

5.3.4.2　国内外研究现状

高级氧化＋生化法是处理工业废水的常用技术组合，而在传统生化法后加膜生物法技术可进一步提高出水水质。高级氧化技术作为预处理技术可提高废水的可生化性，有利于后续生化处理的稳定运行；缺氧-好氧（A/O）膜生物法技术具有良好的脱氮能力，其中一个重要原因为膜生物技术可减少泥龄长的硝化菌的流失[81]；膜生物法作为深度处理，同时可提高出水水质的稳定性。

臭氧具有较强的氧化性，已工程应用于多种工业废水的处理，包括石化废水、煤制气废水、印染废水和化工园区综合废水等[82,83]。臭氧氧化废水中有机物的过程复杂，但通常分为直接氧化和间接氧化。直接氧化是指臭氧直接氧化废水中的有机物，直接反应时臭氧分子具有明显的选择性，与具有 C═C、C═O 的有机物反应速率较慢，有机物矿化程度低[84]。臭氧的溶解性也不稳定，在反应过程中往往臭氧的利用率低，而加入催化剂能够有效地提高臭氧的利用率。非均相催化剂相较于均相催化剂，更易于回收，常用的非均相催化剂有 2 类：

① 固态金属催化剂，以稀土系、铜系和贵金属为主。应用成本较高，因此在实际中运用的较少。

② 负载型催化剂，将具有活性的金属盐通过高温煅烧手段负载在载体上形成催化剂，催化剂的活性组分主要有 MnO_x、CuO、CoO、Co_3O_4、TiO_2 等金属氧化物，载体主要为 Al_2O_3、分子筛、陶瓷和活性炭等，负载型催化剂不仅极大地提高了臭氧利用率，还具有可多次重复利用、活性高、金属浸出率低和使用寿命长等特点，在催化臭氧氧化技术中运用较为广泛[85]。

缺氧-好氧（A/O）-膜生物法技术中的 A/O 技术是传统的脱氮技术，通过硝化和反硝化达到脱氮的目的，而与膜生物技术联合使用后，可进一步强化脱氮效果。传统生化脱氮技术与膜生物技术的耦合，在强化脱氮方面有很多研究，其中最常见的是 A^2/O＋

MBR、A/O+MBR 及其两者的改进技术[86,87]。膜生物技术的主要优点有两个方面：一是截留大分子污染物，使其得到进一步降解；二是截留污泥，可增加污泥浓度。因此，在面对难降解有机废水和需要提高脱氮效果时，MBR 技术有很大的优势，也是常用的技术[81]。

因此，臭氧催化氧化技术与 A/O-膜生物技术的耦合，在面对有脱氮需求的工业废水处理时有良好的可行性，也有众多试验研究将该技术用于工业废水的处理。

5.3.4.3　适用范围

石化、冶金、制药、印染、造纸等重污染行业废水的达标排放。

5.3.4.4　技术就绪度评价等级

TRL-7。

5.3.4.5　技术指标及参数

（1）基本原理

该集成工艺由催化臭氧氧化预处理技术和 A/O-膜生物技术两个关键技术组成。利用臭氧在催化剂作用下产生的具有强氧化性的活性氧物种如·OH、O_2·氧化分解有机污染物及 NH_4^+-N，由于·OH 的氧化能力极强，且氧化反应无选择性，所以可快速氧化分解绝大多数有机化合物，包括一些高稳定性、难降解的有机物，进一步提高了催化臭氧氧化后出水的可生化性，改善后续生化处理单元的进水条件；经过催化臭氧氧化处理后的污水，采用缺氧-好氧（A/O)-膜生物法技术实现 COD、NH_4^+-N 和 TN 的高效去除，达到脱氮除碳的目的。

（2）工艺流程

催化臭氧氧化-A/O-膜生物集成工艺流程如图 5-12 所示。主要设备有催化臭氧氧化塔、A/O 各处理单元反应器本体、污泥回流泵、混合液回流泵、鼓风曝气装置、膜相关配件。采用串联设计，污水进入反应池后呈推流态直至出水；工业废水首先进入催化臭氧氧化预处理单元，出水依次进入 A/O-膜生物处理单元的水解酸化池、接触氧化池、平流式中沉池、厌氧池、缺氧池、好氧池和 MBR 膜池，最后出水。

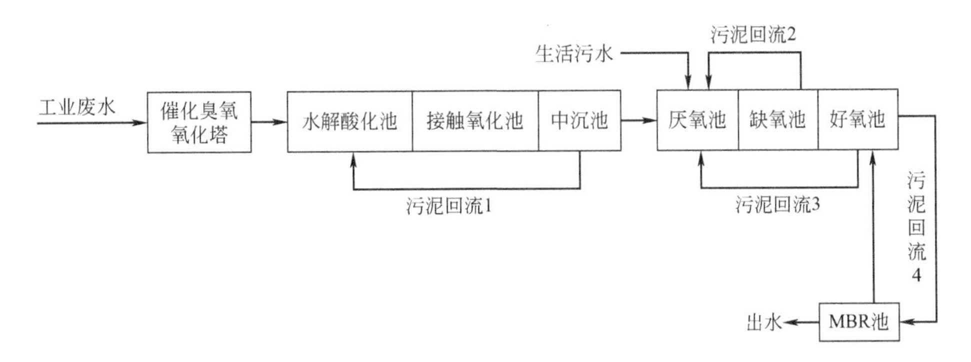

图 5-12　催化臭氧氧化-A/O-膜生物集成工艺流程

（3）主要技术创新点及经济指标

催化臭氧氧化-A/O-膜生物法集成技术降低了石油化纤总排废水中难降解有机物的含量；强化了A/O-膜生物法的生物脱碳除氮，较现行的臭氧氧化-BAF生物膜法工艺除污染能力提高了1.1～1.4倍，臭氧最大投加量仅为4.0mg/L，催化臭氧氧化的臭氧利用效率达4.0%～89.0%，均较单纯臭氧化提高了5.0%～10.0%，并有效地发挥了体系多种氧化降解机理的协同作用，同时高效去除多种难降解有机物，为石油化纤总排废水的处理开辟了一条新途径。催化臭氧氧化-A/O-膜生物法集成技术的关键装备与成套技术实现了石油化纤总排废水处理的工程化应用，为我国石油化纤废水的达标排放和实现循环利用提供了技术支撑，也为石化、冶金、制药、印染、造纸等重污染行业废水的治理建立了集成技术体系和工程示范，具有良好的实用推广性以及显著的经济效益和社会效益。

自主研发/优化集成，发明专利：一种负载型双组分金属氧化物臭氧催化氧化催化剂的制备方法，申请号：201210475655.5。

（4）工程应用及第三方评价

① 应用单位：辽阳市某污水处理厂。

② 实际应用案例介绍：该技术在辽阳市某污水处理厂进行了现场中试，其中A/O-生物膜预处理-A/O-膜生物深度处理完成了工程技术示范。在其15000m^3/d污水处理系统升级改造中增设A/O生物膜工业废水预处理工艺，混合废水采用A/O-膜生物法进行深度处理，水质监测报告证实出水水质达到《城镇污水处理厂污染物排放标准》（GB 18918—2002）的一级排放标准A标准。此外，催化臭氧氧化技术也在流域外多项工程中进行了技术应用，如烟台某精细化工废水处理、河北某制药废水处理等工程项目。该技术简单易行，效果显著，具有良好的推广应用前景。

5.3.5 高浓高盐有机废水高效节能蒸发技术

5.3.5.1 技术简介

通过高效节能环保的机械蒸汽再压缩热泵蒸发技术实现化工、制药等行业高浓度难降解高盐废水中盐和水的分离，结合深度处理工艺，将有机物从废水中有效去除，实现冷凝液达标排放或回用。

5.3.5.2 适用范围

印染、化工、制药等行业生产过程中产生的含高浓度难降解有机污染物的高盐废水“零排放”。

5.3.5.3 技术就绪度评价等级

TRL-9。

5.3.5.4 技术指标及参数

开发了三种型号的水蒸气压缩机，其中罗茨式水蒸气压缩机效率大于60%、单螺杆式水蒸气压缩机效率大于70%、离心式水蒸气压缩机效率大于80%。研发了两套高浓高盐废水机械压缩蒸发成套系统，一套可实现结晶，另一套可实现污染物浓缩分离，系统综合换热系数达1000～2000W/(m^2·K)，原水浓缩10倍以上（原水TDS不低于10000mg/L或COD不低于20000mg/L），能耗范围40～60kg标煤/t水，系统防结垢检修周期200d以上。

（1）基本原理

机械蒸汽再压缩热泵蒸发技术是目前蒸发领域中最先进、最节能的技术。其节能的原理是对蒸发过程中余热的利用，因此其核心部件是能够实现二次蒸汽增压升温的水蒸气压缩机。研制具有自主知识产权的水蒸气压缩机是攻克该项技术的突破口。蒸发器和气体分离装置是该设备的关键部件，对这两个部件的优化设计是提高机械蒸汽再压缩热泵效率的关键。优化上述核心部件及关键部件的匹配，形成高效率、系列化和标准化的成套装备为高浓高盐有机废水的处理提供了必需的硬件支撑。针对不同类型、不同浓度的废水样品，展开适合于机械蒸汽再压缩热泵蒸发技术的废水处理工艺设计和理论分析，为高浓高盐废水处理提供理论和工艺指导。在此基础上，建立具体流域高浓废水处理工程示范，形成产业化推广模式。

（2）工艺流程

① 分析过程工程高浓有机废液的蒸发与分离特性，探求过程高浓废水处理与节能的一体化技术路线。

② 系统设计优化：建立系统模拟仿真与设计的方法，得到系统宏观特性，确定系统参数的计算过程，确定系统的整体方案。

③ 关键工艺研究：针对蒸发溶液的特性，选取合理的设计参数，特别关注溶液结晶问题，蒸发器结垢问题以及材料腐蚀。根据过程工程高浓废水的MVR水蒸气压缩机蒸发工艺要求，根据关键技术将MVR系统分为蒸汽压缩机、换热器和分离器、动态特性和系统控制三大部分，分别考虑相关关键问题，建立分析方法或程序模拟。

④ 关键设备研制：主要是水蒸气压缩机，蒸发器，汽液分离器，控制系统。压缩机要考虑单独的实验台进行压缩水蒸气循环实验，研究压缩机的关键技术问题，完成国产化水蒸气压缩机研发。

⑤ 通过理论分析结果及相似原理，搭建小型实验平台，获得模拟系统的关键参数。

⑥ 通过数值和实验形成一套完整的MVR蒸汽再压缩水蒸气压缩机分馏的系统设计及优化方法。设计一套高浓废水MVR水蒸气压缩机蒸发示范平台系统。

⑦ 系统改进及性能提高：针对示范系统开展系统实验研究，发现问题，解决问题，优化性能。重点关注液体分布装置的结构优化措施、气液分离器问题。

⑧ 示范系统设计：尽管原理上MVR系统并不复杂，但在实际系统中涉及的小设备、小问题比较多，如压力维持系统（包括真空）、不凝性气体排放问题、关键控制参数测量问题，研究考虑的压缩机旁通流量问题，这些综合因素在设计阶段非常重要。

⑨ 示范系统建设：依托重点流域内的重点水污染企业，建设MVR高浓废水处理的示范系统；通过调试运行，开展针对高浓有机废液的现场试验和长期运转。不断总结经验和教训，使之正常稳定生产，并逐步将该技术在高浓废水行业推广应用。

(3) 技术创新点及主要技术经济指标

1) 创新点一

开发了15套面向高浓高盐有机废水资源化利用的MVR+成套技术及工艺包；建立了1座基于结晶分盐技术的高盐废水处理实践平台；编制了10套高盐废水蒸发处理设备使用说明书；该成果可覆盖高盐废水领域90%以上的市场，还可应用在化工、制药、印染、冶金等行业的高浓高盐有机废水治理，同时可推广到制盐生产、化工过程生产等领域。所开发的以高含盐有机废水资源化利用为目的的MVR+成套技术及工艺包，转变了现有废水环保治理思维，促进了工业循环经济的发展。

2) 创新点二

建设了1个大型离心式水蒸气压缩机2025智能制造平台，建成了1套12t/h MVR用水蒸气压缩机闭式实验台位；建成了国家唯一的一座“水蒸气压缩机生产基地”，具备年产300台套水蒸气压缩机的生产能力；开发了1套基于互联网的水蒸气压缩机自动设计选型计算软件；开发了流量从$100m^3/min$到$8000m^3/min$变化的16种离心蒸发器压缩机机型；开发了1台高速电机直连水蒸气压缩机EGV28-1机组；获得《水蒸气压缩机技术方案及自动选型系统》软件著作权一项；该技术及装备在大型离心式水蒸气压缩机应用领域的应用中占据90%以上市场。所开发的大型离心机水蒸气压缩机技术及装备，打破了国外的封锁和垄断，完成了全部零部件的国产化，引领了我国战略性环保产业的高技术发展。

3) 创新点三

开发了3种单螺杆水蒸气压缩机机型；建立了1套单螺杆水蒸气压缩机设计理论；建立了1套单螺杆压缩机性能测试装置；建立了1座单螺杆压缩机制造工厂，建立了1套放射性事故（事件）应急处置方法；建立了1台用于高浓高盐有机废水的蒸发模拟实验台；该成果可覆盖环保行业高盐废水领域90%以上的市场，可推广到其他如制糖、制药、食品、发酵等行业，还可推广到精馏领域的应用。所开发的基于单螺杆缩机的仪器化MVR装备，填补了小型MVR装备在国内的空白，引领了小型仪器化MVR装备产业化发展的发展方向。

(4) 技术来源及知识产权概况

该技术属于自主研发，成功填补了国内在该技术领域的空白，目前已获得国家发明专利的授权。

(5) 实际应用案例

① 应用单位：天津市某科技有限公司。

② 实际应用案例介绍：原水为企业生产过程中产生的硫酸钠废水，含有少量油分和重金属离子（钴和镍），主要成分为Na_2SO_4，质量分数为12%；同时含有少量氯化钠，质量分数为0.15%。

③ 示范工程：项目为化工废水处理；示范地点位于北纬39°5′，东经117°32′；示范规模为$2000m^3/d$；运行效果为化工废水处理回用。示范工程的工艺流程为：原水经旋流电解预处理后，去除重金属和钙镁离子，同时去除油分；之后进入预热器回收冷凝水余热，再进入降膜浓缩器初步增浓，再进入强制循环蒸发结晶器，得到硫酸钠盐；

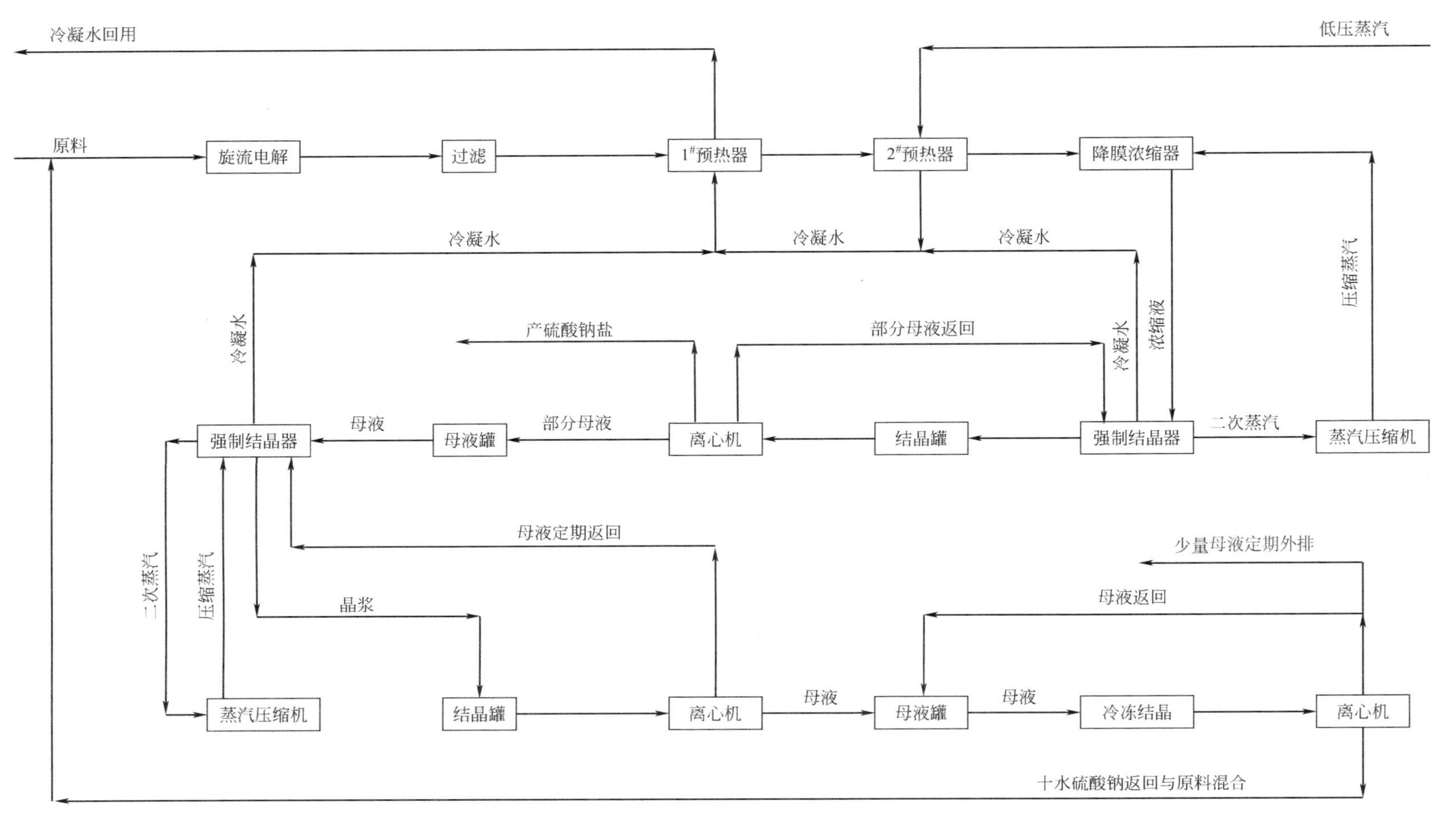

冷凝水回用
低压蒸汽
原料
旋流电解
过滤
1#预热器
2#预热器
降膜浓缩器
冷凝水
冷凝水
冷凝水
压缩蒸汽
冷凝水
产硫酸钠盐
部分母液返回
冷凝水
浓缩液
母液
部分母液
强制结晶器
母液罐
离心机
结晶罐
强制结晶器
二次蒸汽
蒸汽压缩机
母液定期返回
少量母液定期外排
二次蒸汽
压缩蒸汽
晶浆
母液返回
母液
母液
蒸汽压缩机
结晶罐
离心机
母液罐
冷冻结晶
离心机
十水硫酸钠返回与原料混合

图5-13 工艺流程简图

母液进入下一级蒸发结晶器，再次得到硫酸钠成品盐，母液再进行冷冻结晶，得到十水硫酸钠并返回原料进口与原料混合；冷冻母液返回冷冻进料端母液罐，同时定期排放少量冷冻母液，蒸发的冷凝水工厂回用。结晶产物为硫酸钠成品盐，实现废水的资源化处理。

工艺流程简图如图 5-13 所示。

示范工程的现场实物如图 5-14 和图 5-15 所示。

图 5-14 MVR 蒸发系统

图 5-15 水蒸气压缩机主机

5.3.6　以7-ADCA液碱替代氨水结晶为主的全过程控制技术

5.3.6.1　技术简介

以7-ADCA直通工艺、一步酶法生产7-ACA法的生产工艺耦合完整的抗生素废水末端治理集成技术实现制药废水污染全过程控制。

5.3.6.2　适用范围

抗生素生中典型产品7-ADCA清洁生产过程和7-ACA废水全过程控制。

5.3.6.3　技术就绪度评价等级

TRL-7。

5.3.6.4　技术指标及参数

（1）基本原理

1）清洁生产

通过7-ADCA液碱替代氨水结晶技术、7-ADCA直通工艺、一步酶法生产7-ACA法、Ultra-Flo膜系统等技术研究，形成“原辅材料和能源＋生产工艺技术改造＋设备研究＋生产过程管理与控制研究”的清洁生产集成技术路线。

2）末端治理

以已有研发成果及专利技术《抗生素生产废水预处理技术研究》《7-ACA高浓度废水厌氧生物处理技术研究》《环流式好氧生化池处理抗生素废水应用研究》等为基础，形成完整的抗生素废水末端治理集成技术工艺路线：预处理＋厌氧生化处理＋二级好氧处理＋深度处理。

（2）工艺流程

清洁生产技术工艺流程如图5-16所示，通过7-ADCA液碱替代氨水结晶技术、7-ADCA直通工艺、一步酶法生产7-ACA法、Ultra-Flo膜系统等技术研究，形成“原辅材料和能源＋生产工艺技术改造＋设备研究＋生产过程管理与控制研究”的清洁生产集成技术路线。

全过程控制技术以研发成果“抗生素废水全过程控制集成技术”为指导，结合7-ACA产品生产特性、产品设计，选用一步酶法裂解工艺、新型发酵设备等先进的工艺设备，废水末端治理以“预处理＋厌氧生化处理＋二级好氧处理＋深度处理”技术路线为基础，采用上流式混合型厌氧生物膜反应器等自主研发的专利技术，在生产中持续改进，升级干燥设备，改进废酸碱水的循环利用，并通过标准成本制度、废物资源化方案加强生产的过程管理与控制，从而实现抗生素典型产品7-ACA的工程示范。

（3）技术创新点及主要技术经济指标

通过技术查新，结论为：国内外已有关于固定化青霉素酰化酶生产6-APA和7-

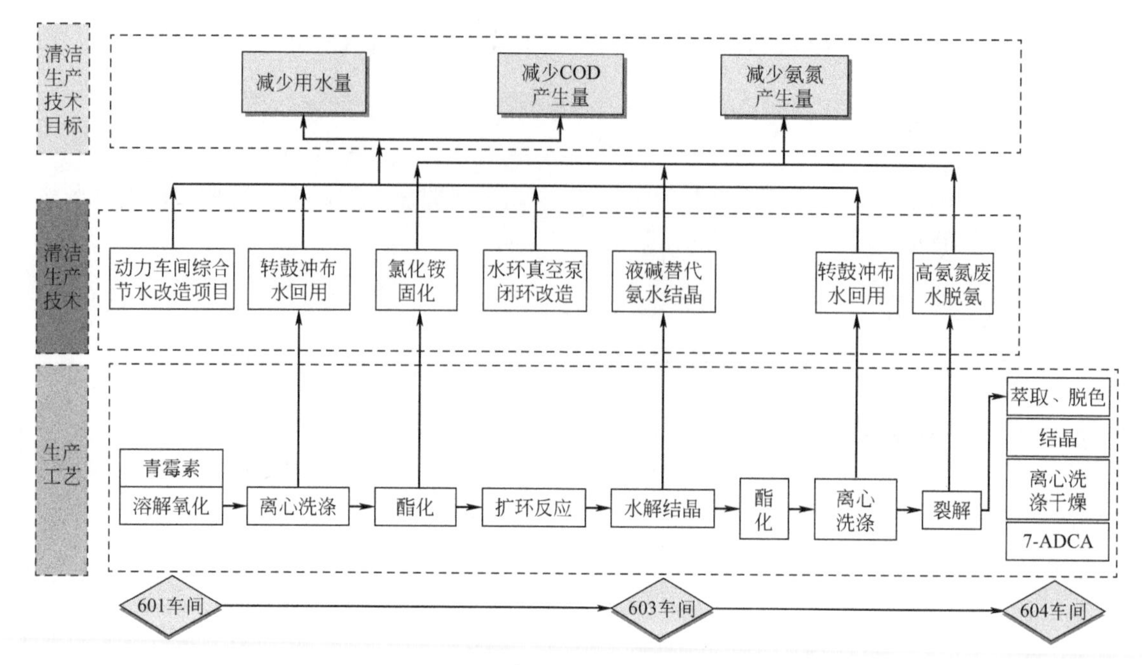

图 5-16 清洁生产技术工艺流程

ADCA、大型发酵罐设计、加压转鼓过滤机、闭路循环沸腾干燥床、抗生素制药废水处理的研究，但该技术研究了抗生素制药废水全过程控制技术，包括：

① 针对 7-ACA 生产，通过改进的单酶裂解工艺替代传统的化学裂解工艺研究，减少有毒有害物质的产生，研发包括 Ultra-Flo 膜系统、加压转鼓过滤机分离技术及设备、新型发酵设备及发酵模式、干燥设备由双锥干燥升级为闭路沸腾床等技术，降低能耗和废物的产生。根据自主研发的上流式混合型厌氧生物膜反应器和环流式好氧生物池等治理技术，结合当前成熟的废水单元治理技术，依据废水水质特征及排放标准等要求，集成了“混凝沉淀＋上流式混合型厌氧生物膜反应器＋环流式好氧生物池＋高级氧化混凝沉淀”技术路线，并进行了工程示范。

② 针对 7-ADCA 生产，采用转鼓冲布水的回用技术、水环真空泵闭环改造和动力车间的综合减排，实现水资源和能源回收利用；用液碱代替氨水进行 7-ADCA 的结晶，从原料的替代上减少有毒有害物质的产生；改进技术工艺，采用 7-ADCA 直通工艺、氯化铵固化、高 NH_4^+-N 废水脱氨技术等，实现了“7-ADCA 抗生素清洁生产技术工程示范”。

③ 在抗生素制药废水污染控制方面，通过清洁生产和末端治理技术集成，形成“原辅材料和能源＋生产工艺技术改造＋设备研究＋废水末端治理技术＋生产过程管理与控制技术”全过程控制集成技术路线。

以上内容在国内外文献中未见相同报道。

7-ACA 产品制药废水全过程控制技术示意如图 5-17 所示。关键技术中应用了由河北某环境保护研究所有限公司自主研发的“上流式混合型厌氧生物膜反应器”(201220709507) 专利。

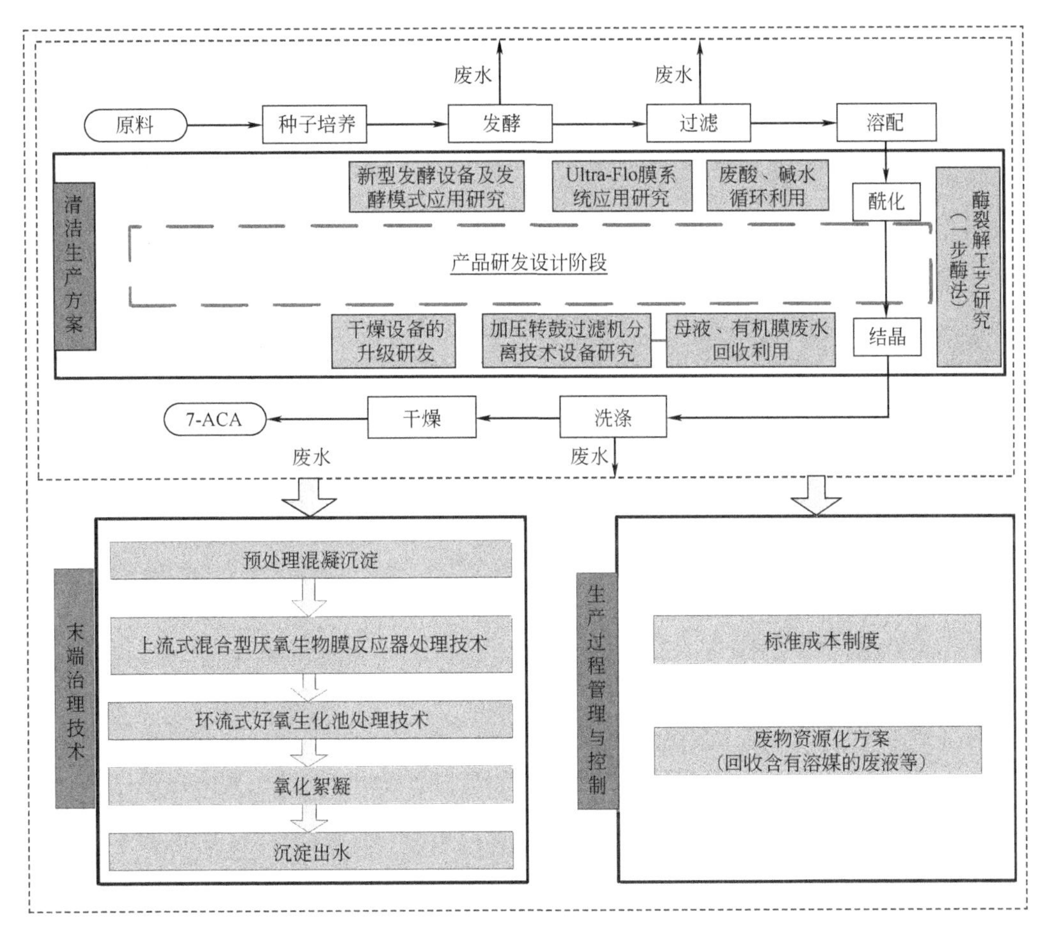

图 5-17　7-ACA 产品制药废水全过程控制技术示意

（4）工程应用及第三方评价

① 应用单位：华北某制药公司。

② 实际应用案例经济效益、社会效益和环境效益：通过 7-ACA 产品制药废水全过程控制技术工程示范，实现原料使用量减少 9744.5t/a（包含氧化酶原料消耗减少 78t/a、氨水消耗减少 237t/a、双氧水消耗减少 80t/a、液氧减少 280t/a、用碱减少 7047t/a、用酸减少 1478t/a、丙酮消耗减少 544.5t/a）；COD 减排 6194.1t/a，NH_4^+-N 减排 596.41t/a，废水排放量减排 118.2×10^4t/a。工程示范的清洁生产技术包括 Ultra-Flo 膜系统、加压转鼓过滤机分离技术、新型发酵模式及干燥设备的升级改造等，并集成末端治理技术“混凝预处理＋厌氧（上流式混合型厌氧生物膜反应器）＋好氧（环流式好氧生物池）＋氧化深度处理”，在处理制药、化工、发酵等行业高浓度废水方面具有应用前景。

5.3.7　抗结垢精馏塔内件

5.3.7.1　技术简介

工业 NH_4^+-N 废水含有较多的固体颗粒物、钙、镁等物质，在汽提精馏过程中容易结垢，导致塔通量减小、塔效率降低，通过开发高性能专用塔内件结构-槽氏液体分布器结构和用于精馏塔内件阻垢的改性碳纳米涂层和复合金属涂层，提高了塔内件表面的疏水性、降低表面粗糙度，减少了设备由于结垢造成频繁清理和维护的问题，将清塔周期由 15d 延长到 180d。

5.3.7.2 国内外研究现状

工业废水中通常含有较多的 Ca^{2+} 和 SO_4^{2-} 等离子，在碱性和高温环境中容易形成 $CaSO_4$ 结垢造成设备堵塞。目前主要采用药剂阻垢的方法，其中阻垢药剂主要分为聚磷酸盐类、有机膦酸盐类、高聚物类等，这些阻垢剂可能造成水体富营养化等环境污染。新型绿色阻垢剂以聚天冬氨酸、聚环氧琥珀酸等为代表，但还未能大规模制备和应用[88,89]。

中国科学院过程工程研究所通过阻垢剂的研究获得优化的阻垢剂类型，揭示了复杂 NH_4^+-N 废水精馏过程中硫酸钙结晶机理。通过改性碳纳米涂层和复合金属涂层等塔内件表面处理技术，提高了塔内件表面的疏水性、降低表面粗糙度，减少设备堵塞的可能性[90-92]。

5.3.7.3 适用范围

制药等行业产生的高浓度 NH_4^+-N 废水（NH_4^+-N 浓度 1～70g/L）的资源化处理。

5.3.7.4 技术就绪度评价等级

目前技术处于工程示范阶段，技术就绪度 7 级。

5.3.7.5 技术指标及参数

（1）基本原理

抗结垢精馏塔内件主要从塔内件结构设计和塔内件表面处理等方面实现精馏塔长时间抗结垢。通过专门设计的高性能塔内件-槽式液体分布器，采用连通式一级槽及导流板结构，使塔内液体分布更均匀，传热效率更高，有效减少脱氨过程的蒸汽消耗量，且液体流动更顺畅，减少垢的沉积；通过改性碳纳米涂层和复合金属涂层等塔内件表面处理技术，提高了塔内件表面的疏水性、降低表面粗糙度，减少垢质沉积，减少设备堵塞的可能性，延长设备清洗维护周期。

（2）工艺流程

工艺流程如图 5-18 所示。废水首先进入换热器中进行预热，并根据需要选择加入碱，然后从脱氨塔中部的废水入口进入脱氨塔。废水与来自脱氨塔底部的蒸汽逆流接触，废水中的氨在蒸汽汽提的作用下进入气相，在脱氨塔的精馏段经过多次气液相平衡后，气相中的氨浓度大幅度提高，由塔顶进入塔顶冷凝器，含氨蒸汽被液化为稀氨水，稀氨水再经过回流泵从塔顶回流到脱氨塔中，当冷凝氨水浓度达到所需浓度（16%～25%）后，氨水作为产品被输送到回收氨水储罐。脱氨后废水由塔底流出（NH_4^+-N$<$10mg/L），塔底出水经与进塔废水换热后可达标排放或回用，也可进入后续金属回收系

统进行重金属回收。

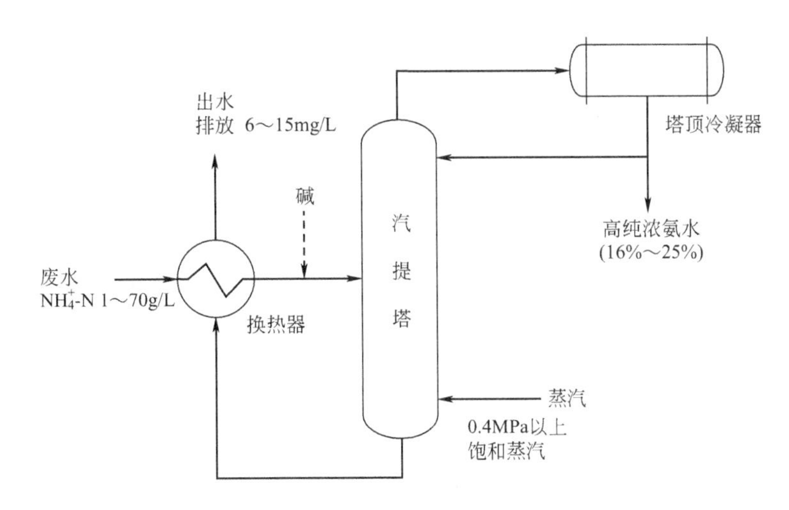

图 5-18 工艺流程

(3) 主要技术创新点及经济指标

1) 设计了专用的塔内件结构

基于流体力学计算、过程模拟和三维设计结果，开发研制出具有特殊结构的脱氨塔板和分布器等高性能专用塔内件。研制出专用的液体分布器——槽式液体分布器，其为全连通式一级槽及导流板、采用加设特殊支撑分布槽结构，液体可以在大流量范围内均匀分布到各个分布二极槽中，而导流板的加设使液体分布更为均匀。

优化设计的塔内件结构增加了气液相在精馏塔内的接触面积，显著改善了塔内的传热传质效果，提高了设备的汽提脱氨处理效率，同时降低了蒸汽消耗量。

2) 塔内件表面处理和改性技术

开发了精馏塔内复合金属涂层和改性碳纳米涂层技术，降低了垢质在设备表面的沉积，提升了设备抗垢阻垢能力。复合金属涂层的制备方法主要是将粒径为 0.05nm～100μm 的金属化合物与有机溶剂的混合液覆于经过处理的负载件表面，陈化，获得复合金属涂层；该复合金属涂层不易脱落，具有阻垢效果好、厚度小、稳定性好的特点。改性碳纳米涂层是在氢气或氩气气氛下，通过高温、冷却作用，在表面生成巯基和膦接枝的三维碳纳米结构，该结构能够有效抑制钙盐和镁盐在表面沉积，且耐受温度不低于 160℃。

参 考 文 献

[1] 蔡少卿，戴启洲，王佳裕，等．非均相催化臭氧处理高浓度制药废水的研究 [J]．环境科学学报，2011，31 (7)：1440-1449.

[2] 杨文玲，郜子兴，吴赳，等．$CuO\text{-}Fe_2O_3/\gamma\text{-}Al_2O_3/H_2O_2/O_3$ 催化氧化深度处理制药二级生化出水 [J]. 化工进展，2018，37 (6)：2399-2401.

[3] Xing L，Xie Y，Minakata D，et al. Activated carbon enhanced ozonation of oxalate attributed to HO· oxidation in bulk solution and surface oxidation：Effect of activated carbon dosage and pH [J]. Journal of Environmental Sciences，2014，26：2095-2105.

[4] Cao H B, Xing L L, Wu G G, et al. Promoting effect of nitration modification on activated carbon in the catalytic ozonation of oxalic acid [J]. Applied Catalysis B: Environmental, 2014, 146: 169-176.

[5] Nawaz F, Xie Y B, Cao H B, et al. Catalytic ozonation of 4-nitrophenol over an mesoporous alpha-MnO_2 with resistance to leaching [J]. Catalysis Today, 2015, 258: 595-601.

[6] Nawaz F, Xie Y B, Xiao J D, et al. Insights into the mechanism of phenolic mixture degradation by catalytic ozonation with a mesoporous Fe_3O_4/MnO_2 composite [J]. RSC Advances, 2016, 6: 29674-29684.

[7] Xiao J D, Xie Y B, Cao H B, et al. g-C_3N_4-triggered super synergy between photocatalysis and ozonation attributed to promoted ·OH generation [J]. Catalysis Communications, 2015, 66: 10-14.

[8] Wang Y X, Cao H B, Chen C M, et al. Metal-free catalytic ozonation on surface-engineered graphene: Microwave reduction and heteroatom doping [J]. Chemical Engineering Journal, 2019, 355: 118-129.

[9] Vadillo V, Sánchez-Oneto J, Portela J R, et al. Advanced oxidation processes for waste water treatment [J]. Environmental Research, 2018: 333-358.

[10] 李风风，王四方．超临界水氧化技术在核废物处理领域的应用 [J]. 一重技术，2020，(2)：22-25.

[11] 张凤鸣．超临界水氧化水膜反应器的热负荷特性研究 [D]. 济南：山东大学，2012.

[12] Marrone P A , Cantwell S D , Dalton D W. SCWO system designs for waste treatment: Application to chemical weapons destruction [J]. Industrial & Engineering Chemistry Research, 2005, 44 (24): 9030-9039.

[13] Kim K, Son S H, Kim K S, et al. Treatment of radioactive ionic exchange resins by super-and sub-critical water oxidation (SCWO) [J]. Nuclear Engineering & Design, 2010, 240 (10): 3654-3659.

[14] Shaw R W , Dahmen N. Destruction of toxic organic materials using super-critical water oxidation: Current state of the technology [M]// Supercritical Fluids. Netherlands: Springer, 2000 (36): 425-437.

[15] 陈忠．页岩气油基钻屑的超临界水氧化处理研究 [D]．北京：中国科学院大学，2018.

[16] 马承愚，姜安玺，彭英利，等．超临界水氧化法中试装置的建立和考察 [J]. 化工进展，2003，22 (10)：1102-1104.

[17] 施华顺．亚/超临界水对诺氟沙星的氧化反应动力学机理 [D]．广州：华南理工大学，2011.

[18] 徐雪松．超临界水氧化处理油性污泥工艺参数优化的研究 [D]. 石河子：石河子大学，2016.

[19] 王宝贞，沈耀良．废水生物处理新技术理论与应用 [M]. 北京：中国环境科学出版社，2006.

[20] Zhang B, Li Y, Wang K, et al. Study on the treatment of domestic wastewater by anaerobic baffled reactor/bio-contact oxidation combination process [J]. Environmental Pollution & Control, 2012, 8: 9.

[21] 郑俊，吴浩汀．曝气生物滤池工艺的理论与工程应用 [M]. 北京：化学工业出版社，2005.

[22] 金建华，柴晓煜．水解酸化-接触氧化工艺处理印染废水技术探讨 [J]. 中国水运（理论版），2006，(11)：024.

[23] 王明健．水解酸化-生物接触氧化法处理中药制药废水 [J]. 广东化工，2011，38 (7)：237-238.

[24] 韩相奎，王树堂，刘壮．接触氧化/水解酸化/SBR 法处理中药废水 [J]. 中国给水排水，2003，19 (9)：69-70.

[25] 廖苗，樊亚东，刘诗月，等．进水成分变动下 ABR-CASS 耦合工艺处理制药综合废水的中试研究 [J]. 环境工程技术学报．2017，7 (3)：293-299.

[26] 吴俊峰，王现丽，时鹏辉，等．ABR-UASB-CASS 工艺处理庆大霉素废水工程应用 [J]. 工业给排水，2012，38 (5)：48-50.

[27] 韩彪，张维维，张萍．甘蔗制糖废水的 ABR-CASS 处理工艺 [J]. 广西科学学报，2010，26 (2)：156-158.

[28] 崔海保，杨绍平，邹渝．ABR+CASS 组合工艺处理染整废水 [J]. 四川水利，2009，(2)：36-37.

[29] 张恺，陈小光，马承愚．高效厌氧反应器流态研究综述 [J]. 广州化工，2014，42 (12)：6-7.

[30] 张忠波，陈吕军，胡纪萃．IC 反应器技术的发展 [J]. 环境污染与防治，2000，22 (3)：39-41.

[31] 卢瑶．IC 厌氧反应器运行过程微生物群落演替及功能的研究 [D]. 南昌：南昌大学，2018.

[32] 吴秉奇，段美娟，周振，等．多段内循环厌氧反应器的气液流场及处理低浓度屠宰废水的研究 [J]. 工业用水与废水，2019，50 (1)：19-24.

[33]　Wang J，Yan J，Xu W. Treatment of dyeing wastewater by MIC anaerobic reactor [J]. Biochemical Engineering Journal，2015，101：179-184.

[34]　张燚，刘敏，陈滢，等．外循环对 IC 反应器运行效果的影响 [J]. 化工学报，2014，65 (6)：2329-2334.

[35]　石华东，任灵芝．生物膜法的应用现状及发展前景分析 [J]. 节能，2019，(7)：99-100.

[36]　周律，李哿，Hangsik S，等．污水生物处理中生物膜传质特性的研究进展 [J]. 环境科学学报，2011，31 (8)：1580-1586.

[37]　陈佩佩，邵小青，郭松杰，等．水处理中生物填料的研究进展 [J]. 现代化工，2017，37 (12)：38-42.

[38]　张磊，郎建峰，牛姗姗．生物膜法在污水处理中的研究进展 [J]. 水科学与工程技术，2010，(5)：38-41.

[39]　王彬，张进，魏亮，等．高效生物膜悬浮填料研究进展 [J]. 四川环境，2020，39 (1)：201-206.

[40]　海景，黄尚东，程江，等．水处理用塑料生物膜载体改性研究进展 [J]. 合成材料老化与应用，2006，(4)：41-45.

[41]　宋子煜，吴丹，董健，等．气体生物脱硫及硫回收研究进展 [J]. 石油学报（石油加工），2015，31 (2)：265-274.

[42]　Piéplua A，Saur O，Lavalley J-C，et al. Claus catalysis and H_2S selective oxidation [J]. Catalysis Reviews，1998，40 (4)：409-450.

[43]　Mcmanus D. Chelated iron catalyzed oxidation of hydrogen sulfide to sulfur by air [J]. Abstracts of Papers of the American Chemical Society，1996，211：613-631.

[44]　Mcmanus D，Martell A E. The evolution，chemistry and applications of chelated iron hydrogen sulfide removal and oxidation processes [J]. J Mol Catal A：Chem，1997，117 (1)：289-297.

[45]　杨嘎玛，穆廷桢，杨茂华，等．生物燃气净化提纯制备生物天然气技术研究进展 [J]. 过程工程学报，2021，21 (6)：617-628.

[46]　Hu Y. High-efficiency H_2S removal process：LO-CAT [J]. Petroleum Refinery Engineering，2007，37 (11)：30-35.

[47]　Ying L，Youzhi L，Guisheng Q，et al. Selection of chelated Fe(Ⅲ)/Fe(Ⅱ) catalytic oxidation agents for desulfurization based on iron complexation method [J]. China Petroleum Processing & Petrochemical Technology，2014，16 (2)：50-58.

[48]　Roberts J A，Roberts R S. A novel approach to eliminating sulfur deposition in liquid redox hydrogen sulfide removal systems [C]//SPE Western Regional Meeting，2005：93841.

[49]　Ballaguet J P，Streicher C，Guillon S，et al. Sulfint HP：A new redox process for the direct high pressure removal of H_2S [C]. Laurance Reid Gas Conditioning Conference，2001：319-336.

[50]　Le Strat P Y，Cot M，Ballaguet J P，et al. New redox process successful in high-pressure gas streams [J]. Oil & Gas Journal，2001，99 (48)：46-54.

[51]　陈赓良．天然气生物脱硫工艺评述 [J]. 天然气与石油，2015，33 (3)：33-39.

[52]　Klenjan W E，de Keizer A，Janssen A J H. Biologically Produced Sulfur [M]// Elemental Sulfur and Sulfur-rich Compounds Ⅰ. Berlin，Heidelberg：Springer，2003：167-188.

[53]　Klenjan W E，Lammers J N，de Keizer A，et al. Effect of biologically produced sulfur on gas absorption in a biotechnological hydrogen sulfide removal process [J]. Biotechnol Bioeng，2006，94 (4)：633-644.

[54]　Dutta M，Dutta N N，Bhattacharya K G. Aqueous phase adsorption of certain beta-lactam antibiotics onto polymeric resins and activated carbon [J]. Sep Purif Technol，1999，16：213-224.

[55]　Fuerhacker M，Dürauer A，Jungbauer A. Adsorption isotherms of 17 β-estradiol on granular activated carbon (GAC)[J]. Chemosphere，2001，44：1573-1579.

[56]　Snyder S A，Adham S，Redding A M，et al. Role of membranes and activated carbon in the removal of endocrine disruptors and pharmaceuticals [J]. Desalination，2007，202：156-181.

[57]　Choi K J，Kim S G，Kim S H. Removal of antibiotics by coagulation and granular activated carbon filtration [J]. J Hazard Mater，2008，151：38-43.

[58] Cabrita I，Ruiz B，Mestre A S，et al. Removal of an analgesic using activated carbons prepared from urban and industrial residues [J]. Chem Eng J，2010，163：249-255.
[59] Andreozzi R，Caprio V，Marotta R，et al. Ozonation and H_2O_2/UV treatment of clofibric acid in water：A kinetic investigation [J]. J Hazard Mater，2003，103：233-246.
[60] Hua W，Bennett E R，Letcher R J. Ozone treatment and the depletion of detectable pharmaceuticals and atrazine herbicide in drinking water sourced from the upper Detroit River，Ontario，Canada [J]. Water Res，2006，40：2259-2266.
[61] Sirtori C，Zapata A，Oller I，et al. Decontamination industrial pharmaceutical wastewater by combining solar photo-Fenton and biological treatment [J]. Water Res，2009，43：661-668.
[62] 刘立，刘畅，农燕凤，等．中药废水处理工程设计实例及分析 [J]. 中国给水排水，2018，34 (8)：89-92.
[63] 车建刚，万金保，邓觅，等．中药废水处理的工程应用 [J]. 水处理技术，2017，43 (10)：128-130.
[64] 余登喜，丁杰，刘先树，等．强化混凝预处理削减中药废水的毒性 [J]. 环境工程学报，2016，10 (11)：6133-6138.
[65] 程旺斌．混凝沉淀预处理中药废水及其对特征污染物去除机制研究 [D]. 哈尔滨：哈尔滨工业大学，2014.
[66] 吕龙义．双循环厌氧反应器处理中药废水的调控技术与机制 [D]. 哈尔滨：哈尔滨工业大学，2019.
[67] 戴杨叶．Fenton 及光 Fenton 反应降解乳酸左氧氟沙星的研究 [D]. 镇江：江苏大学，2012.
[68] 祁佩时，王娜，等．Fenton 氧化-活性炭吸附协同深度处理抗生素制药废水研究 [J]. 净化技术，2008，27 (6)：38-41.
[69] 任美洁．脉冲电絮凝法处理制药废水研究 [D]. 北京：中国环境科学研究院，2010.
[70] Pan Y，Su H，Zhu Y，et al. CaO_2 based Fenton-like reaction at neutral pH：Accelerated reduction of ferric species and production of superoxide radicals [J]. Water Res，2018，145：731-740.
[71] 任越中，邱燕玲，等．臭氧催化氧化降解水中青霉素试验研究 [C]//2017 中国环境科学学会科学与技术年会论文集. 中国环境科学学会，2018：2891-2896.
[72] 刘辉，吴晓翔，施汉昌，等．高压脉冲电絮凝与硅藻精土组合工艺处理电镀废水 [J]. 中国给水排水，2008，24 (2)：58-60.
[73] 陈意民，李金花，李龙海，等．脉冲电絮凝处理难降解印染废水的研究 [J]. 环境科学与技术，2009，32 (9)：144-147.
[74] 任美洁，宋永会，曾萍，等．脉冲电絮凝法处理黄连素制药废水 [J]. 环境科学研究，2010，23 (7)：892-896.
[75] 吉剑，刘峰，蒋京东，等．UASB 反应器处理制药废水的研究 [J]. 山西化工，2009，29 (5)：56-59.
[76] 鲁南，普红平．膜生物反应器处理抗生素废水 [J]. 化工环保，2004，24 (增刊)：234-236.
[77] 周静博，周阳，戴海平．膜生物反应器处理青霉素废水的实验研究 [J]. 工业水处理，2009，29 (6)：12-15.
[78] 邓海涛，陆冬云，陈福坤．臭氧氧化＋UASB＋SBR＋深度脱碳工艺处理制药废水 [J]. 环境科技，2020，33 (4)：44-48.
[79] 朱隐．制药废水 MBR-UV/O_3处理及尾水回用工艺研究 [D]. 南京：南京大学，2016.
[80] 马翠．强化 UASB-臭氧催化-MBR 组合工艺处理老龄垃圾渗滤液的效能研究 [D]. 河南：郑州大学，2019.
[81] 韩磊，纪树兰，李巍，等．MBR 处理特殊废水及脱氮效果的研究进展 [J]. 给水排水，2009，45 (S1)：330-334.
[82] 彭澍晗，吴德礼．催化臭氧氧化深度处理工业废水的研究及应用 [J]. 工业水处理，2019，39 (1)：1-7.
[83] Wang J，Chen H. Catalytic ozonation for water and wastewater treatment：Recent advances and perspective [J]. The Science of the Total Environment，2020，704：135249.
[84] 亓丽丽．非均相臭氧催化氧化对氯苯酚机理研究及其工艺应用 [D]. 哈尔滨：哈尔滨工业大学，2013.
[85] 王若男．催化臭氧氧化技术处理工业废水的研究进展 [J]. 建筑与预算，2020，(8)：51-54.
[86] 谢晓旺，李露泽．AAO-MBR 工艺在某城镇污水处理厂中的应用 [J]. 净水技术，2020，39 (8)：23-27.

[87] 张凯，夏星星，孙欣，等．温度对AO-MBR运行效果及微生物菌群的影响［J］. 中国给水排水，2019，35（13）：107-111.

[88] 曾丽瑶．硫酸钙结垢影响因素及化学阻垢剂合成［D］. 成都：西南石油大学，2018.

[89] 孙咏红．聚环氧琥珀酸反渗透阻垢剂绿色化学研究［D］. 长沙：中南林业科技大学，2010.

[90] Tian P，Ning P G，Cao H B，et al. Determination and modeling of solubility for $CaSO_4 \cdot 2H_2O$-NH_4^+-Cl^--SO_4^{2-}-NO_3^--H_2O system［J］. Journal of Chemical Engineering Data，2012，57：3664-3671.

[91] 田萍，宁朋歌，曹宏斌，等．二水硫酸钙在铵盐溶液中溶解度测定及热力学计算［J］. 过程工程学报，2012，12（4）：625-630.

[92] 刘晨明，林晓，陶莉，等．精馏法处理钼酸铵生产中的高浓度氨氮废水［J］. 有色金属（冶炼部分），2015，（11）：69-74.

第6章 典型污染物控制技术示范工程

6.1 华北某制药公司提标改造示范工程

6.1.1 背景

华北某制药公司（即示范工程单位）建有发酵—提取—废水处理全套的制药生产与末端处理生产线，链霉素产量占世界总量的60%。通过了美国FDA、欧盟COS、WHO等国际组织和客户审计，形成了达到国际质量标准的质量管理体系。该示范工程单位在建厂初期就配备以“厌氧+好氧”处理工艺的废水处理设施，后于2004年新建了生物接触氧化处理设施，形成了处理能力为7000t/d的废水处理系统。

随着环保压力的增大，示范工程单位污水处理系统已经不能够满足排放要求。该厂排水系统中主要的污染物指标是COD、NH_4^+-N及TN。根据原设计的工艺流程进水COD浓度约为2000mg/L，出水COD浓度能够达到300mg/L以下达标排放。但是随着环保压力的日益严峻，如果排放标准进一步提升则污水处理系统会不堪重负，最终无法满足达标排放的要求而影响生产。污水中的抗生素残留越来越受到关注，目前污水中链霉素残留水平在$(0\sim40)\times10^{-6}$之间波动。所以需要对污水处理系统进行提标改造，满足COD、NH_4^+-N、TN和残留抗生素排放要求。

6.1.2 设计水质水量

（1）进水

进水水质如表6-1所列。

表6-1 原水水质参数

类别	序号	主要污染物	排放量/(m^3/d)	COD/(mg/L)	NH_4^+-N/(mg/L)
生产废水	1	提炼废水(脂溶性溶媒:乙醇、乙酸乙酯、丙酮、丁醇,也有少量含苯、乙醚的)	150	平均30000	
	2	发酵滤液(过滤菌渣)	600	9000	200～300

续表

类别	序号	主要污染物	排放量/(m^3/d)	COD/(mg/L)	NH_4^+-N/(mg/L)
生产废水	3	树脂酸碱再生(盐度较大)	400	1000	
	4	低浓废水	3500	1300	
总量合计			4650	3190	

注：今后含有机溶媒废水有可能大幅度增加。

(2) 出水

经本系统处理后的出水水质达到《发酵类制药工业水污染物排放标准》(GB 21903—2008)，系统出水水质关键指标如表6-2所列。

表6-2 系统出水水质关键指标表

序号	项目	单位	数值
1	COD	mg/L	≤120
2	悬浮物	mg/L	≤60
3	五日生化需氧量(BOD_5)	mg/L	≤40
4	NH_4^+-N(以N计)	mg/L	≤25(15)
5	TN	mg/L	≤70(40)
6	TP	mg/L	≤1
7	TOC	mg/L	≤40
8	pH值		6~9

注：括号内为示范工程单位目标值。

6.1.3 工艺设计思路

6.1.3.1 现状工艺流程

现状工艺进水总水量约为4650m^3/d，进水COD浓度约为3190mg/L，出水COD浓度为200~300mg/L。

示范工程单位现有废水处理工艺流程如图6-1所示。示范工程单位现有浓水调节池700m^3，分为两格（300m^3+400m^3），其中300m^3进溶剂废水、400m^3进菌渣废水。其他废水400m^3/d，中和后进曝气系统。低浓度废水调节池总水量3500m^3/d+750m^3/d+400m^3/d=4650m^3/d。

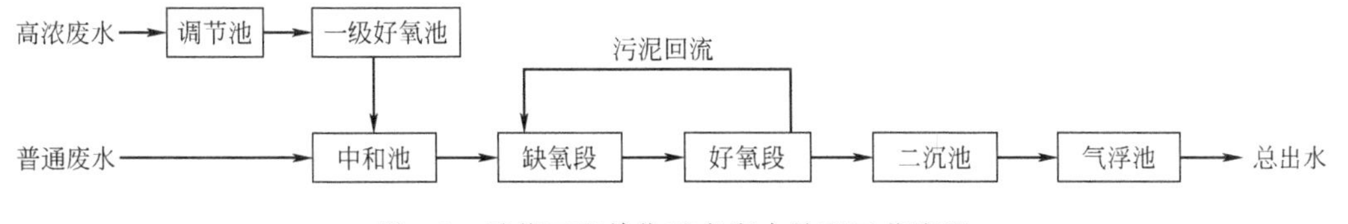

图6-1 示范工程单位现有废水处理工艺流程

6.1.3.2 存在问题

根据示范工程单位提供的信息，原污水处理系统主要有以下 3 个方面问题影响后续的负荷提高。

① 污水处理厂系统总容积不足，污水处理系统超负荷运行。

② 一级好氧池去除 COD 效果差。进入一级好氧池的主要是高浓废水。一级好氧池中载体上负载的好氧微生物量较小，COD 去除效果差。

③ 污水处理系统总体负荷很高，导致总出水的 NH_4^+-N、COD、TN 等指标波动，难以稳定达标。示范工程单位生产的品种较多，在低负荷阶段，其出水满足 NH_4^+-N 低于 15mg/L，COD 浓度低于 200mg/L；在高负荷阶段，出水 NH_4^+-N 高于 15mg/L，COD 浓度为 200～300mg/L。

为了应对进水水质指标波动，对现状工艺进行部分改造。改造的主要目的是通过增加废水分质预处理、增加厌氧水解与兼氧单元以及臭氧催化氧化深度处理单元，从而提高废水处理系统的稳定性及抗冲击负荷能力，强化废水处理系统的反硝化脱氮功能，提高废水处理系统出水 COD、NH_4^+-N、TN 和残留抗生素等各项指标达标的稳定性。

6.1.3.3 示范工程关键技术及创新点

示范工程关键技术及创新点如下。

① 废水分质预处理-生物强化脱碳脱氮集成技术：主要包括高 NH_4^+-N 废水资源化利用、高浓度废水铁碳微电解预处理、两级 A/O 生物强化脱碳脱氮及 MBBR 处理技术，保证 COD、TN、NH_4^+-N 达到国家排放标准要求。

② 基于残留抗生素脱除和毒性削减的废水深度处理技术：主要包括制药尾水臭氧催化氧化深度处理技术，保证残留抗生素去除率在 99%以上，大幅削减制药尾水生物毒性，急性毒性达到国家排放标准要求。

6.1.4 具体技术方案

6.1.4.1 高氨氮废水预处理

① 车间排放的含氨水废水，先用收集罐进行收集，然后用蒸发器进行蒸发，蒸发出来含氨气体用冷凝器冷凝，冷凝后氨水收集至储罐待回用。

② 车间排放的含氯化铵废水先用收集罐收集，然后用蒸发器进行浓缩，浓缩至所需氯化铵浓度后，加活性炭搅拌进行脱色，用板框过滤后收集至回收氯化铵储罐待回用。

6.1.4.2 高浓度废水铁碳微电解预处理

针对高浓度废水，采用铁碳微电解工艺进行预处理，可达到 30%的 COD 去除率，新增 $50m^3/d$ 铁碳微电解设备。

6.1.4.3 两级 A/O 生物强化脱碳脱氮及 MBBR 处理技术

改进原有的一级污泥曝气池曝气运行工艺，在原来污泥混合曝气池内投加 MBBR 填料，进一步提高一级曝气的处理能力，并配套更新鼓风机，增大曝气风量，污泥脱水采用高压板框替代原袋式压滤机。新建部分池体，对原有平流沉淀池进行改造，新建池体与 MBBR 串联形成一级 A/O 处理工艺；对原有的生物接触氧化池进行改造，增加 A 段，形成二级 A/O，进一步提高系统 NH_4^+-N、TN 的去除能力。

6.1.4.4 基于残留抗生素脱除和毒性削减的制药尾水深度处理技术

由于生化处理后的废水仍然含有少量残留抗生素，对环境和生态造成潜在的威胁，建议采用低成本臭氧催化氧化技术，使用臭氧作为氧化剂，在高效的固态催化剂作用下将难生物降解有机物氧化分解，使处理后的废水 COD、色度、急性毒性等指标达到国家外排标准。

本项目所设计采用的臭氧催化氧化工艺具有如下特点：

① 研发的固相催化剂催化活性高，臭氧利用率高达 95%以上，大幅度降低处理成本；

② 不需加入任何药剂和调节 pH 值，基本无二次污染，操作简单；

③ 对残留抗生素去除效率高，有效降低废水急性毒性。

臭氧催化氧化池废水由池顶进入，与臭氧气体逆流混合，布水系统和布气系统采用防堵塞型优化设计，提高布水布气均匀性，结合长寿命的高效非均相催化剂，大幅降低氧化剂（O_3）使用量，从而降低处理成本。

设计处理水量 1000m^3/d，采用“臭氧催化氧化”工艺，需要新增的设备材料如下。

① 臭氧发生器：建议发生器产量 2～5kg/h，含尾气破坏器。

② 臭氧催化氧化池内件（含布水系统、布气系统、催化剂支撑板、滤头等）：1 套。

③ 催化剂：颗粒状催化剂，建议填充总体积 16m^3以上。

④ 催化池进水泵、出水泵、喷淋水泵：各 2 台（1 用 1 备）。

6.1.4.5 改造后的工艺流程

根据上述分析，最终得到改造后的工艺系统。通过新增系统高程设计，实现废水系统重力流通畅。

示范工程单位废水处理系统一期改造后的工艺流程如图 6-2 所示。

6.1.4.6 制药废水臭氧催化氧化现场中试

（1）中试实验条件

中试实验工艺流程为砂滤塔＋臭氧催化氧化塔，臭氧催化氧化塔直径 0.6m，总高度 3.0m。臭氧发生器产量 200g/h，由工业氧气瓶提供气源，O_3气体浓度最大为 100～130mg/L，采用臭氧浓缩仪可以使 O_3气体浓度最大为 250mg/L。经测定，污水进水流量为 0.8m^3/h 时臭氧催化氧化塔水力停留时间约为 30min。

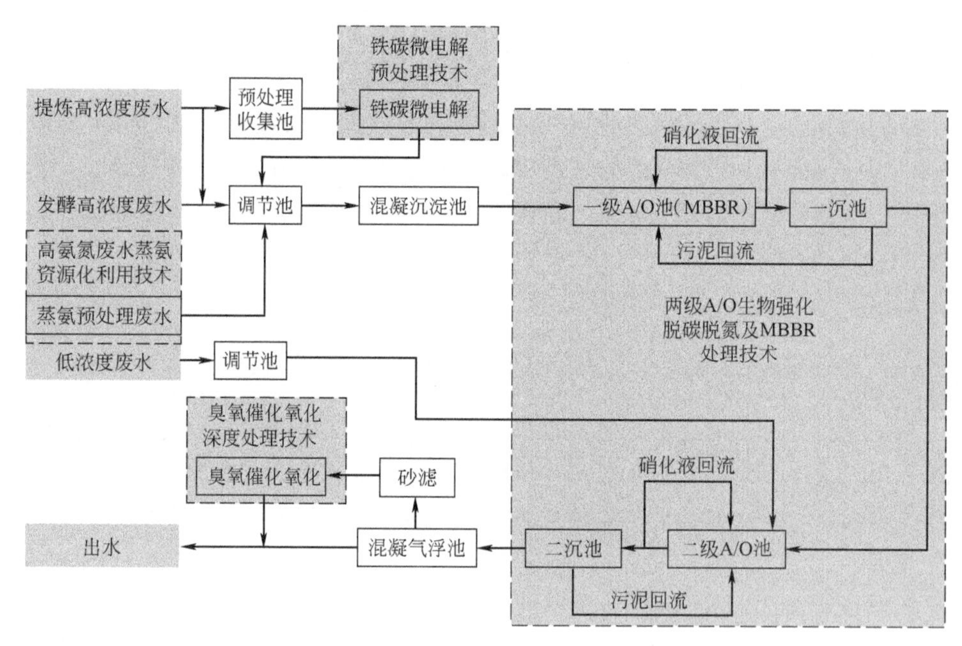

图 6-2 示范工程单位废水处理系统改造后的工艺流程

本中试试验进水为示范工程单位污水站二沉池出水，实验方式为连续进出水，主要研究废水臭氧投加量、进水 SS、进水 COD 浓度对臭氧催化氧化工艺脱除 COD 和 NH_4^+-N 的影响。臭氧催化氧化中试实物与臭氧催化氧化中试工艺流程分别如图 6-3 和图 6-4 所示。

图 6-3 示范工程单位制药废水臭氧催化氧化中试实物

(2) 废水臭氧投加量对 COD 和 NH_4^+-N 脱除的影响

废水臭氧投加量对 COD 和 NH_4^+-N 脱除的影响如表 6-3 和图 6-5 所示。保证废水

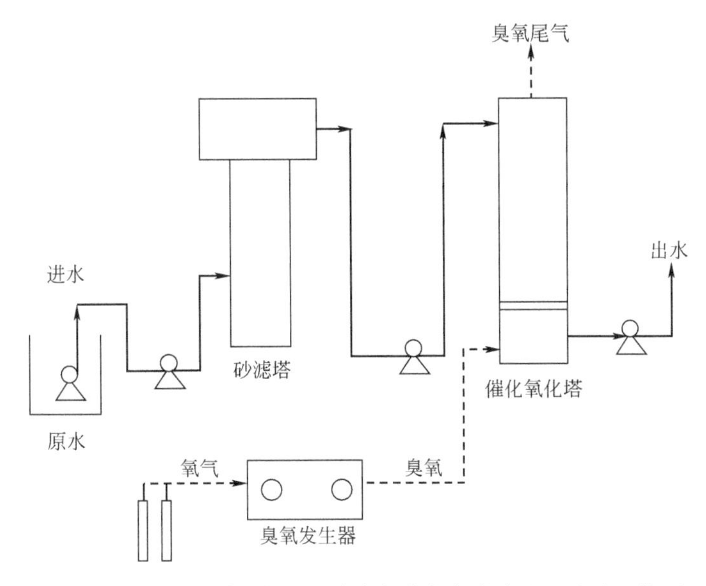

图 6-4　示范工程单位制药废水臭氧催化氧化中试工艺流程简图

表 6-3　废水臭氧投加量对 COD 和 NH_4^+-N 脱除的影响

序号	废水流量/(m^3/h)	臭氧进气流量/(m^3/h)	废水臭氧投加量/(mg/L)	进水 COD/(mg/L)	出水 COD/(mg/L)	COD 平均去除率/%	进水 NH_4^+-N/(mg/L)	出水 NH_4^+-N/(mg/L)	NH_4^+-N 平均去除率/%
1	0.8	0.54	80	201.6	159.5	26.9	45.9	43	4.4
				216.6	159.5		46.9	43.4	
				207.6	138.4		44.6	45	
2		1.08	160	213	132.4	28.9	44.2	43.7	4.1
				180.6	135.4		43.8	44	
				186.6	144.5		43.8	38.7	

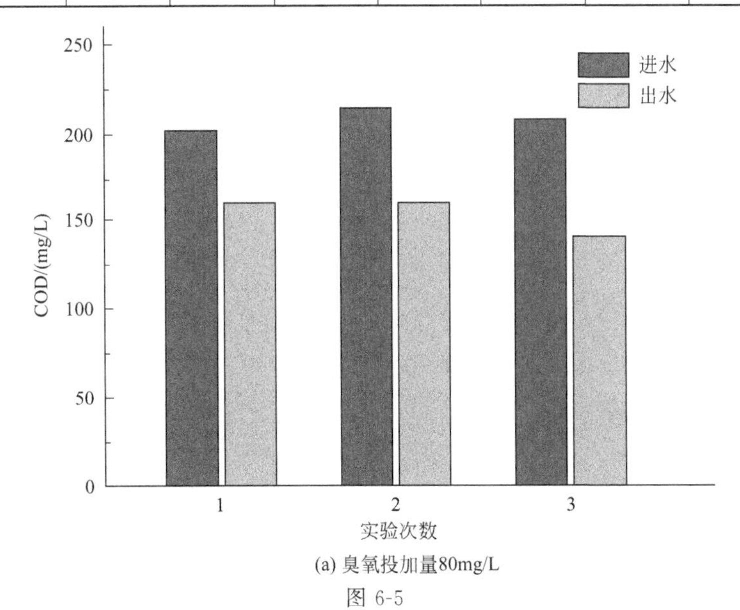

(a) 臭氧投加量80mg/L

图 6-5

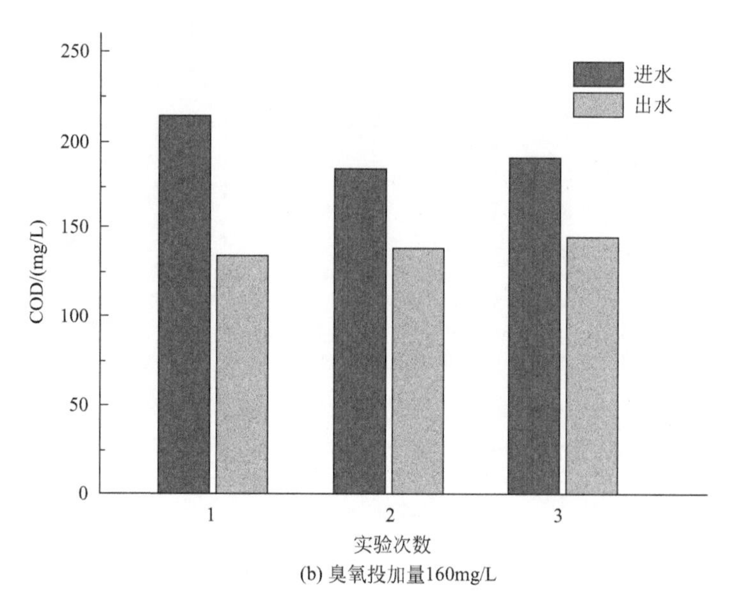

图 6-5 废水臭氧投加量对 COD 脱除的影响

流量 0.8m³/h，废水停留时间为 30min，改变废水臭氧投加量为 80mg/L 或者 160mg/L，分析 COD 去除结果。表 6-3 说明，废水臭氧投加量从 80mg/L 增加到 160mg/L，COD 去除率由 26.9%增加到 28.9%，增加了 2.0%；另外 NH_4^+-N 去除率变化不大。说明废水臭氧投加量增加仅有助于提高 COD 脱除率。

（3）废水 COD 浓度对 COD 脱除的影响

废水 COD 浓度对 COD 脱除的影响如表 6-4 和图 6-6 所示。保证 O_3 投加量约为 80mg/L，废水流量为 0.8m³/h，废水停留时间为 30min，分析废水 COD 浓度对工艺效果的影响。表 6-4 说明，进水 COD 浓度增加，COD 去除率变化不大，但是 COD 去除量从 60～80mg/L 增加到 80～130mg/L。

表 6-4 废水 COD 浓度对 COD 脱除的影响

序号	废水流量/(m³/h)	臭氧进气浓度/(mg/L)	废水臭氧投加量/(mg/L)	进水 COD/(mg/L)	出水 COD/(mg/L)	COD 平均去除率/%
1	0.8	240	80	195.6	126.4	35.3
				189.6	129.4	
2				276.8	147.5	34.6
				316	234.8	
				328	219.6	

（4）废水悬浮物浓度对 COD 脱除的影响

废水悬浮物浓度对 COD 脱除的影响如表 6-5 和图 6-7 所示。保证臭氧投加量约为

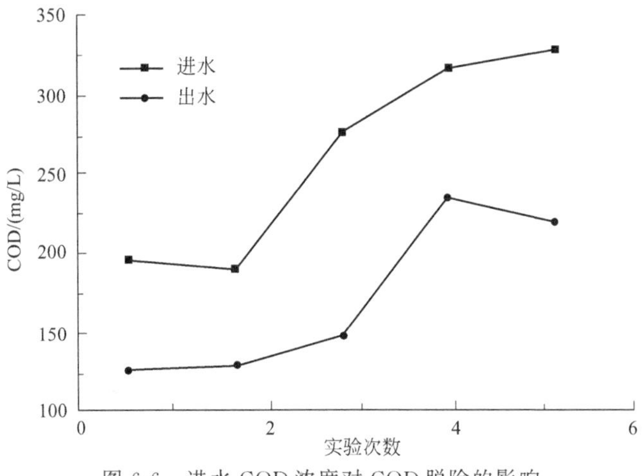

图 6-6　进水 COD 浓度对 COD 脱除的影响

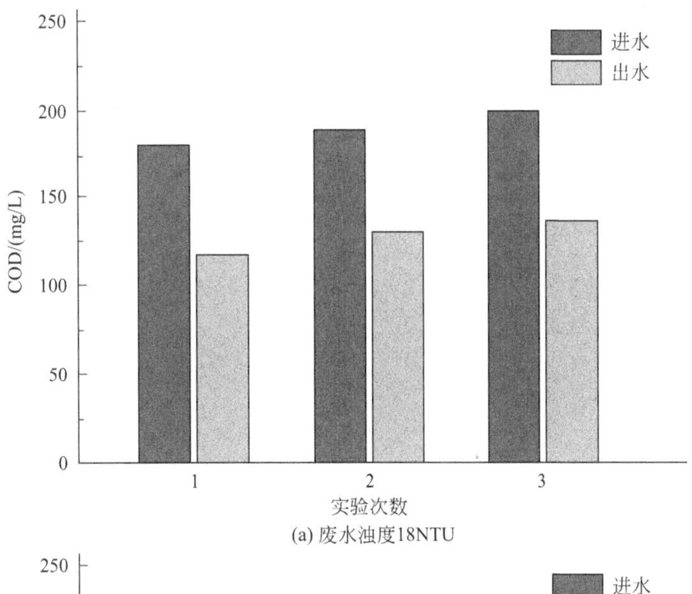

(a) 废水浊度18NTU

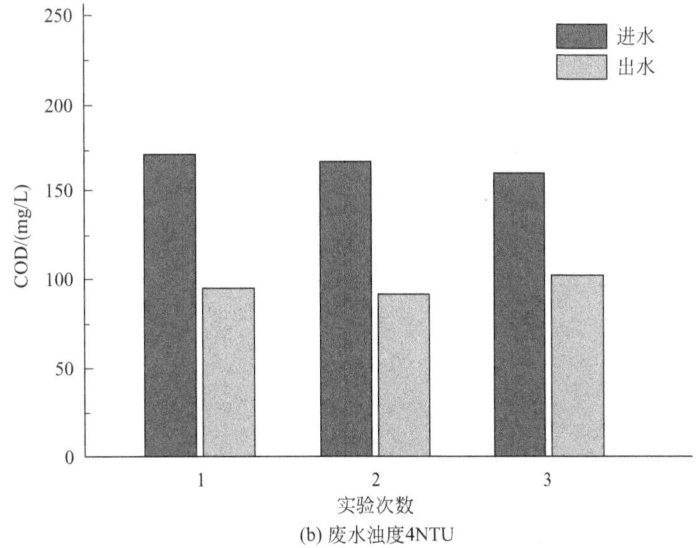

(b) 废水浊度4NTU

图 6-7　废水悬浮物浓度对 COD 脱除的影响

160mg/L，废水流量为 0.4m³/h，废水停留时间为 60min，通过砂滤塔控制催化氧化塔进水悬浮物（或浊度），分析 COD 去除结果。表 6-5 说明，进水浊度由 18.1NTU 降低到 4.1NTU，COD 去除率由 32.5%增加到 41.8%，增加了 9.3%，说明降低催化塔进水浊度（即废水悬浮物浓度）有助于提高 COD 脱除率。

表 6-5 废水悬浮物浓度对 COD 脱除的影响

序号	废水流量 /(m^3/h)	废水停留时间 /min	废水臭氧投加量/(mg/L)	进水浊度 /NTU	进水 COD /(mg/L)	出水 COD /(mg/L)	COD 平均去除率/%
1	0.4	60	160	18.1	180.6	117.4	32.5
					186.6	129.4	
					198.7	135.4	
2	0.4	60	160	4.1	171.6	93.3	41.8
					165.5	90.3	
					159.5	105.3	

（5）废水颜色变化

制药废水经过砂滤和臭氧催化氧化后，颜色变化如图 6-8 所示（彩图见书后），说明臭氧催化氧化有很好的脱色效果。

(a) 原水 (b) 砂滤出水 (c) 催化氧化出水

图 6-8 废水颜色变化

6.1.4.7 示范工程运行效果

华北某制药公司采用的制药废水臭氧催化氧化深度处理技术，实现对制药废水的深度脱毒，废水处理成本为 2.63 元/kgCOD，并使排放尾水中抗生素残留去除率达到 99%以上，出水达到《发酵类制药工业水污染物排放标准》（GB 21903—2008）和地方排放要求中的高标准要求，实现制药废水的稳定达标排放、毒性污染物的全过程减排，引领技术发展方向。

根据第三方监测数据分析，高浓度含氨水废水氨水回收率为84.1%～96.1%，平均回收率为87.3%；高浓度氯化铵废水氯化铵回收率为92.0%～98.8%，平均回收率为94.3%；高COD浓度废水铁碳微电解预处理工艺进水COD浓度为25000～32100mg/L，出水COD浓度为15800～20600mg/L，对COD去除率平均为37.1%。如图6-9所示。

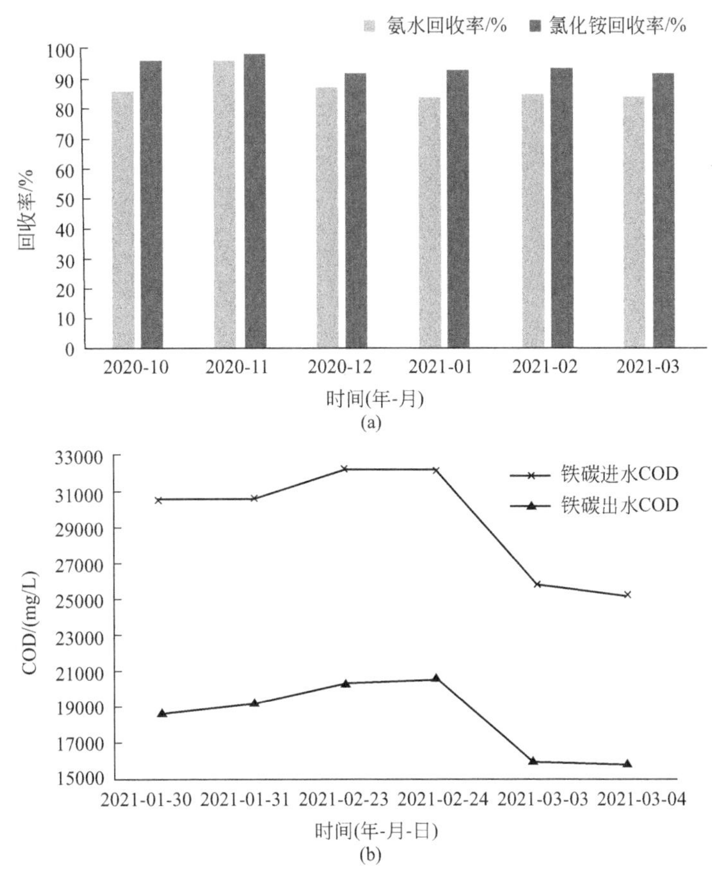

图6-9　氨水和氯化铵回收利用及铁碳微电解预处理效果

根据第三方监测数据分析，调节池COD浓度为2629～2803 mg/L，生化出水COD浓度为115～120 mg/L，臭氧催化氧化出水COD浓度为104～109 mg/L，因此有机物主要在生化工艺段进行去除，生物强化-臭氧催化氧化深度处理集成工艺对COD去除率平均为96.1%，其中生物强化工艺对COD去除率平均为95.7%。针对臭氧催化氧化深度处理工艺，COD去除值为9.8～10.5 mg/L，去除率约为8.8%。如图6-10所示。

自2020年10月开始委托河北省药品医疗器械检验研究院对废水中药物残留（硫酸链霉素、双氢链霉素）进行了6个月的检测，从数据来看，药物残留的去除率在99.61%，达到了预期的处理效果。无论是硫酸链霉素还是双氢链霉素，药物残留的去除率都达到了99%以上，其中硫酸链霉素的残留去除率为99.61%～99.69%，双氢链霉素的残留去除率为99.21%～99.67%。示范处理效果及工程现场分别如图6-11、图6-12所示。

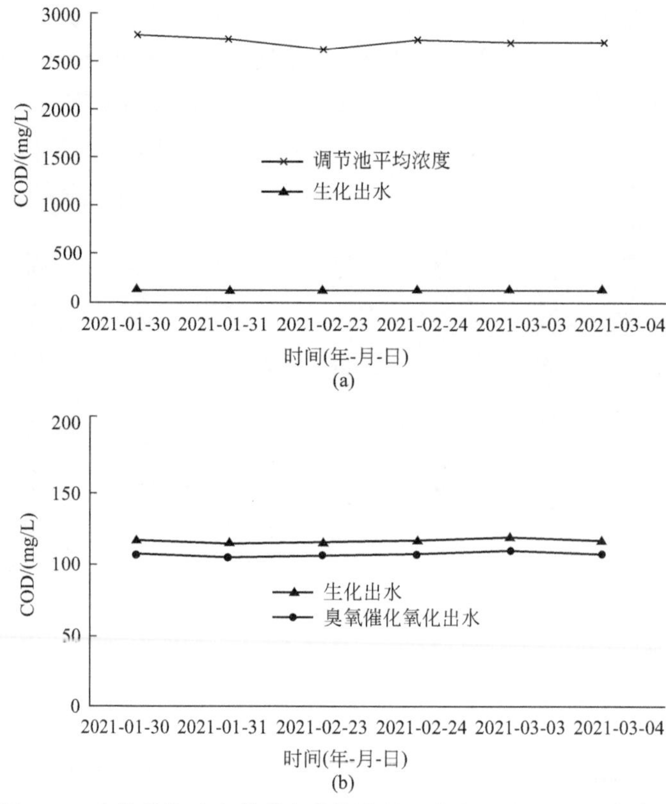

图 6-10 生物强化-臭氧催化氧化深度处理集成工艺 COD 去除效果

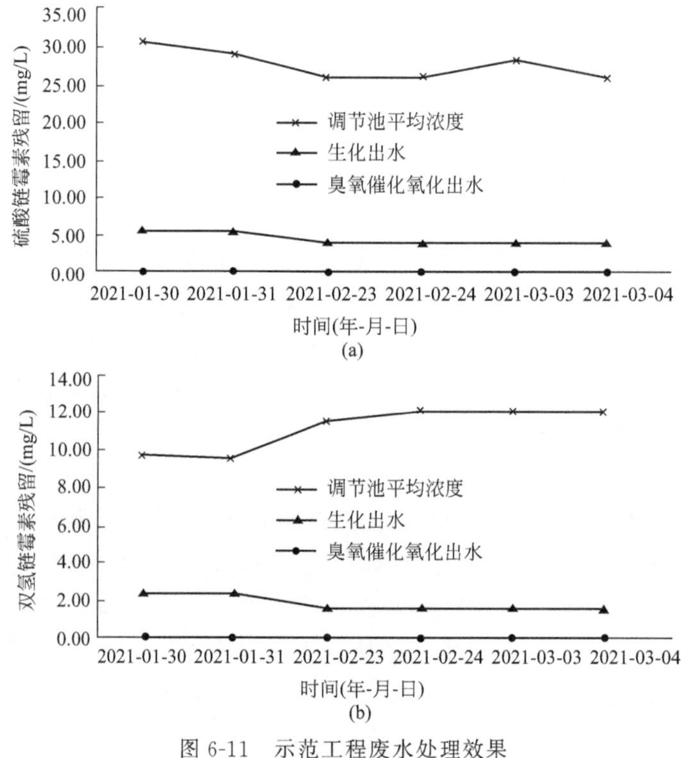

图 6-11 示范工程废水处理效果

图 6-12　示范工程现场

6.2　石家庄某制药公司制药污水处理示范工程

6.2.1　背景

石家庄某制药公司是高新技术企业，致力于合成类抗生素等原料药、制剂的生产和经营。该公司一直重视环境保护工作，建设了工艺技术先进、配套设施完善的专业化废水处理中心，建立了环保技术研发和应用实验平台。为进一步降低制药废水对环境的污染，目前正在新建处理能力为4800t/d的合成类制药废水处理工程，为建立示范工程提供保障。

6.2.2　现有废水处理工程介绍

石家庄某制药公司现有废水处理工程处理工艺如图6-13所示。

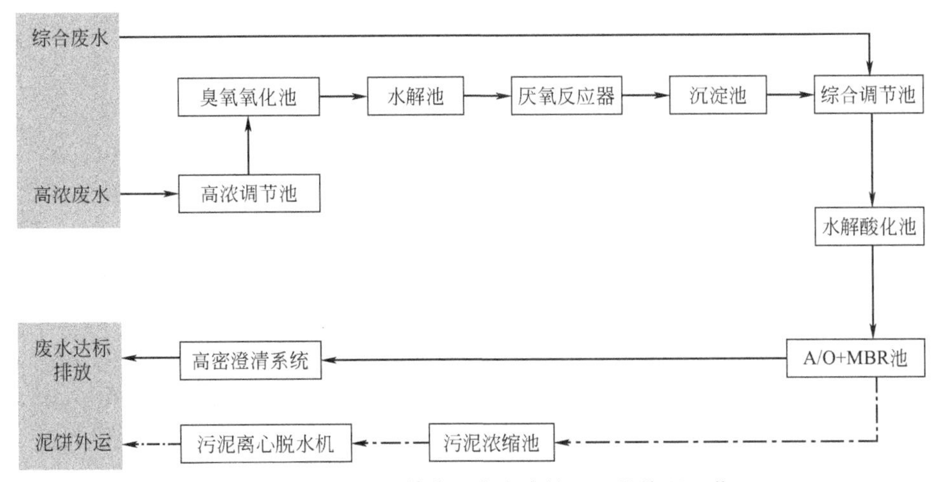

图 6-13　示范工程单位现有废水处理工程处理工艺
（实线表示废水外排路线；虚线为污泥转运路线）

高浓度废水（COD>20000mg/L）首先经过臭氧氧化预处理，然后与其他生产废水混合进入高浓调节池，经过混凝气浮、水解酸化和厌氧处理。上述废水的厌氧处理出水与厂区综合废水混合进入综合调节池进行水质水量调节，然后经过水解酸化池、A/O+MBR处理后进入高密度澄清池深度处理。

处理后的废水排放到开发区污水处理厂，目前处理后的废水执行开发区污水处理厂的接纳标准，其中NH_4^+-N≤15mg/L、COD≤300mg/L。

6.2.3 改造项目建设的必要性

目前，示范工程单位承担了国家水专项课题“制药行业全过程水污染控制技术集成与工程实证（2017ZX07402003）”示范工程任务，即3000t/d半合成类制药废水稳定达标排放工程示范，要求出水稳定达到《化学合成类制药工业水污染物排放标准》（GB 21904—2008）要求，其出水COD≤120mg/L、NH_4^+-N≤15mg/L、残留抗生素药物去除率不低于99%，因此有必要在原有污水处理基础上强化COD_{Cr}和残留药物的脱除，以达到考核要求。

6.2.4 增量创新点的选择

6.2.4.1 高浓度废水臭氧复合氧化强化预处理增量创新点

现有臭氧氧化预处理池对高浓度制药废水COD去除效果有限，臭氧利用效率低，臭氧尾气浓度高，另外臭氧曝气产生的泡沫问题严重，因此通过投加H_2O_2等药剂，促进有毒有害物质和COD的去除效果。

6.2.4.2 深度处理工艺增量创新点

由于生化处理后的废水仍然含有少量抗生素残留，对环境和生态造成潜在的威胁，建议采用低成本臭氧催化氧化技术，使用臭氧作为氧化剂，在高效的专用催化剂作用下将难降解有机物氧化分解，使处理后的废水COD、NH_4^+-N、色度、急性毒性等指标达到国家外排标准。

6.2.5 增量创新点实施方案

6.2.5.1 高浓度废水臭氧复合氧化强化预处理技术

臭氧复合氧化强化预处理技术针对现有预处理池改造，具体方案如下：在臭氧氧化预处理池加入H_2O_2等氧化剂进行复合催化氧化，对有毒难降解有机物进行强化脱除。

6.2.5.2 深度处理工艺增量创新点

由于生化处理后的废水仍然含有少量抗生素残留，对环境和生态造成潜在的威胁，采用低成本臭氧催化氧化技术，使用臭氧作为氧化剂，在高效的专用催化剂作用下将难降解有机物氧化分解，使处理后的废水COD、NH_4^+-N、色度、急性毒性等指标达到国家外排标准，总出水COD<120mg/L。

臭氧催化氧化池废水由池顶进入，与臭氧气体逆流混合，布水系统和布气系统采用防堵塞型优化设计，提高布水布气均匀性，结合长寿命的高效非均相催化剂，大幅降低氧化剂（臭氧）使用量，从而降低处理成本。

（1）项目处理规模

本项目主要对MBR出水进行处理，设计处理水量为125m^3/h。

（2）水质情况

根据项目情况，本方案主要对MBR出水进行臭氧催化氧化处理，设计进水水质指标如表6-6所列。

表6-6 深度处理进水水质

序号	指标名称	单位	数值
1	COD	mg/L	≤200

废水经处理后要求出水指标满足表6-7的水质要求。

（3）工艺技术特点

本项目所设计采用的臭氧催化氧化工艺具有如下特点：

① 研发的多相催化剂催化活性高，臭氧利用率高达95%以上，大幅度降低处理成本；

表6-7 深度处理出水水质

序号	指标名称	单位	排放限值
1	COD	mg/L	≤120
2	NH_4^+-N	mg/L	≤15

② 不需加入任何药剂和调节pH值，操作简单；

③ 利用臭氧将难降解有机物催化氧化成容易生物降解的小分子有机物，再利用后续曝气生物滤池进行生物处理降解，减少了臭氧加入量，大幅度降低处理成本；

④ 维护费用低，无二次污染；

⑤ 有效深度脱除废水中的难降解有机污染物，可有效防护有机污染物对膜处理单元的污染问题，保证膜处理系统长期、稳定、高效运行；

⑥ 在深度处理过程中，采用臭氧作为氧化剂，处理过程中不会向废水中引入新的无机盐，有利于远期的膜脱盐处理。

（4）工艺设计

需要新增的建筑物、设备材料如下所述。

① 主要构（建）筑物如表6-8所列。

表6-8 主要构（建）筑物清单表

序号	构(建)筑物名称	单位	数量	备注
1	催化氧化池	座	1	MBR出水池改造

催化氧化池：1座，原MBR出水池改造，尺寸为6m×6m×9m。

② 主要配套设施如表6-9所列。

表 6-9　主要设备清单表

序号	名称	数量	单位	备注
1	臭氧催化进水提升泵	2	台	1 用 1 备
2	喷淋水泵	2	台	1 用 1 备
3	臭氧催化氧化池内件	1	套	含布水系统、布气系统、催化剂支撑板、滤头等
4	催化剂	1	批	建议催化剂体积为 $20m^3$ 以上

臭氧发生器：建议产量 15kg/h 以上，利旧。

催化剂：1 批，建议催化剂体积在 $20m^3$ 以上。

催化氧化池内件：1 套，包括布水系统、布气系统、催化剂支撑板、滤头。

催化进水泵：2 台，1 用 1 备。

喷淋泵：2 台，1 用 1 备。

主要仪表清单如表 6-10 所列。

表 6-10　主要仪表清单表

序号	名称	数量	单位
1	催化氧化池进水流量计	1	台
2	催化氧化池进气流量计	1	台
3	喷淋水流量计	1	台

6.2.6　改造后的工艺流程图

该公司改造后的示范工程工艺流程如图 6-14 所示，主要针对复合催化氧化预处理、沼气生物脱硫和催化氧化深度处理进行增量创新点的工程实证。

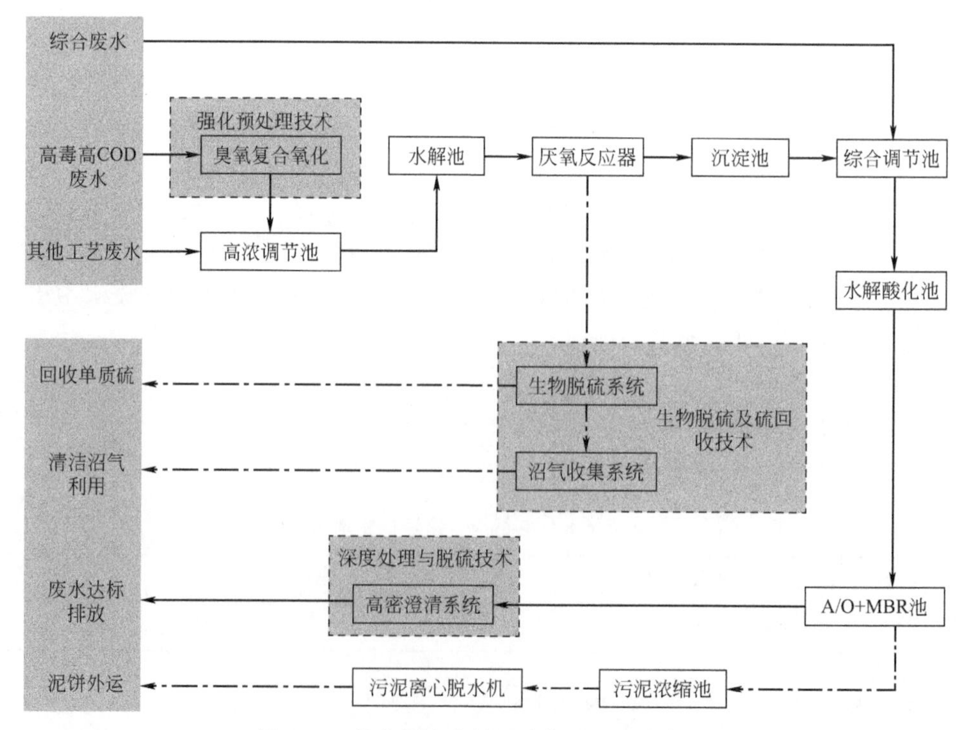

图 6-14　该公司废水处理示范工程工艺流程

6.2.7 投资估算

预处理工艺改造费用预计为 300 万元，生物脱硫工艺改造费用预计为 100 万元，深度处理工艺改造费用预计为 300 万元；共计 700 万元。

6.3 东北某制药企业污水处理示范工程

6.3.1 示范工程简介

东北某制药公司是主要生产维生素类、磺胺类、抗菌素类等多种原料药、医药中间体和制剂等。该示范工程总计投资 1600 万元。

6.3.2 关键问题分析

示范工程单位是浑河范围内最大的制药企业。全厂已经建立污水处理厂，处理后的废水基本达到行业标准后排放，但仍有黄连素、磷霉素钠等抗生素废水难以处理，如表 6-11所列。企业采取两种方法处理这些难处理废水：一种是把生活污水稀释后排入示范工程单位的污水厂处理后排放；另一种是将高浓度废水委托第三方焚烧处置。前一种方法的缺点是影响污水处理厂的运行，而且废水中的抗生素等污染物排入环境，对河流的生态健康造成很大威胁；后一种方法具有处理成本高，产生二次污染等问题。目前，示范工程单位正处于整体搬迁的重要时期，因而针对该企业废水研发高效的处理技术，通过与企业合作提高企业污水处理研究水平，对示范工程单位污水处理设施的建设具有一定的指导作用，同时对提高辽河浑河单元的水质具有积极的作用。

表 6-11　几种典型制药废水来源、水量、处理工艺及存在的问题

废水种类		来源	水量	现有处理工艺	现有处理工艺存在的主要问题	需要解决的主要问题
黄连素废水	黄连素成品母液	黄连素成品清洗废水	10950t/a	与其他废水混合进行生物处理	高浓度的微生物抑制物严重影响生物处理系统处理能力	去除废水中黄连素，降低废水的微生物毒性
	含铜废水	脱铜反应	4000t/a	采用铁置换方法，可使废水中 Cu^{2+} 浓度从 3000mg/L 降低至几百毫克每升	铁置换后废水中 Cu^{2+} 浓度仍相对较高	高效去除废水中 Cu^{2+} 和黄连素
磷霉素钠废水		生产工艺废水	10299t/a	大部分外运，小部分与其他废水混合进行生物处理	外运处理成本高，混合处理对生物系统影响较大	高浓度有机磷无机化

6.3.3 示范工程建设、施工、运行和管理情况

6.3.3.1 示范工程工艺

根据污水水量和水质特征、排放标准、回用要求以及建设场地和经济指标等因素，

选择水解酸化-接触氧化的工艺；同时在装置中设置了加药系统，通过投加 NaOH 调节污水的酸碱性，以保证处理效果。

具体工艺路线如图 6-15 所示。

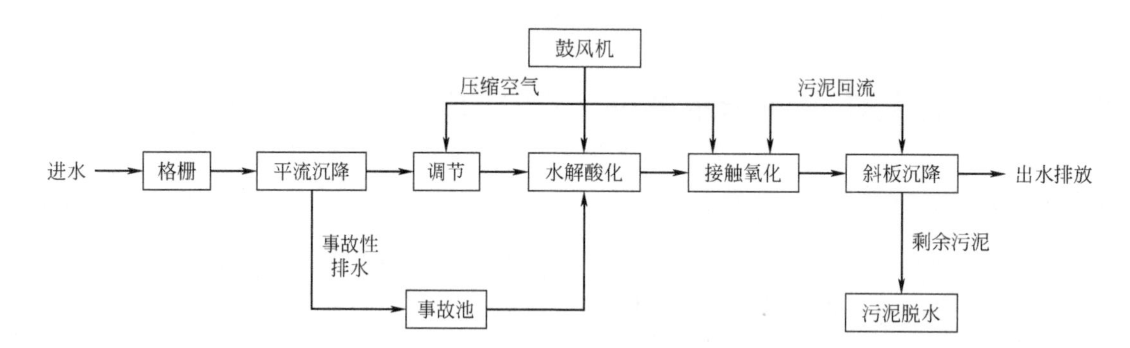

图 6-15 东北某制药公司综合污水处理示范工程的工艺流程

6.3.3.2 示范关键技术

针对高浓度难降解制药废水，浑河课题共计开发了制药废水的物化预处理和制药废水的厌氧酸化-好氧生化两类，共计 10 余项单项技术。物化预处理技术包括脉冲电絮凝、电化学氧化、臭氧/UV 催化氧化、湿式氧化、膜蒸馏以及铁碳微电解等技术，厌氧酸化-好氧生化包括 UASB-MBR 生化耦合、ABR-好氧颗粒污泥生化耦合技术。

东北某制药公司综合污水处理示范工程示范的关键技术为制药废水的水解酸化-好氧生化的耦合技术。考虑到实际条件，在示范工程中采用水解酸化-接触氧化的工艺。通过水解酸化作用将难降解有机物进行酸化分解，提高污水的可生化性；接触氧化工艺适于处理难生物降解物质多的污水，具有耐冲击性负荷、低温条件下效率较高且运行稳定的特点。通过填料上附着的大量微生物的代谢作用，去除污水中大部分有机物，使出水达标。

6.3.3.3 技术研发

（1）技术研发背景

研究表明，水解酸化-接触氧化工艺具有抗冲击负荷能力较强、提高废水可生化性、运行稳定性好、污泥沉降性好、填料挂膜容易及剩余污泥量小等优点。在该组合工艺中，水解池可将污水中固体态大分子的不易生物降解的有机物降解为易于生物降解的小分子，污水可生化性提高，为后续的好氧微生物降解有机物创造了良好的条件。接触氧化法利用附着在填料上的生物膜吸附水中的有机物，并加以氧化分解，使污水得以净化。经过水解酸化的废水进入生物接触氧化池，进一步去除污染物。水解酸化和后续好氧工艺结合，特别适用于难生物降解污水的处理。

本研究将水解酸化-接触氧化工艺作为一种处理手段对磷霉素钠制药废水进行处理，并进行了中试研究，以期为实际应用提供参考和理论依据。

（2）材料与方法

实验采用的水解酸化反应器有效容积为18L，采用弹性材料填料，采用搅拌器混合并加装保温装置。缓冲装置容积为10L。接触氧化池反应器有效容积为10L，采用多孔活性悬浮材料，未添加保温装置。接触氧化池反应器中曝气量为200L/h。反应器运行期间随排水自然排泥。

磷霉素钠废水取自示范工程单位的磷霉素钠生产车间，废水水质见表6-12。实验用水由自来水与葡萄糖和磷霉素钠废水配制而成，其水质见表6-13，平均COD_{Cr}浓度为2000mg/L。氮元素由氯化铵提供，不加外界磷源，同时投加$CaCl_2$、$MgSO_4 \cdot 7H_2O$、$FeSO_4 \cdot 7H_2O$等补充微量元素。

表6-12 磷霉素钠制药废水水质

水质指标	pH值	COD_{Cr}/(mg/L)	TP/(mg/L)	PO_4^{3-}-P/(mg/L)	OP/(mg/L)	TN/(mg/L)	NH_4^+-N/(mg/L)
数值	12～13	$(20～30)\times10^4$	$(3～4)\times10^4$	约50	$(3～4)\times10^4$	约500	约50

表6-13 实验用水水质

水质指标	pH值	COD_{Cr}/(mg/L)	TP/(mg/L)	PO_4^{3-}-P/(mg/L)	OP/(mg/L)	TN/(mg/L)	NH_4^+-N/(mg/L)
数值	5～6	2000	5～10	约5	5～10	约50	约5

实验接种污泥取自辽宁某制药厂污水处理厂的好氧池。反应器初始污泥浓度为3000.0mg/L。

水解酸化-接触氧化反应器的运行条件如表6-14所列。

表6-14 水解酸化-接触氧化运行条件

天数/d	水解酸化HRT/h	接触氧化HRT/h	进水COD/(mg/L)	TP/(mg/L)
1～5	48	24	2000	5
6～13	48	24	2000	5
14～25	96	48	2000	5
26～34	24	12	2000	10

中试系统采用水解酸化-接触氧化组合工艺，其中水解酸化池有效容积4.0m^3，接触氧化池有效容积2.75m^3，系统设计水力停留时间162h，其中水解酸化池水力停留时间96h，接触氧化池水力停留时间66h，日处理水量5.0t/d。

中试装置参见图6-16。

(3) 结果与分析

1) COD_{Cr}的去除

图6-13为水解酸化-接触氧化工艺对废水中的COD_{Cr}去除曲线。从图6-17中可以看出，当进水COD_{Cr}平均值在2000mg/L时，反应器接种污泥运行30d，出水COD_{Cr}在100～300mg/L之间，去除率在80%以上，达到了多数化学合成类制药企业执行的《污水综合排放标准》(GB 8978—1996)中的二级标准。这主要因为水中有机物来源于葡

图 6-16 水解酸化-接触氧化组合工艺处理磷霉素钠废水装置

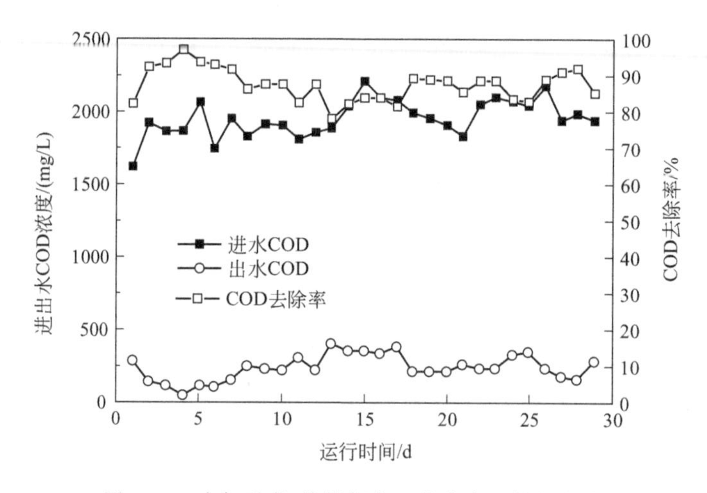

图 6-17 水解酸化-接触氧化工艺中有机物的去除

萄糖，微生物能够较容易地将其降解，同时废水中的磷霉素钠也被部分降解，从而使COD_{Cr}下降。这个结果也说明水解酸化-接触氧化工艺中的微生物对磷霉素钠的耐受程度可以达到 20mg/L。

2）有机磷的变化

图 6-18～图 6-20 分别为反应器运行期间 TP、有机磷和无机磷的变化。可以看出，0～10d，进水有机磷为 5mg/L，反应器出水有机磷呈逐渐升高的趋势，这是因为污泥处于驯化阶段，污泥中吸附的有机磷逐渐释放出来；10～20d，污泥驯化完成后，有机磷的去除率逐渐趋于稳定状态，其平均值为 34.5%。当进水有机磷增加至 10mg/L 后，有机磷的去除率呈上升趋势，其平均值为 64.7%，表明污泥的运行状态良好。废水中的磷霉素钠逐渐被微生物分解，有机磷被转化为无机磷，一部分作为微生物自身所需的营养物质而吸收，另一部分存在于污泥中或随出水排出。运行过程中，出水中的无机磷浓度低于 1mg/L。主要因为进水的有机磷进水浓度较低，有机磷转化产生的无机磷基

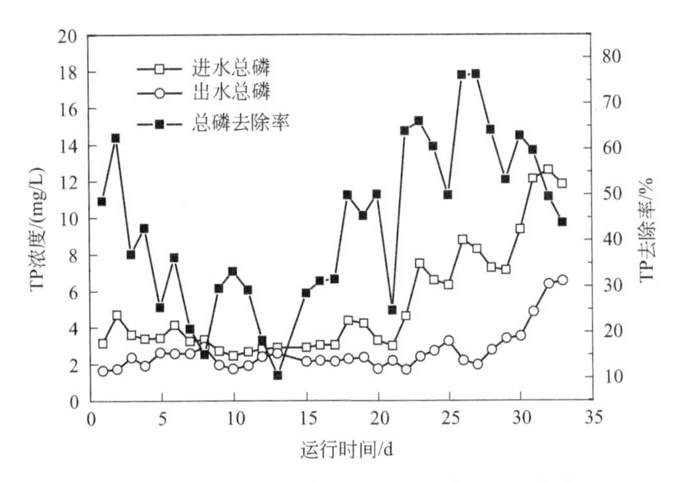

图 6-18　水解酸化-接触氧化工艺中 TP 的去除

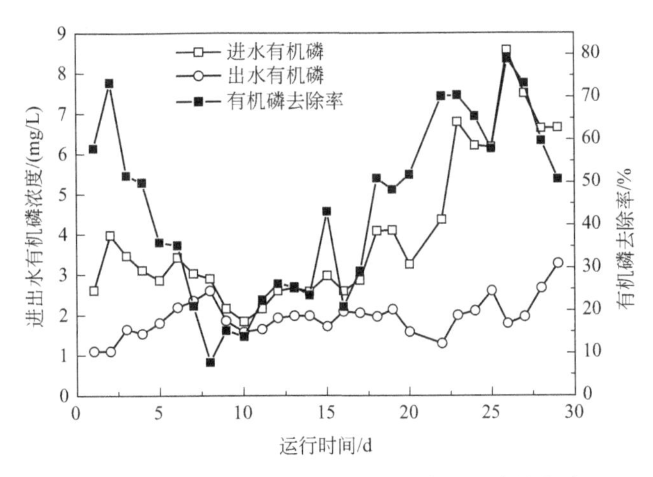

图 6-19　水解酸化-接触氧化工艺中有机磷的去除

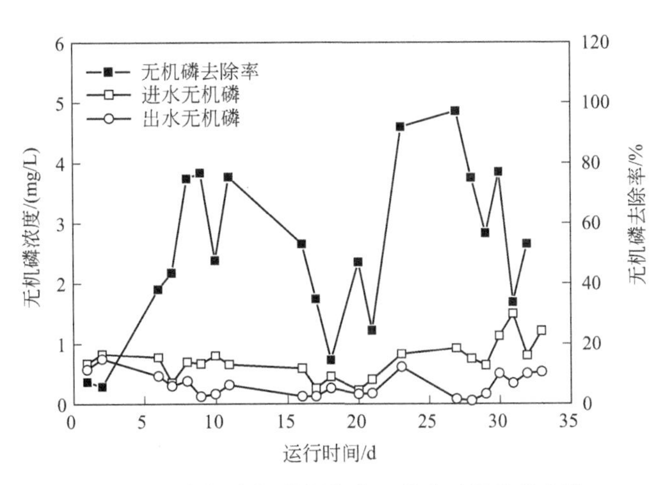

图 6-20　水解酸化-接触氧化工艺中无机磷的去除

本被污泥利用了。

3）接触氧化池中填料的挂膜

反应器运行过程中接触氧化池中填料的挂膜情况如图 6-21、图 6-22 所示，在反应运行的前 9d，填料挂膜的波动非常大，这是因为在进水磷霉素钠的毒性作用下污泥中部分微生物死亡菌体分解以及新固定在填料上的细菌交替进行。10～15d 污泥驯化基本完成，填料挂膜的量稳定于 0.005g/个；15～25d，随着微生物对磷霉素耐受性的增加，填料的挂膜量增加到 0.02g/个。反应器运行 25d 后，进水有机磷浓度从 5mg/L 增加到 10mg/L，填料的挂膜量仍呈增加的趋势。

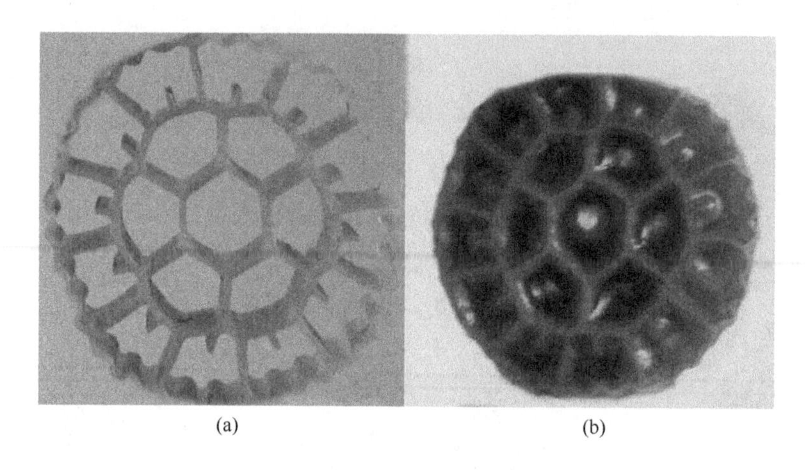

图 6-21　接触氧化池中填料挂膜的情况

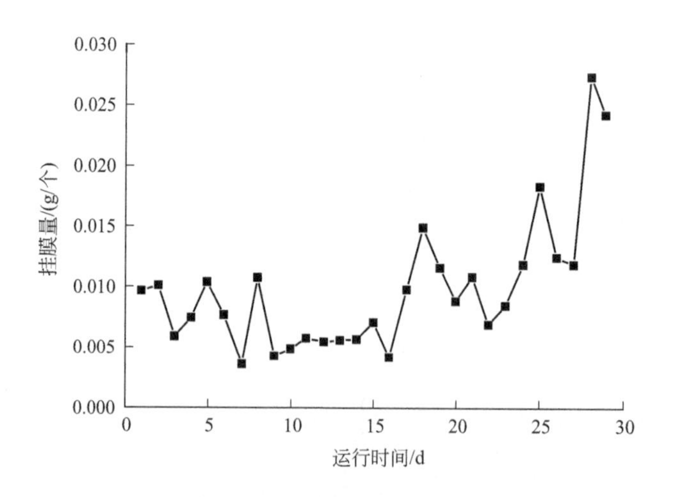

图 6-22　接触氧化池中填料挂膜的变化

4）水解酸化-接触氧化组合工艺处理磷霉素钠废水中试研究

磷霉素钠废水中试处理结果如表 6-15 所列。

表 6-15 水解酸化-接触氧化组合工艺对磷霉素钠废水的处理效果

序号	原水		水解酸化池出水		接触氧化池出水		TP去除率/%
	PO_4^{3-}/(mg/L)	TP/(mg/L)	PO_4^{3-}/(mg/L)	TP/(mg/L)	PO_4^{3-}/(mg/L)	TP/(mg/L)	
1	6700	49840	32900	34960	24800	25600	48.64
2	16500	48800	37600	39760	27000	29920	38.69
3	6300	47440	37700	40080	23900	25280	46.71
4	5900	46240	34300	35960	21300	23360	49.48
5	4000	44800	31100	39240	21600	23960	46.52
6	8000	45600	17200	39360	22400	22800	50.00
7	14700	47320	22200	33920	22700	27800	41.25
8	11400	46520	38500	43520	21700	22800	50.99
9	12500	44320	23600	25800	16900	17480	60.56
10	8800	19560	22000	22720	15700	17680	9.61
11	4900	31160	22200	22760	12600	19080	38.77
12	8200	34280	23700	24880	11200	12040	64.88
13	9300	28600	25000	25240	18000	18480	35.38
14	5900	33120	27600	29280	17400	19880	39.98
15	3800	34560	23300	24520	19900	20560	40.51
16	5200	36320	28300	31440	20800	21560	40.64
17	3900	28760	22000	25200	18800	19120	33.52
18	4200	38120	22000	32200	23500	24040	36.94
19	7200	35960	20300	32160	20900	23640	34.26
20	10000	36440	18800	27760	19700	25440	30.19

6.3.3.4 示范效果

东北某制药公司综合污水处理示范工程施工后进入试运行和运行调试阶段（图6-23、图6-24）。示范工程建成后全厂排水量为1448.88t/d，污水处理能力为2000t/d。示范工程进水中COD 4000mg/L，BOD_5 1000～1500mg/L，pH 6～9；废水经过处理后其排放浓度能够达到《污水综合排放标准》(GB 8978—1996)三级标准。全部废水经下水管网系统收集后输送至污水处理装置处理后排入沈阳市西部污水处理厂，处理后排入细河。

图 6-23 水解酸化池

图 6-24 接触氧化池

6.4 东北某制药企业细河污水处理示范工程

6.4.1 示范工程简介

示范工程采用“分质处理生物共代谢及复配功能菌强化 ABR-CASS 生物处理技术”，针对合成制药行业废水组成复杂、高浓度废水中含有的抗生素及溶剂等有毒有害物质，导致废水难以处理；生化处理单元对磷霉素钠、苯乙胺、黄连素等特征污染物降解效果差的问题，按照特定的比例（1∶1）～(1∶5）与含有生活污水的低浓度废水混合后，采用二级 ABR-CASS 工艺处理。利用易降解物质产生的酶加快难降解物质的分解，并为处理难降解物质的微生物提供充足的能量；ABR 可强化难降解物质的水解，将大分子的难降解物质分解为小分子物质；CASS 反应器设计了针对毒害物的反应区，并投加根据废水中的特征污染物筛选出的功能微生物，进一步强化脱毒效果。

6.4.2　示范工程建设、施工、运行和管理情况

示范工程于2013年9月就工艺调整进行了论证调整研究，完成了调整设计及图纸升版的合同补充协议、总体设计图纸及可行性研究等，2015年年底完成了各项施工，2016年通水开始调试运行，并完成了第三方监测。

示范工程设计及建设施工单位具有相应资质，建设、施工及运行均严格遵守相应国家或地方标准、规范，建立了一系列人员管理制度、工艺设备操作维护规程、安全操作规程等规章制度。

6.4.3　示范工程运行效果、实施成效

制药综合废水示范工程采用两级四段工艺，实施串联加并联污水生物水处理的独特技术路线。厂区的低浓度废水与生活污水（118t/d）排入下水道混合后进入综合污水处理厂，高浓度废水经污水运输专线进入综合污水处理厂。首先，高浓度废水进入高浓度污水调节池，在此与低浓度废水按照（1∶1）～（1∶5）的比例混合，再进入一级ABR反应池，经深度水解处理后进入一级CASS好氧强化生物池，该CASS池的DO浓度保持在6mg/L以上之后，经过两段生物处理的高浓度废水与低浓度废水混合，再依次进入二级ABR反应池（HRT控制在20～30h）和二级CASS好氧强化生物池（DO浓度保持在6mg/L以上，HRT控制在15～20h），处理后废水经分离后达标排放。该示范工程满负荷运行后年削减COD 5500t，有毒有害污染物削减率90%以上。

（1）运行效果

2017年平均进水COD 4780mg/L；ABR平均出水的COD 3335.5mg/L；CASS平均出水COD 230mg/L；处理后废水达到行业排放三级标准，苯酚、对甲苯酚、邻苯二甲酸酯等毒害物的去除率在90%以上。

（2）运行成效

2016年处理COD 5133.12t，运行费用2733万元，COD综合处理成本为5.32元，2017年处理COD 5382.98t，运行费用3081万元，COD综合处理成本为5.72元。本工程满负荷运行后年削减COD 5500t，实现有毒有害污染物削减率90%以上，有效支撑流域水体有毒有害物污染控制的实施。

6.4.4　示范工程组织管理方式和经验、技术推广应用情况

所研发的关键技术“分质处理生物共代谢及复配功能菌强化ABR-CASS生物处理技术”在东北某制药企业合成制药废水有毒有害物污染控制示范工程中得到应用，为制药综合废水的高效处理应用提供科学依据，对处理工艺及运行参数选择提供支撑。

6.5　郑州某生物制药企业高浓度有机废水高效处理与回用示范工程

6.5.1　示范工程简介

针对以生物制药为主的生化废水，探索一套具有良好的技术、经济可行性的改进工

艺和回用废水处理工艺。在现有废水处理设施的基础上，进行工艺改造。改进两级分离内循环厌氧循环处理装置，增强厌氧有机物去除率；设置双膜深度处理系统，提高废水回用率，大幅度降低了水污染物总量。郑州某生物制药废水有机物浓度为 9000mg/L，经过小试和中试研究开发了两级分离内循环厌氧反应器（IC）技术、改良 A/O 生物处理技术、双膜（UF+RO）处理技术，为工业废水的高效处理与回用提供技术支撑与示范。

6.5.2 示范工程建设、施工、运行和管理情况

该示范工程建设地点位于郑州某实业有限公司，该示范工程依托工程由具有乙级设计资质的环保工程有限公司和某大学环境科学研究院联合完成工程相关设计，并具有工程设计文件和施工图纸以及技术服务合同，示范工程有操作规程、连续运行记录和水质检测报告，监测单位具有相应资质，运行管理规范，示范工程运行正常。

6.5.3 示范工程运行效果、实施成效

该示范工程污染物去除率及年污染负荷削减情况分别为：COD 98.8%和 5544t、NH_4^+-N 86.7%和 82.5t。该示范工程达到了预期效果，形成了典型工业行业废水高效处理与回用关键技术成果。

6.5.4 示范工程组织管理方式和经验、技术推广应用情况

郑州某实业有限公司提供了示范工程的用户证明，该示范工程处理效果良好、运行稳定、此项技术已在多家企业推广应用，处理效果良好，具有较好推广前景。

示范工程现场如图 6-25 所示。IC 反应器 COD 去除率保持在 90%左右，出水 pH 6.8～7.2，出水 VFA 在 200mg/L 以下，表明此时 IC 反应器启动完成。好氧池在适宜的曝气量下，COD 去除率在 86%左右，BOD 去除率在 91%左右，SS 去除率达 80%以上。

图 6-25 示范工程现场

6.6 7-ADCA清洁生产技术示范应用案例

清洁生产技术通过在工艺的各个环节对水资源和能源回收利用，例如转鼓冲布水的回用；改造输水设备，例如水环真空泵闭环改造；通过对动力车间的综合减排来强化企业用水管理，使企业实现了降本增效，为实现“零排放”的标准标奠定基础；同时用液碱代替氨水进行7-ADCA的结晶工艺，从辅料的替代上减少有毒有害物质的产生。改进相关的技术工艺，例如7-ADCA直通工艺、氯化铵固化、高NH_4^+-N脱氮等项目，既实现了清洁生产又为企业提供了可观的经济效益。通过本套清洁生产方案，有效指导清洁生产工程方案设计和企业的清洁生产实践，为7-ADCA工程项目提供合理的清洁生产方案。

6.6.1 示范项目概况

公司简介：华北某制药公司现拥有7-ACA、7-ADCA两大抗生素母核，含原料和制剂的63个药品生产文号，产品涵盖了头孢一代至四代的主导品种，是华北某制药公司的第一个完整产业链——头孢产品生产经营的专业公司，形成了头孢从原料到制剂统一生产经营的指挥平台。

华北某制药公司某下属工厂座落在中国河北省石家庄某经济技术开发区内，该企业产品为典型抗生素，在其生产过程中对清洁生产技术进行了应用，从源头减控。

主要产品：青霉素G钾工业盐2750t/a，7-ADCA（7-氨基-3-去乙酰氧基头孢烷酸）725t/a，头孢类产品1140t/a。

7-ADCA生产工艺如图6-26所示。

6.6.2 清洁生产技术路线

针对7-ADCA工艺的部分环节进行清洁生产改造，最终实现制药废水的污染物源头消减，降低后续废水污染治理负荷，为园区废水稳定达标和降低运行成本提供科技保障。

具体技术路线见本书第5章图5-16。

6.6.3 清洁生产技术应用情况

6.6.3.1 转鼓冲布水回用

（1）改造原因

华北某制药公司下属工厂过滤岗位为防止滤布被菌丝体堵塞，需要用大量一次水对滤布进行连续冲洗，冲洗滤布后的一次水颗粒物增加，水质变差，容易滋生细菌，无法继续回用，只能作为废水排入“三废”中心进行处理，这样不仅造成一定浪费，同时也增加了下游污水处理厂的处理负荷。为了减少排污量，实现废水回用，该下属工厂利用陶瓷膜对洗布水进行处理，处理后的废水用罐收集后继续用来冲洗滤布。

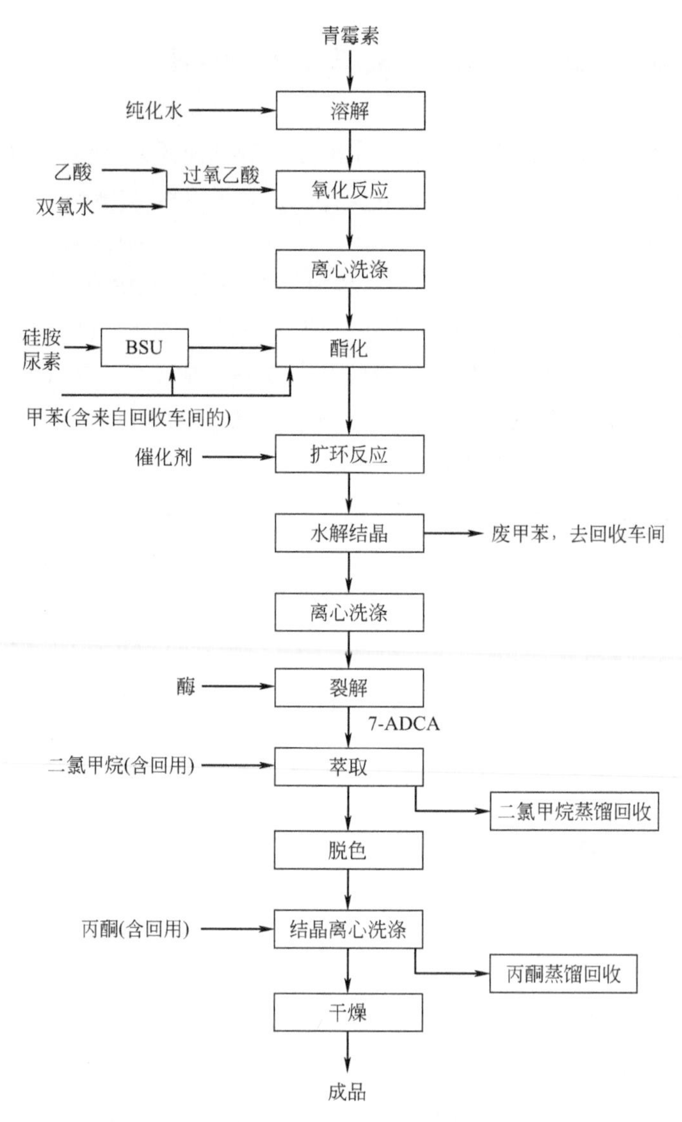

图 6-26 7-ADCA 生产工艺

(2) 投资改造情况

工程改造前后费用情况如表 6-16 所列，改善设施图片如图 6-27 所示。

表 6-16 工程改造前后费用

<table>
<tr><th>改造前后</th><th>电费用/(元/d)</th><th>一次水费用/(元/d)</th><th>排污费用/(元/d)</th><th>陶瓷膜清洗费用/(元/d)</th><th>合计/(元/d)</th><th colspan="2">结算</th></tr>
<tr><td>改造前</td><td>—</td><td>2660</td><td>12075</td><td>—</td><td>14735</td><td rowspan="2">990 元/d</td><td rowspan="2">30 万元/a</td></tr>
<tr><td>改造后</td><td>4000</td><td>570</td><td>8625</td><td>550</td><td>13745</td></tr>
</table>

通过改造前后费用对比，转鼓冲布水回用改造完成后，每年可节约费用 30 万元左右。

图 6-27　改造设施图片

(3) 环境效益分析

项目前后对比如表 6-17 所列。

表 6-17　项目前后对比表

项目	清洁生产方案实施前	清洁生产方案实施后
排放洗布水/(t/d)	1200	200
排放 COD/(t/d)	3.6	1.2
NH_4^+-N/(t/d)	0.036	0.012

从表 6-17 中可以看出，排放洗布水量比方案实施前减少了 1000t/d，下降了 83.33%；同时 COD 和 NH_4^+-N 排放量也同比减少，这大大减轻了下游污水处理的压力。项目的实施，不仅用水量和废水排放量大大降低，废水处理成本也大幅下降，环境效益和经济效益显著，达到清洁生产的目的。

6.6.3.2　水环真空泵闭环改造

(1) 改造原因

602 车间结晶真空泵为水环真空泵，使用一次水作为工作液，使用后直接排入生产废水，排水中吸附有一定量的有机溶剂，除了导致一次水使用量、废水排放量的增加外，还增加了车间溶媒消耗。

(2) 改造措施

先将真空泵排水进行收集，然后通过换热器进行冷却处理，再用泵将冷却后的废水打入真空泵进行循环使用，当水中溶媒达饱和浓度后将其用泵打到回收岗位，回收其中溶媒，然后再进行排放。改造设施如图 6-28 所示。

(3) 环境效益和经济效益

① 污水排放减少 158.4t/d，COD 减量 112kg/d (COD 浓度约为 700mg/L)；

② 以水 10 元/t 计算每天节水效益 158.4×10=1584(元)，约 57 万元/a；

③ 每月回收的丁醇量：3500×4.74%×30/20=249(kg)，丁醇价格 15 元/kg，折

图 6-28 改造设施图片

合 15×249=3735(元/月)，约 4.5 万元/a；

④ 每天消耗冷量 3360MJ，电量 132kW·h，每年约 13.3 万元。

投资费用 3 万元，真空泵闭环改造节水 57024t/a，回收丁醇量 2.988t/a，每年实现经济效益 48.24 万元。

6.6.3.3 动力车间综合节水改造项目

(1) 改造原因

为了减少排污量，同时能够节约水、电、煤及水处理费用，为企业的降本增效提高有力的技术支持。华北某制药公司下属工厂自 2012 年起对动力车间实施综合节水改造项目。

(2) 改造实施效果

表 6-18 是对 2011 年、2012 年循环水补一次上水量改造前后的对比数据。

表 6-18 循环水补一次上水量表

月份	2011 年补一次上水量/t	2012 年补一次上水量/t
5	35369	2764
6	39373	917
7	43814	900
8	26692	0
9	19344	0
10	15771	7000
11	10829	12653
合计	191192	24234
减少量	—	166958
降低幅度/%	—	87.3

从表 6-18 中可以看出，5～11 月，2012 年比 2011 年循环水补一次上水量减少

166958t，降低了 87.3%，同时 8 月、9 月实现了“零”补水。

此外，到 2013 年，整个动力车间的管理系统的改造完成。表 6-19 与图 6-29 是 2012 年、2013 年工厂上水总量及动力自用上水总量对比分析。

表 6-19　上水总量及动力自用上水总量

月份	工厂总水量			动力用水量		
	2013 年/t	2012 年/t	降幅/%	2013 年/t	2012 年/t	降幅/%
1	140557	182434	22.95	20375	60492	66.32
2	68324	263409	74.06	6328	77430	91.83
3	142920	255643	44.09	17141	71996	76.19
4	174211	303497	42.6	30038	121352	75.25
5	95421	223719	57.35	28434	94565	69.93
6	86804	295000	70.57	38948	139994	72.18
7	85284	356545	76.08	50932	195627	73.96
8	149262	278504	46.41	78623	137880	42.98
9	149656	320106	53.25	91274	148956	38.72
10	163854	301924	45.73	82902	107281	22.72
11	128758	208221	38.16	57046	17933	−218.11
12	108000	195000	44.62	12000	8953	−34.03
合计	1493051	3184002	53.11	514041	1182459	56.53
降低用量/t		1690951			668418	
降低综合费用/元		6763804			2673672	

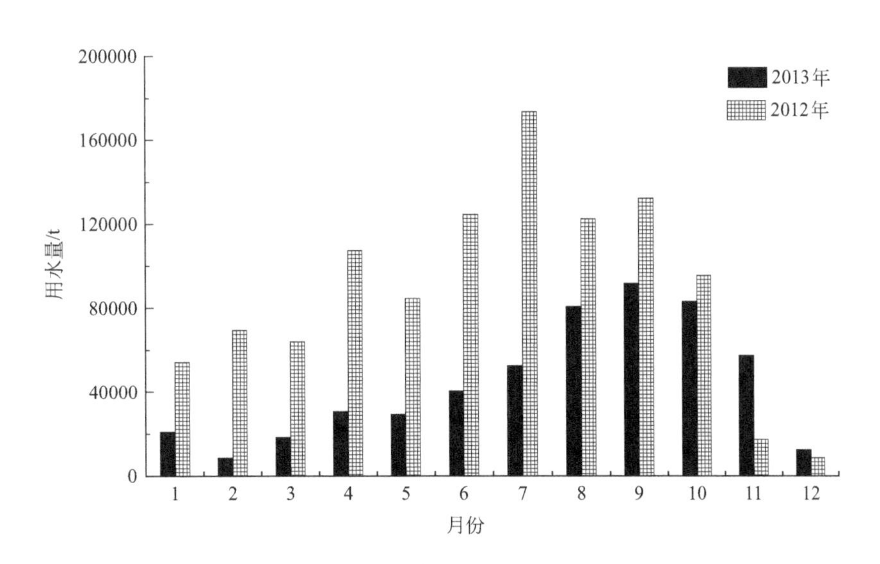

图 6-29　动力车间用水量

（3）环境效益和经济效益

投资费用 19.5 万元，与 2012 年相比，2013 年每天废水排放量减少 157.83t，每年少用 4 个月上水量，节约 253 万元，扣除新增水处理药剂 18 万元，预计每年节约 235 万元；假设因气温异常等原因，每年只能少用上水 3 个月，预计每年可节约费用 165.36 万元。

6.7 7-ACA 废水全过程控制与管理集成技术示范应用案例

华北某制药企业 6-APA 车间改造转产 7-ACA 已经完成，并将投入 11 亿元用于扩产，最终实现 7-ACA 产能 2000t/a。本次 7-ACA 清洁生产方案从项目初步设计阶段，将企业清洁生产的战略目标和项目目标相统一，通过先进的酶裂解工艺替代传统的化学裂解工艺研究，减少有毒有害物质的产生，研发包括 Ultra-Flo 膜系统、加压转鼓过滤机分离技术设备、新型发酵设备及发酵模式及干燥设备的升级等，降低能耗和废物的产生，将项目的经济目标和清洁生产目标进行集成。最后，加强生产过程管理与控制，积极推行标准成本制度和废物资源化制度。通过本套清洁生产方案，有效指导清洁生产工程方案设计和企业的清洁生产实践，为 7-ACA 工程项目提供合理的清洁生产方案。

6.7.1 示范项目概况

头孢类抗生素是目前应用非常广泛的抗生素，由于其用药方便、抗菌谱广受到医患的普遍欢迎。头孢类抗生素的主要母核有 7-ADCA、GCLE 和 7-ACA。其中，7-ACA 可以生产 30 余种头孢类产品，应用最为广泛，受到众多生产厂商的青睐。

华北某制药企业新建头孢项目“7-ACA 技术改造工程”于 2011 年获批。7-ACA 生产废水为典型的抗生素废水，故在项目工艺设计及配套的污水处理厂的设计过程中，选用了本集成技术在整个工程建设项目中进行工程示范应用。主要产品及规模：主要从事医药中间体生产和研制开发工作，目前生产医药中间体产品有 7-ACA 中间体（年产 2000t）。

7-ACA 生产工艺流程如图 6-30 所示。

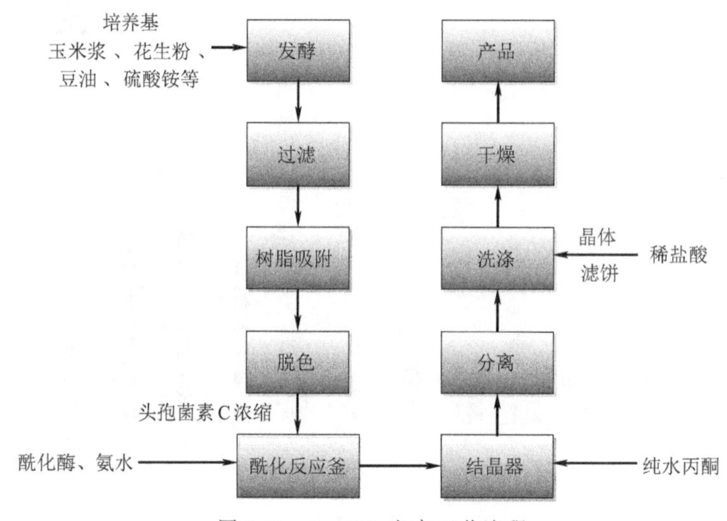

图 6-30 7-ACA 生产工艺流程

6.7.2 全过程控制技术路线

本示范工程以研发成果“抗生素废水全过程控制集成技术”为指导，结合7-ACA产品生产特性、产品设计，选用一步酶法裂解工艺、新型发酵设备等先进的工艺设备，废水末端治理以“预处理+厌氧生化处理+二级好氧处理+深度处理”技术路线为基础，采用上流式混合型厌氧生物膜反应器等自主研发的专利技术，在生产中持续改进，升级干燥设备，改进废酸碱水的循环利用，并通过标准成本制度、废物资源化方案加强生产的过程管理与控制，从而实现抗生素典型产品7-ACA的工程示范。

7-ACA制药废水全过程集成技术路线见本书第5章图5-17。

6.7.3 清洁生产技术应用情况

6.7.3.1 一步酶法生产7-ACA生产工艺

(1) 改造原因

7-ACA和头孢菌素的合成工艺主要有化学法和酶法两种；其中酶法又分为一步酶法和两步酶法。

化学法合成过程长、步骤多、反应条件苛刻，产生大量的废水。而酶法合成工艺与化学法相比，由于具有生产工艺简单、周期短等优点，当前在产业化应用的主要是两步酶法技术。

为进一步减少废水、COD排放，本次示范工程大胆选用一步酶法工艺进行生产。一步酶法是通过CPC酰化酶一步酰化，将氧化、中转、酰化三个工序减少为酰化一个工序生成7-ACA钠盐。由头孢菌素C浓缩液不加其他物料，通过应用新型酶品种，去掉了氧化反应和中间反应步骤。一步酶法的应用不但节约了原料，减少了氧化含氨废气排放，同时更减少了废水的排放。

(2) 项目实施效果

项目前后工艺方法物料平衡如图6-31和图6-32所示。

由双酶法工艺升级为单酶法前后原材料消耗清洁生产指标情况见表6-20。

表6-20 原材料消耗清洁生产指标对比

序号	物料名称	单位产品物料消耗对比/(t/t)	
		本项目消耗指标	国内同行业消耗指标
1	氧化酶	0MU	0.0014MU
2	酰化酶	0.0012MU	0.0015MU

表6-21 原材料消耗对比

序号	物料名称	物料消耗对比/(t/a)		
		原双酶法	单酶法	节约消耗情况
1	氨水	564	327	−237
2	双氧水	80	0	−80
3	氧化酶	78	0	−78
4	液氧	380	100	−280

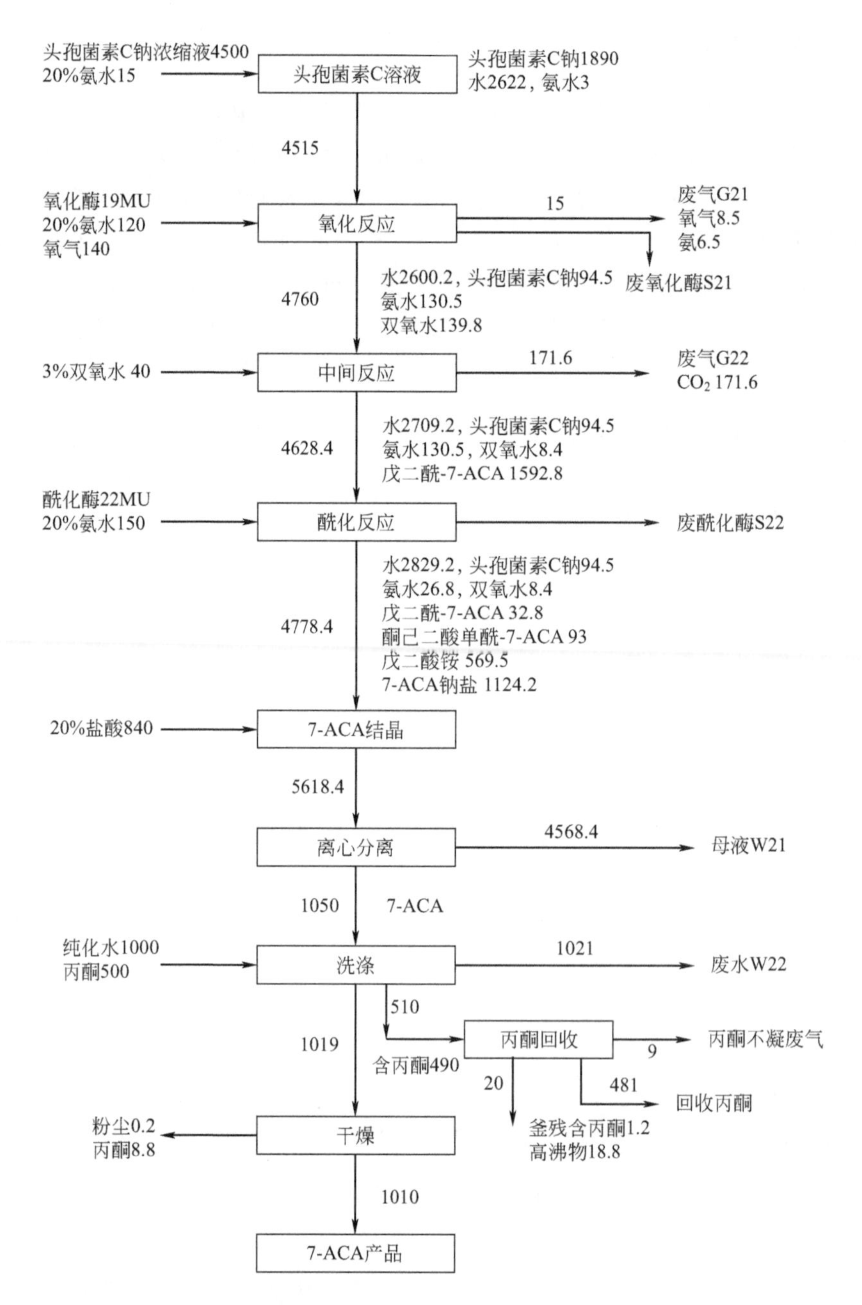

图 6-31　双酶法裂解工序生产 7-ACA 物料平衡（单位：t/a）

通过物料平衡图和上述两个表格可以看出，在原材料消耗清洁生产指标中，由于革新工艺单酶法的实行，氧化酶的消耗指标为零，同时酰化酶的消耗量也低于国内同行消耗指标的 20%。从原材料消耗角度来看，单酶法实现了双氧水和氧化酶的“零”消耗，而氨水和液氧的消耗量比双酶法分别减少 42%和 73%。

（3）环境效益和经济效益

一步酶法工艺应用后，较两步酶法工艺，氧化酶原料消耗减少 78t/a、氨水消耗减少 237t/a、双氧水消耗减少 80t/a、液氧减少 280t/a、产品收率提高 3%、经济效益

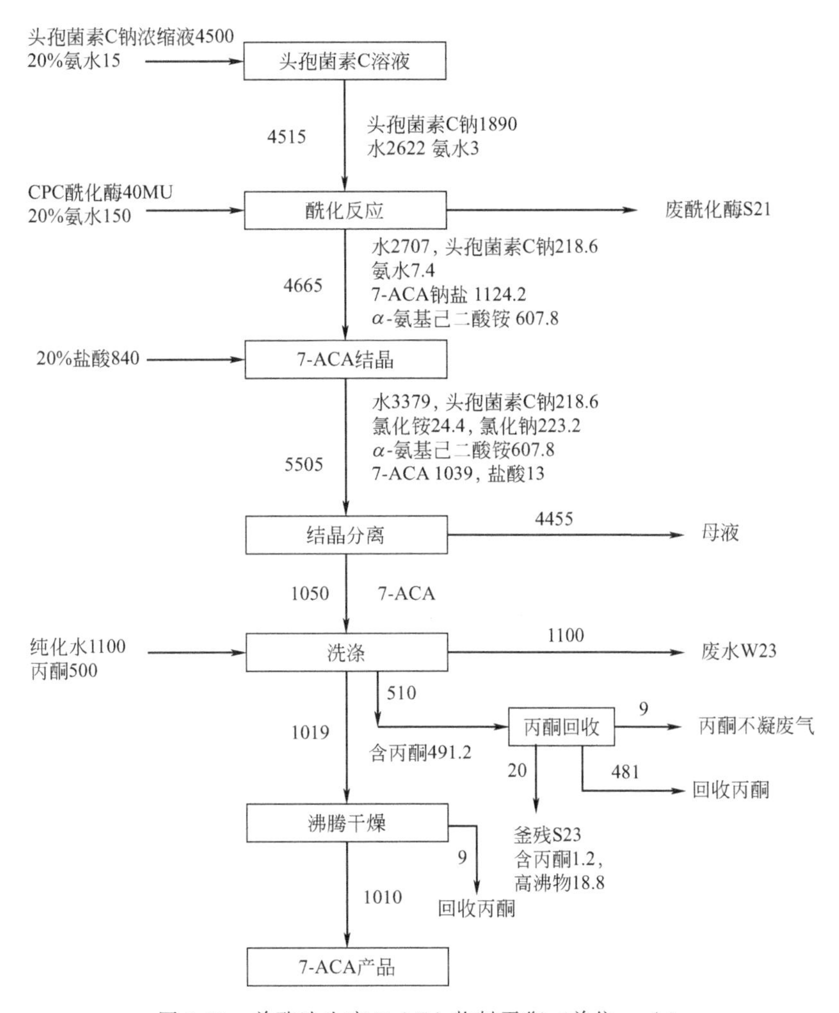

图 6-32 单酶法生产 7-ACA 物料平衡（单位：t/a）

2677.96 万元/a、减排 COD 2722.5t/a、减排 NH_4^+-N 455.4t/a、环境效益 1417.7 万元/a。可见一步酶法的原材料用量减少，成本大幅降低，环保成本也随之降低，与两步酶法相比有显著的低成本和环保优势。

6.7.3.2 7-ACA 提取废水综合减排项目

（1）改造原因

7-ACA 结晶分离工序需排放大量废母液，每天约排 500t 污水，含有头孢菌素 C 残留及其他杂质，COD 浓度高且污染环境。同时在头孢菌素 C 生产过程中，7-ACA 提取采用树脂柱进行预处理、吸附解析、脱色，树脂设备再生清洗排污量大，且需要大量酸、碱及洗碱洗酸中和，每天排放约 2800t 废水。

因此在生产中需对废母液进行处理，降低 COD 浓度，并将树脂提取吸附废水综合应用，需要开展提取废水综合减排。

（2）项目实施效果

在采用 7-ACA 提取废水综合减排项目后，不仅可以收集废母液中残存的头孢菌素

C，降低COD的排放；还可以从根本上缓解酸碱废水对污水处理的不利影响。同时，通过有机膜的应用，使得透析水等生产废水得以再次利用。改造后的整个生产过程具有高经济性和环保优势，大大减少了排放。改造后的水平衡如图6-33所示。

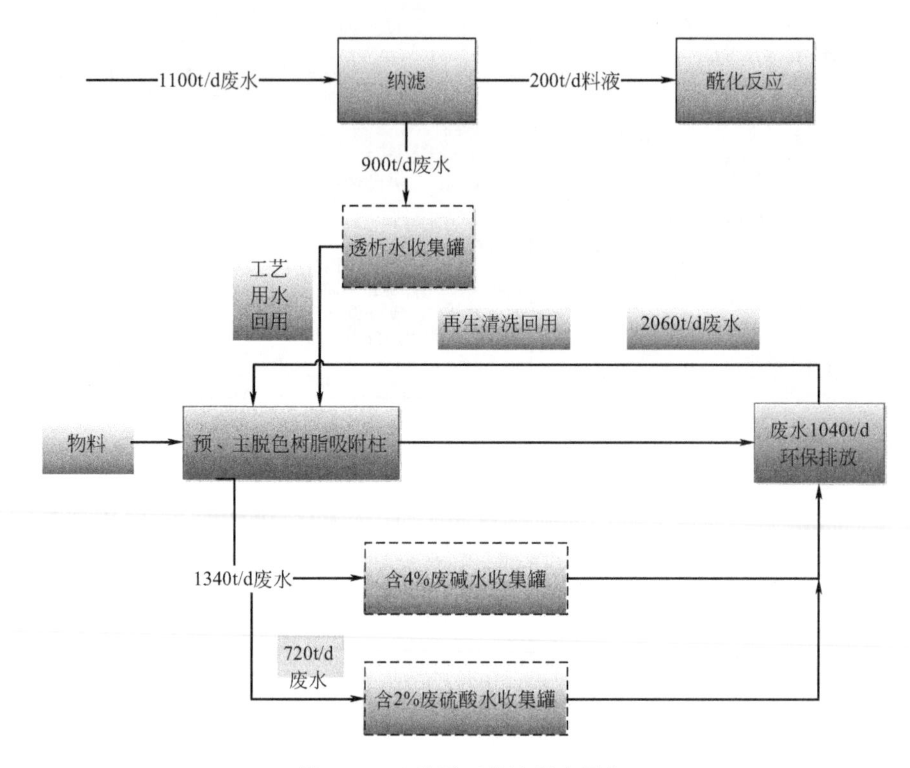

图6-33 改造后工艺流程水平衡

（3）环境效益和经济效益

母液回收清洁生产方案进行各类设备、泵、管道采购、安装总投资约110万元。项目每天减少COD排放5.05t，全年减排COD1666.5t，年减排NH_4^+-N约133.98t，取得直接经济效益687.15万元/a，环境效益2217.6万元/a。

废酸、碱水循环再利用及有机膜废水回用的清洁生产方案设备储罐、泵、管道采购、安装总投资约50万元。现清洁生产工艺实施后，年减少新鲜用水130.24×10^4t，节约能源成本390.72万元/a。节约用碱7047t/a，节约用酸1478t/a，节约原材料成本73.75万元/a，合计节约成本464.47万元/a。

6.7.3.3 7-ACA生产设备革新

通过对7-ACA各个环节的老旧落后设备进行改造和更换，减少因设备落后造成的原料浪费和污染排放，提高原材料与能源的利用率，加强溶剂回收和废水循环利用，为企业带来更多的经济效益与环境效益。

7-ACA生产设备革新主要包括以下几个方面。

1）加压转鼓过滤机分离项目

在精制过程中采用德国BHS加压转鼓过滤机代替老式下卸料离心机成功应用于

7-ACA 生产，原生产过程需用 LX1600 离心机 30 台，占用设备数量多；且在精制过程中 7-ACA 晶体泄漏较多，使得 7-ACA 回收率较低；丙酮易泄漏，造成原材料损失、浪费。针对以上弱点，选用先进的德国 BHS 公司加压转鼓过滤技术真正从根本上解决耗能高、原材料利用率低、产品收率低、安全性差的弊端。投资 2100 万元，取得经济效益 363 万元/a。

2）干燥设备由双锥干燥升级为闭路沸腾床技术

从废气的回收再利用方面，项目共投资 300 万元，选用 4 台闭路沸腾床代替双锥干燥，提高废气丙酮回收，共计回收丙酮 544.5t/a，回收有机溶剂约 600t/a，取得经济效益 544.5 万元/a。

3）新型发酵设备及发酵模式

应用新型设备以来，动力车间的冷媒系统使用时间、温度控制都优于同行业。7℃水系统开机时长较同行业正常开机时长减少 3 个月，温度控制较同行业高 4～5℃，节约运行电费 480 万元/a。在发酵生产模式方面，积极研究选育头孢菌素 C 种子，发酵培养过程在动力控制、原材料应用等方面形成稳定成熟工艺路线，大大减少了发酵污染物排放。该清洁生产工艺实施后共减少废水排放 2.37 万吨/a，减排 COD 650.1t/a、NH_4^+-N 3.92t/a，实现环境效益 207.97 万元/a，经济效益 480 万元/a。

6.7.4　废水末端治理技术集成应用情况

（1）7-ACA 废水的来源和水质特征

7-ACA 作为合成头孢菌素的母核，是头孢类抗生素的重要中间体。生产过程中会产生大量含有高浓度有机物的废水，废水中还含有对废水生物处理产生抑制作用的残留效价和其他污染物，属于难降解的高浓度有机废水。

7-ACA 生产工艺及排污节点见图 6-34。

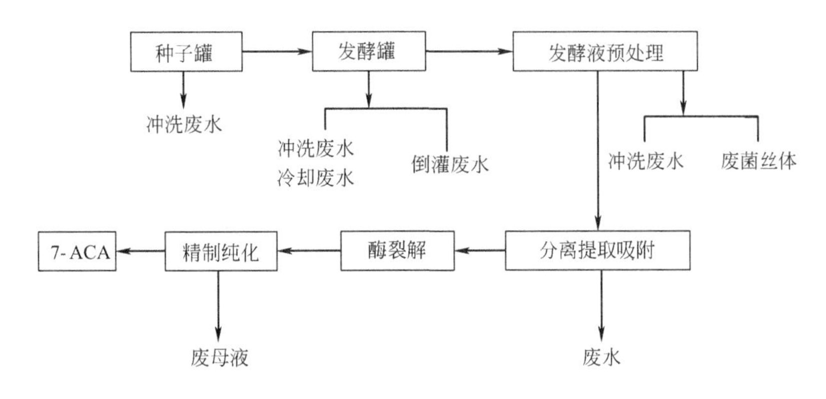

图 6-34　7-ACA 生产工艺及排污节点

7-ACA 生产混合废水水质情况：目前上游来水水量为 5000～6000t/d，来水 COD 浓度为 7000～8000mg/L，NH_4^+-N 为 150～250mg/L，pH 值为 8～11。排放的废水种类主要包括结晶母液、碱洗水、酸洗水以及吸附残液，各股主要废水特点和水质情况分见表 6-22、表 6-23。

（2）废水处理工艺技术路线

表 6-22　7-ACA 生产各股主要废水特点

废水种类	废水特点
结晶母液	指经过提出抗生素有用成分后，所剩的结晶母液，其水量大而且污染物含量高
碱洗水	指在离子交换过程中会使用大量碱液用于树脂的活化，活化结束后这些废碱液就会随废水排放
酸洗水	指在离子交换过程中会使用大量碱液用于树脂的浸泡清洗，清洗后这些废酸会直接排放
洗涤废水	主要来源于各个工艺机器的洗涤，以及地面的清洗，污染物含量较低但是水量较大
冷却废水	COD 等含量较低
废菌丝体	增加废水的有机负荷、悬浮物浓度和毒性

表 6-23　7-ACA 废水各股水水质表

项目	COD/(mg/L)	NH_4^+-N/(mg/L)	pH 值	SO_4^{2-}/(mg/L)
结晶母液	13000～17000	900～1100	5.00～6.00	0
酸洗水	1000～2000	0	2.00～3.00	1800～2000
碱洗水	400～800	0～50	11.00～12.00	0
吸附残液	5000～8000	100～200	3.00～5.00	4000～5000
综合	4000～8000	150～550	9.00～11.00	1000～1200

根据废水水质特点，预处理采用混凝沉淀的方式；厌氧生化处理采用自主研发的上流式混合型厌氧生物膜反应器；一级好氧生化处理采用自主研发的环流式好氧生化池；二级 A/O 生化处理的 A 段为缺氧水解-反硝化，O 段采用推流式活性污泥法；后处理采用高级氧化混凝沉淀技术，使用氧化剂对生化出水进行处理，然后再进行混凝沉淀，最终达标排放。

废水处理技术集成工艺流程如图 6-35 所示。

(3) 工艺技术参数

规模：设计 16000t/d，目前实际处理量为 5000t/d。

各主体单元设计工艺参数情况见表 6-24。

表 6-24　主体单元设计工艺参数情况

设施名称	主要用途	处理能力	处理效率	规格尺寸/m^3	数量/个
上流式混合型厌氧生物膜反应器	去除 COD、BOD	日处理废水能力约 500t	COD 去除率 60%	1800	7
环流式好氧生化池	去除 COD、BOD	日处理废水能力约 5000t	COD 去除率在 90%～95%	5000	4

菌渣厌氧消化后沼液进入自主研发上流式厌氧生物膜反应器进行厌氧生化处理，水量约为 5000t/d，COD 浓度约为 30000mg/L，NH_4^+-N 约为 700mg/L，经过厌氧处理后 COD 浓度约为 12000mg/L，去除率约为 60%，NH_4^+-N 约为 800mg/L，处理后的反应液与上游来水一起进入好氧生化处理系统。一曝采用环流式好氧生化池，5000m^3 反应池 4 座，经过处理后，一曝出口 COD 浓度为 600～900mg/L，去除率约为 92%，NH_4^+-N 为 80～100mg/L，去除率约为 70%，而后一曝出水进入二曝；二曝采用普通活性污泥法，经过处理后二曝出水水质指标中 COD 浓度为 300～400mg/L，去除率约为

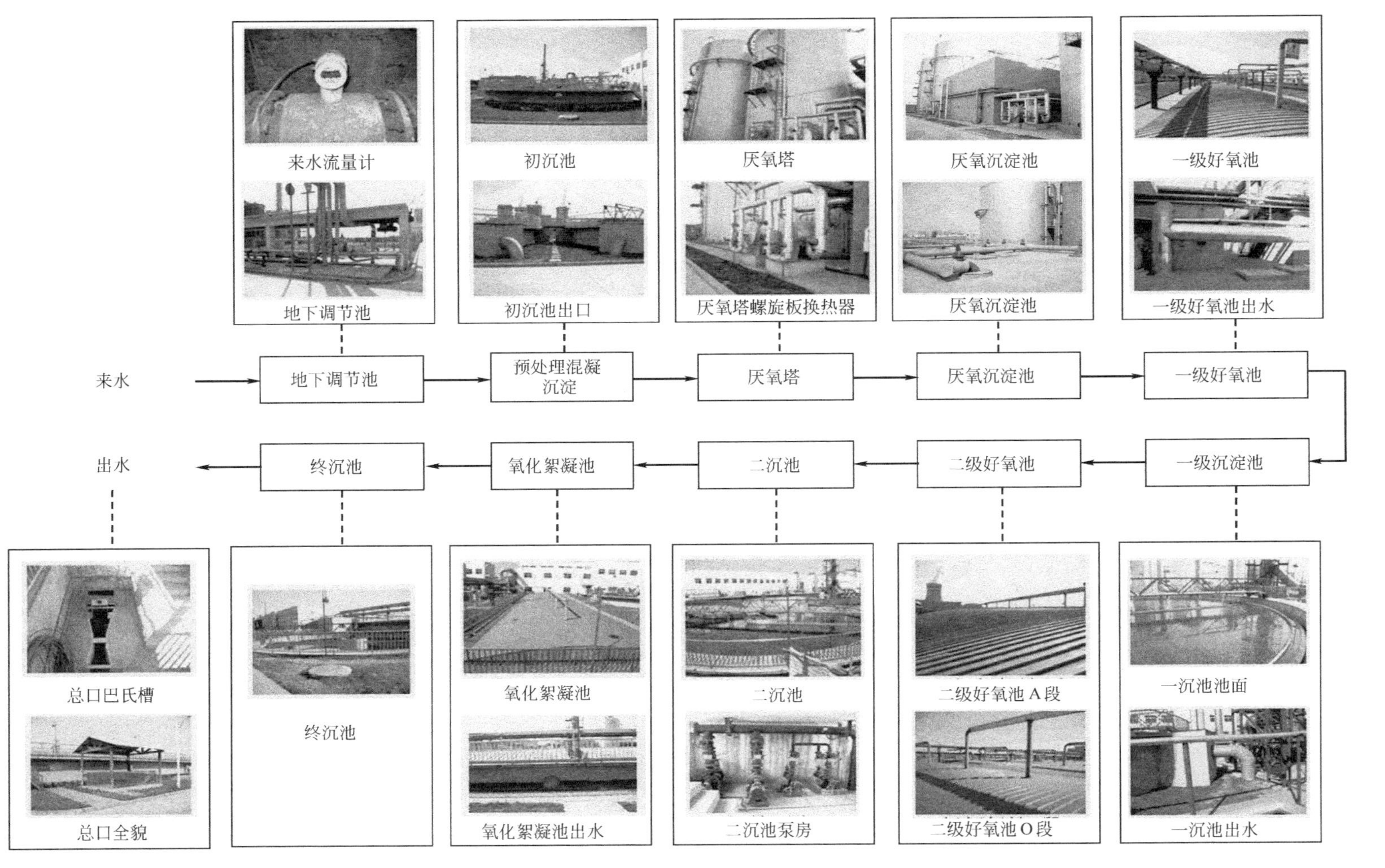

图 6-35 废水处理技术集成工程工艺流程

50%，NH_4^+-N为20mg/L；经过二曝处理后进行深度处理，采用高级氧化工艺，最终出水COD浓度为200mg/L，去除率约为50%，NH_4^+-N浓度约为20mg/L。

（4）处理运行效果

厌氧工艺日处理7-ACA废水500t/d，消减COD 20t/d，产生沼气30000m^3/d，折合21t标煤/d。好氧工艺日处理7-ACA废水5000t/d，消减COD 18.5t/d。采用环流式好氧生化池技术进行改造前，单位处理费用约为1.5元/kg COD，日运行费用约为2.8万元；改造后，单位处理费用降低为约1.3元/kg COD，日运行费用约为2.4万元，日节省运行费用约0.4万元，年节省运行费用约146万元。

参考文献

[1] 辽河流域重化工业节水减排清洁生产技术集成与示范研究（2009ZX07208002）技术报告.

[2] 浑河中游工业水污染控制与典型支流治理技术及示范研究（2008ZX07208003）技术报告.

[3] 贾鲁河流域废水处理与回用关键技术研究与示范（2009ZX07210-001）技术报告.

[4] 辽河流域有毒有害物污染控制技术与应用示范研究（2012ZX07202002）技术报告.

[5] 浑河中游水污染控制与水环境综合整治技术集成与示范（2012ZX07202005）技术报告.

[6] 海河南系子牙河流域（河北段）水污染控制与水质改善集成技术与综合示范（2012ZX07203003）技术报告.

[7] 制药行业全过程水污染控制技术集成与工程实证（2017ZX07402003）技术报告.

附录

附录 1 《化学合成类制药工业水污染物排放标准》(GB 21904—2008)(节选)

前　言

为贯彻《中华人民共和国环境保护法》《中华人民共和国水污染防治法》和《国务院关于落实科学发展观　加强环境保护的决定》《国务院关于编制全国主体功能区规划的意见》，保护环境，防治污染，促进制药工业生产工艺和污染治理技术的进步，制定本标准。

制药工业水污染物排放标准包括下列 6 项标准：

《制药工业水污染物排放标准　发酵类》；

《制药工业水污染物排放标准　化学合成类》；

《制药工业水污染物排放标准　提取类》；

《制药工业水污染物排放标准　中药类》；

《制药工业水污染物排放标准　生物工程类》；

《制药工业水污染物排放标准　混装制剂类》。

本标准以我国当前的生产技术装备和污染控制技术为基础，规定了化学合成类制药工业水污染物的排放限值、监测和监控要求。本标准适用于化学合成类制药生产企业水污染物的排放控制。

为促进地区经济与环境协调发展，推动经济结构的调整和经济增长方式的转变，引导工业生产工艺和污染治理技术的发展方向，本标准规定了水污染特别排放限值。

自本标准实施之日起，化学合成类制药工业企业水污染物排放执行本标准，不再执行《污水综合排放标准》(GB 8978—1996) 中相关的排放限值。

按照有关法律规定，本标准具有强制执行的效力。

本标准为首次发布。

本标准由国家环境保护总局科技标准司提出。

本标准主要起草单位：哈尔滨工业大学、河北省环境科学研究院、国家环境保护总局环境标准研究所。

本标准环境保护部 2008 年 4 月 29 日批准。

本标准自2008年8月1日起实施。

本标准由环境保护部解释。

《制药工业水污染物排放标准　化学合成类》

1　适用范围

本标准规定了化学合成类制药工业水污染物的排放限值、监测和监控要求，以及标准的实施要求等内容。

本标准适用于化学合成类制药工业企业水污染防治和管理，以及化学合成类制药工业建设项目环境影响评价、环境保护设施设计、竣工环境保护验收及其投产后的水污染防治和管理。本标准也适用于专供药物生产的医药中间体工厂（如精细化工厂）。与化学合成类药物结构相似的兽药生产企业的水污染物防治与管理可参照本标准执行。

本标准只适用于法律允许的水污染物排放行为。新设立的化学合成类制药工业企业的选址和特殊保护区域内现有污染源的管理，按照《中华人民共和国水污染防治法》第二十条和第二十七条、《中华人民共和国海洋环境保护法》第三十条和《饮用水水源保护区污染防治管理规定》等法律、法规、规章的相关规定执行。

本标准规定的水污染物排放浓度限值适用于企业向环境水体的排放行为。总镉、烷基汞、六价铬、总锌、总砷、总铅、总镍、总汞、总氰化物排放浓度限值也适用于向设置污水处理厂的城镇排水系统排放；向设置污水处理厂的城镇排水系统排放的其他水污染物的浓度控制要求，由化学合成类制药企业与城镇污水处理厂根据其污水处理能力协商确定。

2　规范性引用文件

本标准内容引用了下列文件中的条款。凡是不注日期的引用文件，其有效版本适用于本标准。

GB/T 6920—86 水质　pH值的测定　玻璃电极法

GB/T 7467—87 水质　六价铬的测定　二苯碳酰二肼分光光度法

GB/T 7468—87 水质　总汞的测定　冷原子吸收分光光度法

GB/T 7472—87 水质　锌的测定　双硫腙分光光度法

GB/T 7474—87 水质　铜的测定　二乙基二硫代氨基甲酸钠分光光度法

GB/T 7475—87 水质　铜、锌、铅、镉的测定　原子吸收分光光度法

GB/T 7478—87 水质　铵的测定　蒸馏和滴定法

GB/T 7479—87 水质　铵的测定　纳氏试剂比色法

GB/T 7485—87 水质　总砷的测定　二乙基二硫代氨基甲酸银分光光度法

GB/T 7486—87 水质　总氰化物的测定　第一部分　总氰化物的测定

GB/T 7488—87 水质　五日生化需氧量（BOD_5）的测定　稀释与接种法

GB/T 7490—87 水质 挥发酚的测定 蒸馏后 4-氨基安替吡啉分光光度法
GB/T 11889—89 水质 苯胺类的测定 *N*-(1-萘基)乙二胺偶氮分光光度法
GB/T 11893—89 水质 总磷的测定 钼酸铵分光光度法
GB/T 11894—89 水质 总氮的测定 碱性过硫酸钾消解分光光度法
GB/T 11901—89 水质 悬浮物的测定 重量法
GB/T 11903—89 水质 色度的测定
GB/T 11910—89 水质 镍的测定丁二酮肟分光光度法
GB/T 11912—89 水质 镍的测定火焰原子吸收分光光度法
GB/T 11914—89 水质 化学需氧量的测定重铬酸盐法
GB/T 13193—91 水质 总有机碳（TOC）的测定非色散红外线吸收法
GB/T 13194—91 水质 硝基苯、硝基甲苯、硝基氯苯、二硝基甲苯的测定
GB/T 14204—93 水质 烷基汞的测定气相色谱法
GB/T 15441—1995 水质 急性毒性的测定发光细菌法
GB/T 16489—1996 水质 硫化物的测定亚甲基蓝分光光度法
GB/T 17130—1997 水质 挥发性卤代烃的测定顶空气相色谱法
GB/T 17133—1997 水质 硫化物的测定直接显色分光光度法
HJ/T 70—2001 高氯污水 化学需氧量的测定氯气校正法
HJ/T 71—2001 水质 总有机碳的测定燃烧氧化—非分散红外吸收法
HJ/T 199—2005 水质 总氮的测定气相分子吸收光谱法
《污染源自动监控管理办法》(国家环境保护总局令第 28 号)

3 术语和定义

下列术语和定义适用于本标准。

3.1 化学合成类制药

指采用生物的（实为生物化学的）、化学的方法，制造具有预防、治疗和调节机体功能及诊断作用的化学药物的过程。

3.2 现有企业

指在本标准实施之日前建成投产或环境影响评价文件已通过审批的化学合成类制药生产企业或生产装置。

3.3 新建企业

指自本标准实施之日起环境影响评价文件通过审批的新、改、扩建的化学合成类制药生产企业或生产装置。

3.4 排水量

指在生产过程中直接用于工艺生产的水的排放量。不包括间接冷却水、锅炉排水、电站排水及厂区生活排水。

3.5 基准排水量

指用于核定水污染物排放浓度而规定的生产单位产品的污水排放量上限值。

4 污染物排放控制要求

4.1 自2009年1月1日起至2010年6月30日止，现有企业执行表1规定的水污染物排放浓度限值。

表1 现有企业水污染物排放限值

序号	污染物	单位	排放限值	污染物排放监控位置
1	pH值		6～9	常规污水处理设施排放口
2	色度	稀释倍数	50	
3	悬浮物(SS)	mg/L	70	
4	生化需氧量(BOD_5)	mg/L	40	
5	化学需氧量(COD)	mg/L	200	
6	氨氮(以N计)	mg/L	40	
7	总有机碳(TOC)	mg/L	60	
8	急性毒性(以$HgCl_2$计)	mg/L	0.07	
9	总铜	mg/L	0.5	
10	挥发酚	mg/L	0.5	
11	硫化物	mg/L	1.0	
12	硝基苯类	mg/L	2.0	
13	苯胺类	mg/L	2.0	
14	二氯甲烷	mg/L	0.3	
15	总镉	mg/L	0.1	车间或车间处理设施排放口
16	烷基汞	mg/L	不得检出	
17	六价铬	mg/L	0.5	
18	总砷	mg/L	0.5	
19	总铅	mg/L	1.0	
20	总镍	mg/L	1.0	
21	总汞	mg/L	0.05	
22	总锌	mg/L	0.5	
23	总氰化物	mg/L	0.5	

4.2 自2010年7月1日起，现有企业执行表2规定的水污染物排放标准浓度限值。

4.3 新建企业自标准实施之日起执行表2规定的水污染物排放浓度限值。

表 2　新建企业水污染物排放限值

序号	污染物	单位	排放限值	污染物排放监控位置
1	pH 值		6～9	常规污水处理设施排放口
2	色度	稀释倍数	50	
3	悬浮物(SS)	mg/L	50	
4	生化需氧量(BOD_5)	mg/L	24	
5	化学需氧量(COD)	mg/L	120	
6	氨氮(以 N 计)	mg/L	25	
7	总有机碳(TOC)	mg/L	36	
8	急性毒性(以 $HgCl_2$ 计)	mg/L	0.07	
9	总铜	mg/L	0.5	
10	挥发酚	mg/L	0.5	
11	硫化物	mg/L	1.0	
12	硝基苯类	mg/L	2.0	
13	苯胺类	mg/L	2.0	
14	二氯甲烷	mg/L	0.3	
15	总镉	mg/L	0.1	车间或车间处理设施排放口
16	烷基汞	mg/L	不得检出	
17	六价铬	mg/L	0.5	
18	总砷	mg/L	0.5	
19	总铅	mg/L	1.0	
20	总镍	mg/L	1.0	
21	总汞	mg/L	0.05	
22	总锌	mg/L	0.5	
23	总氰化物	mg/L	0.5	

4.4　根据环境保护工作的要求，在国土开发密度已经较高、环境承载能力开始减弱，或环境容量较小、生态环境脆弱，容易发生严重环境污染问题而需要采取特别保护措施的地区，应严格控制企业的污染物排放行为，在上述地区的企业执行表 3 规定的水污染物特别排放限值。

表 3 现有和新建企业水污染物特别排放限值

序号	污染物	单位	排放限值	污染物排放监控位置
1	pH 值		6～9	常规污水处理设施排放口
2	色度	稀释倍数	30	
3	悬浮物(SS)	mg/L	10	
4	生化需氧量(BOD_5)	mg/L	10	
5	化学需氧量(COD)	mg/L	50	
6	氨氮(以 N 计)	mg/L	5	
7	总氮(以 N 计)	mg/L	15	
8	总磷(以 P 计)	mg/L	0.5	
9	总有机碳(TOC)	mg/L	15	
10	急性毒性(以 $HgCl_2$ 计)	mg/L	0.07	
11	总铜	mg/L	0.5	
12	挥发酚	mg/L	0.5	
13	硫化物	mg/L	1.0	
14	硝基苯类	mg/L	2.0	
15	苯胺类	mg/L	1.0	
16	二氯甲烷	mg/L	0.2	
17	总镉	mg/L	0.1	车间或车间处理设施排放口
18	烷基汞	mg/L	不得检出	
19	六价铬	mg/L	0.3	
20	总砷	mg/L	0.3	
21	总铅	mg/L	1.0	
22	总镍	mg/L	1.0	
23	总汞	mg/L	0.05	
24	总锌	mg/L	0.5	
25	总氰化物	mg/L	不得检出	

4.5 生产不同类别的化学合成类制药产品，其基准排水量见表 4。

表 4 化学合成类制药工业基准排水量 单位：m^3/t 产品

序号	药物种类	代表性药物	基准排水量
1	神经系统类	安乃近	88
		阿司匹林	30
		咖啡因	248
		布洛芬	120

续表

序号	药物种类	代表性药物	基准排水量
2	抗微生物感染类	氯霉素	1000
		磺胺嘧啶	280
		呋喃唑酮	2400
		阿莫西林	240
		头孢拉定	1200
3	呼吸系统类	愈创木酚甘油醚	45
4	心血管系统类	辛伐他汀	240
5	激素及影响内分泌类	氢化可的松	4500
6	维生素类	维生素 E	45
		维生素 B_1	1500
7	氨基酸类	甘氨酸	401
8	其他类	盐酸赛庚啶	1894

4.6 水污染物排放浓度限值适用于单位产品实际排水量不高于基准排水量的情况。若单位产品实际排水量超过基准排水量，应按污染物基准排水量将实测水污染物浓度换算为水污染物基准水量排放浓度，并以水污染物基准水量排放浓度作为判定排放是否达标的依据。产品产量和排水量统计周期为一个工作日。

当企业同时生产两种以上、基准排水量的不同的产品，且将产生的污水混合处理排放时，按下式换算水污染物基准水量排放浓度：

$$\rho_{基}=\frac{Q_{总}}{\sum Y_i \cdot Q_{i基}}\times \rho_{实} \tag{1}$$

式中 $\rho_{基}$——水污染物基准水量排放浓度，mg/L；

$Q_{总}$——排水总量，m^3；

Y_i——第 i 种产品产量，t；

$Q_{i基}$——第 i 种产品的单位产品基准排水量，m^3/t；

$\rho_{实}$——实测水污染物排放浓度，mg/L。

若 $Q_{总}$ 与 $\sum Y_i \cdot Q_{i基}$ 的比值小于 1，则以水污染物实测浓度作为判定排放是否达标的依据。

5 污染物监测要求

5.1 对企业污水采样应根据监测污染物的种类，在规定的污染物排放监控位置进行。污染物排放监控位置必须设置排污口标志。

5.2 新建企业应按照《污染源自动监控管理办法》的规定，安装污染物排放自动监控设备，并与监控中心联网。各地现有企业安装污染物排放自动监控设备的要求由省级环境保护行政主管部门规定。

5.3 对企业污染物排放情况进行监督性监测的频次、采样时间等要求，按国家有关污染源监测技术规范的规定执行。

5.4 水污染物的分析方法见表5。

表5 水污染物分析方法

序号	污染物项目	测定方法	方法来源
1	pH值	水质 pH值的测定 玻璃电极法	GB/T 6920—86
2	色度	水质 色度的测定	GB/T 11903—89
3	悬浮物	水质 悬浮物的测定 重量法	GB/T 11901—89
4	化学需氧量	水质 化学需氧量的测定 重铬酸盐法	GB/T11914—89
5	五日生化需氧量	水质 五日生化需氧量(BOD_5)的测定 稀释与接种法	GB/T 7488—87
6	高氯污水 化学需氧量	高氯污水 化学需氧量的测定 氯气校正法	HJ/T 70—2001
7	总氮	水质 总氮的测定 碱性过硫酸钾消解分光光度法	GB/T 11894—89
		水质 总氮的测定 气相分子吸收光谱法	HJ/T 199—2005
8	总磷	水质 总磷的测定 钼酸铵分光光度法	GB/T11893—89
9	氨氮	水质 铵的测定 蒸馏和滴定法	GB/T 7478—87
		水质 铵的测定 纳氏试剂比色法	GB/T 7479—87
10	总有机碳	水质 总有机碳(TOC)的测定 非分散红外线吸收法	GB/T 13193—91
11	急性毒性	水质 急性毒性的测定 发光细菌法	GB/T 1544—1995
12	总汞	水质 总汞的测定 冷原子吸收分光光度法	GB/T 7468—87
13	总镉	水质 铜、锌、铅、镉的测定 原子吸收分光光度法	GB/T 7475—87
14	烷基汞	水质 烷基汞的测定 气相色谱法	GB/T 14204—93
15	六价铬	水质 六价铬的测定 二苯碳酰二肼分光光度法	GB/T 7467—87
16	总砷	水质 总砷的测定 二乙基二硫代氨基甲酸银分光光度法	GB/T 7485—87
17	总铅	水质 铜、锌、铅、镉的测定 原子吸收分光光度法	GB/T 7475—87
18	总镍	水质 镍的测定 丁二酮肟分光光度法	GB/T 11910—89
		水质 镍的测定 火焰原子吸收分光光度法	GB/T 11912—89
19	总铜	水质 铜、锌、铅、镉的测定 原子吸收分光光度法	GB/T 7475—87
		水质 铜的测定 二乙基二硫代氨基甲酸钠分光光度法	GB/T 7474—87
20	总锌	水质 锌的测定 双硫腙分光光度法	GB/T 7472—87
		水质 铜、锌、铅、镉的测定 原子吸收分光光度法	GB/T 7475—87
21	总氰化物	水质 总氰化物的测定 第一部分 总氰化物的测定	GB/T 7486—87
22	挥发酚	水质 挥发酚的测定 蒸馏后4-氨基安替吡啉分光光度法	GB/T 7490—87
23	硫化物	水质 硫化物的测定 亚甲基蓝分光光度法	GB/T 16489—1996
		水质 硫化物的测定 直接显色分光光度法	GB/T 17133—1997
24	硝基苯类	水质 硝基苯、硝基甲苯、硝基氯苯、二硝基甲苯的测定	GB/T 13194—91
25	苯胺类	水质 苯胺类的测定 *N*-(1-萘基)乙二胺偶氮分光光度法	GB/T 11889—89
26	二氯甲烷	水质 挥发性卤代烃的测定 顶空气相色谱法	GB/T 17130—1997

5.5 企业产品产量的核定，以法定报表为依据。

6 标准实施与监督

6.1 本标准由县级以上人民政府环境保护行政主管部门负责监督实施。

6.2 在任何情况下，企业均应遵守本标准的水污染物排放控制要求，采取必要措施保证污染防治设施正常运行。各级环保部门在对企业进行监督性检查时，可以现场即时采样或监测的结果，作为判定排污行为是否符合排放标准以及实施相关环境保护管理措施的依据。在发现企业耗水或排水量有异常变化的情况下，应核定企业的实际产品产量和排水量，按4.6的规定，换算水污染物基准水量排放浓度。

6.3 当同一制药工业生产企业适用不同类别制药工业水污染物排放标准，且污水混合处理排放时，其水污染物排放执行其中最严格的排放标准。

6.4 执行水污染物特别排放限值的地域范围、时间，由省级人民政府规定。

附录2 《发酵类制药工业水污染物排放标准》(GB 21903—2008)

前　言

为贯彻《中华人民共和国环境保护法》《中华人民共和国水污染防治法》、《中华人民共和国海洋环境保护法》《国务院关于落实科学发展观加强环境保护的决定》等法律、法规和《国务院关于编制全国主体功能区规划的意见》，保护环境，防治污染，促进制药工业生产工艺和污染治理技术的进步，制定本标准。

本标准规定了发酵类制药工业企业水污染物排放限值、监测和监控要求。为促进区域经济与环境协调发展，推动经济结构的调整和经济增长方式的转变，引导工业生产工艺和污染治理技术的发展方向，本标准规定了水污染物特别排放限值。

本标准中的污染物排放浓度均为质量浓度。

发酵类制药工业企业排放大气污染物（含恶臭污染物）、环境噪声适用相应的国家污染物排放标准，产生固体废物的鉴别、处理和处置适用国家固体废物污染控制标准。

本标准为首次发布。

自本标准实施之日起，发酵类制药工业企业的水污染物排放控制按本标准的规定执行，不再执行《污水综合排放标准》(GB 8978—1996) 中的相关规定。

本标准由环境保护部科技标准司组织制订。

本标准主要起草单位：华北制药集团环境保护研究所、河北省环境科学研究院、环境保护部环境标准研究所、中国化学制药工业协会。

本标准环境保护部2008年4月29日批准。

本标准自2008年8月1日起实施。

本标准由环境保护部解释。

1 适用范围

本标准规定了发酵类制药企业或生产设施水污染物的排放限值。

本标准适用于现有发酵类制药企业或生产设施的水污染物排放管理。

本标准适用于对发酵类制药工业建设项目的环境影响评价、环境保护设施设计、竣工环境保护验收及其投产后的水污染管理。

与发酵类药物结构相似的兽药生产企业的水污染防治与管理也适用于本标准。

本标准适用于法律允许的污染物排放行为。新设立污染源的选址和特殊保护区域内现有污染源的管理，按照《中华人民共和国大气污染防治法》《中华人民共和国水污染防治法》《中华人民共和国海洋环境保护法》《中华人民共和国固体废物污染环境防治法》《中华人民共和国放射性污染防治法》《中华人民共和国环境影响评价法》等法律、法规、规章的相关规定执行。

本标准规定的水污染物排放控制要求适用于企业向环境水体的排放行为。

企业向设置污水处理厂的城镇排水系统排放废水时，其污染物的排放控制要求由企业与城镇污水处理厂根据其污水处理能力商定或执行相关标准，并报当地环境保护主管部门备案；城镇污水处理厂应保证排放污染物达到相关排放标准要求。

建设项目拟向设置污水处理厂的城镇排水系统排放废水时，由建设单位和城镇污水处理厂按前款的规定执行。

2 规范性引用文件

本标准内容引用了下列文件或其中的条款。

GB/T 6920—1986 水质　pH 值的测定　玻璃电极法

GB/T 7472—1987 水质　锌的测定　双硫腙分光光度法

GB/T 7475—1987 水质　铜、锌、铅、镉的测定　原子吸收分光光度法

GB/T 7478—1987 水质　铵的测定　蒸馏和滴定法

GB/T 7479—1987 水质　铵的测定　纳氏试剂比色法

GB/T 7481—1987 水质　铵的测定　水杨酸分光光度法

GB/T 7486—1987 水质　氰化物的测定　第一部分　总氰化物的测定

GB/T 7488—1987 水质　五日生化需氧量（BOD_5）的测定　稀释与接种法

GB/T 11893—1989 水质　总磷的测定　钼酸铵分光光度法

GB/T 11894—1989 水质　总氮的测定　碱性过硫酸钾消解紫外分光光度法

GB/T 11901—1989 水质　悬浮物的测定　重量法

GB/T 11903—1989 水质　色度的测定

GB/T 11914—1989 水质　化学需氧量的测定　重铬酸盐法

GB/T 13193—1991 水质　总有机碳（TOC）的测定　非色散红外线吸收法

GB/T 15441—1995 水质　急性毒性的测定　发光细菌法

HJ/T 71—2001 水质　总有机碳的测定　燃烧氧化—非分散红外吸收法

HJ/T 195—2005 水质　氨氮的测定　气相分子吸收光谱法

HJ/T 199—2005 水质　总氮的测定　气相分子吸收光谱法
HJ/T 399—2007 水质　化学需氧量的测定　快速消解分光光度法
《污染源自动监控管理办法》(国家环境保护总局令第 28 号)
《环境监测管理办法》(国家环境保护总局令第 39 号)

3　术语和定义

下列术语和定义适用于本标准。

3.1　发酵类制药

指通过发酵的方法产生抗生素或其他的活性成分，然后经过分离、纯化、精制等工序生产出药物的过程，按产品种类分为抗生素类、维生素类、氨基酸类和其他类。其中，抗生素类按照化学结构又分为β-内酰胺类、氨基糖苷类、大环内酯类、四环素类、多肽类和其他。

3.2　现有企业

本标准实施之日前已建成投产或环境影响评价文件已通过审批的发酵类制药企业或生产设施。

3.3　新建企业

本标准实施之日起环境影响评价文件通过审批的新建、改建、扩建发酵类制药工业建设项目。

3.4　排水量

指生产设施或企业向企业法定边界以外排放的废水的量，包括与生产有直接或间接关系的各种外排废水（含厂区生活污水、冷却废水、厂区锅炉和电站排水等）。

3.5　单位产品基准排水量

指用于核定水污染物排放浓度而规定的生产单位产品的废水排放量上限值。

4　水污染物排放控制要求

4.1　排放限值

4.1.1　自 2009 年 1 月 1 日起至 2010 年 6 月 30 日止，现有企业执行表 1 规定的水污染物排放限值。

表 1　现有企业水污染物排放浓度限值

单位：mg/L（pH 值、色度除外）

序号	污染物项目	限值	污染物排放监控位置
1	pH 值	6～9	企业废水总排放口
2	色度(稀释倍数)	80	
3	悬浮物	100	
4	五日生化需氧量(BOD_5)	60(50)	
5	化学需氧量(COD_{Cr})	200(180)	
6	氨氮	50(45)	
7	总氮	100(90)	
8	总磷	2.0	

续表

序号	污染物项目	限值	污染物排放监控位置
9	总有机碳	60(50)	企业废水总排放口
10	急性毒性($HgCl_2$ 毒性当量)	0.07	
11	总锌	4.0	
12	总氰化物	0.5	

注：括号内排放限值适用于同时生产发酵类原料和混装制剂的联合生产企业。

4.1.2 自2010年7月1日起，现有企业执行表2规定的水污染物排放限值。

表2 新建企业水污染物排放浓度限值

单位：mg/L（pH值、色度除外）

序号	污染物项目	限值	特别排放限值	污染物排放监控位置
1	pH值	6～9	6～9	企业废水总排放口
2	色度(稀释倍数)	60	30	
3	悬浮物	60	10	
4	五日生化需氧量(BOD_5)	40(30)	10	
5	化学需氧量(COD_{Cr})	120(100)	50	
6	氨氮	35(25)	5	
7	总氮	70(50)	15	
8	总磷	1.0	0.5	
9	总有机碳	40(30)	15	
10	急性毒性($HgCl_2$ 毒性当量)	0.07	0.07	
11	总锌	3.0	0.5	
12	总氰化物	0.5	不得检出	

注：括号内排放限值适用于同时生产发酵类原料和混装制剂的联合生产企业。

4.1.3 自2008年8月1日起，新建企业执行表2规定的水污染物排放限值。

4.1.4 根据环境保护工作的要求，在国土开发密度较高、环境承载能力开始减弱，或水环境容量较小、生态环境脆弱，容易发生严重水环境污染问题而需要采取特别保护措施的地区，应严格控制企业的污染排放行为，在上述地区的企业执行表3规定的水污染物特别排放限值。

表3 水污染物特别排放限值

单位：mg/L（pH值、色度除外）

序号	污染物项目	限值	污染物排放监控位置
1	pH值	6～9	
2	色度(稀释倍数)	30	
3	悬浮物	10	
4	五日生化需氧量(BOD_5)	10	
5	化学需氧量(COD_{Cr})	50	
6	氨氮	5	

续表

序号	污染物项目	限值	污染物排放监控位置
7	总氮	15	
8	总磷	0.5	
9	总有机碳	15	
10	急性毒性（$HgCl_2$ 毒性当量）	0.07	
11	总锌	0.5	
12	总氰化物	不得检出	

注：总氰化物检出限为 0.25mg/L。

执行水污染物特别排放限值的地域范围、时间，由国务院环境保护主管部门或省级人民政府规定。

4.2 基准水量排放浓度换算

4.2.1 生产不同类别的发酵类制药产品，其单位产品基准排水量见表 4。

表 4 发酵类制药工业企业单位产品基准排水量 单位：m^3/t

序号	药品种类		代表性药物	单位产品基准排水量
1	抗生素	β-内酰胺类抗生素	青霉素	1000
			头孢菌素	1900
			其他	1200
		四环类	土霉素	750
			四环素	750
			去甲基金霉素	1200
			金霉素	500
			其他	500
		氨基糖苷类	硫酸链霉素	1450
			硫酸庆大霉素	6500
			大观霉素	1500
			其他	3000
		大环内酯类	红霉素	850
			麦白霉素	750
			其他	850
		多肽类	卷曲霉素	6500
			去甲基万古霉素	5000
			其他	5000
		其他类	洁霉素、阿霉素、利福霉素等	6000
2	维生素		维生素 C	300
			维生素 B_{12}	115000
			其他	30000

续表

序号	药品种类	代表性药物	单位产品基准排水量
3	氨基酸	谷氨酸	80
		赖氨酸	50
		其他	200
4	其他		1500

注：排水量计量位置与污染物排放监控位置相同。

4.2.2　水污染物排放浓度限值适用于单位产品实际排水量不高于单位产品基准排水量的情况。若单位产品实际排水量超过单位产品基准排水量，需按式（1）将实测水污染物浓度换算为水污染物基准水量排放浓度，并以水污染物基准水量排放浓度作为判定排放是否达标的依据。产品产量和排水量统计周期为一个工作日。

在企业的生产设施同时生产两种以上产品、可适用不同排放控制要求或不同行业国家污染物排放标准，且生产设施产生的污水混合处理排放的情况下，应执行排放标准中规定的最严格的浓度限值，并按式（1）换算水污染物基准水量排放浓度。

$$\rho_{基}=\frac{Q_{总}}{\sum Y_i \cdot Q_{i基}}\times\rho_{实} \tag{1}$$

式中　$\rho_{基}$——水污染物基准水量排放浓度，mg/L；

$Q_{总}$——排水总量，m^3；

Y_i——第 i 种产品产量，t；

$Q_{i基}$——第 i 种产品的单位产品基准排水量，m^3/t；

$\rho_{实}$——实测水污染物排放浓度，mg/L。

若 $Q_{总}$ 与 $\sum Y_i \cdot Q_{i基}$ 的比值小于 1，则以水污染物实测浓度作为判定排放是否达标的依据。

5　水污染物监测要求

5.1　对企业排放废水的采样应根据监测污染物的种类，在规定的污染物排放监控位置进行，有废水处理设施的，应在该设施后监控。在污染物排放监控位置应设置永久性排污口标志。

5.2　新建企业应按照《污染源自动监控管理办法》的规定，安装污染物排放自动监控设备，并与环境保护主管部门的监控设备联网，保证设备正常运行。各地现有企业安装污染物排放自动监控设备的要求由省级环境保护主管部门规定。

5.3　对企业水污染物排放情况进行监测的频次、采样时间等要求，按国家有关污染源监测技术规范的规定执行。

5.4　企业产品产量的核定，以法定报表为依据。

5.5　对企业排放水污染物浓度的测定采用表 5 所列的方法标准。

表 5 水污染物浓度测定方法标准

序号	污染物项目	方法标准名称	方法标准编号
1	pH 值	水质 pH 值的测定 玻璃电极法	GB/T 6920—1986
2	色度	水质 色度的测定	GB/T 11903—1989
3	悬浮物	水质 悬浮物的测定 重量法	GB/T 11901—1989
4	五日生化需氧量	水质 五日生化需氧量(BOD_5)的测定 稀释与接种法	GB/T 7488—1987
5	化学需氧量	水质 化学需氧量的测定 重铬酸盐法	GB/T 11914—1989
		水质 化学需氧量的测定 快速消解分光光度法	HJ/T 399—2007
6	氨氮	水质 铵的测定 蒸馏和滴定法	GB/T 7478—1987
		水质 铵的测定 纳氏试剂比色法	GB/T 7479—1987
		水质 铵的测定 水杨酸分光光度法	GB/T 7481—1987
		水质 氨氮的测定 气相分子吸收光谱法	HJ/T 195—2005
7	总氮	水质 总氮的测定 碱性过硫酸钾消解紫外分光光度法	GB/T 11894—1989
		水质 总氮的测定 气相分子吸收光谱法	HJ/T 199—2005
8	总磷	水质 总磷的测定 钼酸铵分光光度法	GB/T 11893—1989
9	总有机碳	水质 总有机碳(TOC)的测定 非色散红外线吸收法	GB 13193—1991
		水质 总有机碳的测定 燃烧氧化-非分散红外吸收法	HJ/T 71—2001
10	总锌	水质 锌的测定 双硫腙 分光光度法	GB/T 7472—1987
		水质 铜、锌、铅、镉的测定 原子吸收分光光度法	GB/T 7475—1987
11	总氰化物	水质 氰化物的测定 第一部分 总氰化物的测定	GB/T 7486—1987
12	急性毒性	水质 急性毒性的测定 发光细菌法	GB/T 15441—1995

5.6 企业须按照有关法律和《环境监测管理办法》的规定，对排污状况进行监测，并保存原始监测记录。

6 实施与监督

6.1 本标准由县级以上人民政府环境保护主管部门负责监督实施。

6.2 在任何情况下，发酵类制药生产企业均应遵守本标准规定的水污染物排放控制要求，采取必要措施保证污染防治设施正常运行。各级环保部门在对企业进行监督性检查时，可以现场即时采样或监测的结果，作为判定排污行为是否符合排放标准以及实施相关环境保护管理措施的依据。在发现企业耗水或排水量有异常变化的情况下，应核定企业的实际产品产量和排水量，按本标准规定，换算水污染物基准水量排放浓度。

附录 3 《制药工业污染防治可行技术指南 原料药（发酵类、化学合成类、提取类）和制剂类》（征求意见稿）

前 言

为贯彻执行《中华人民共和国环境保护法》《中华人民共和国水污染防治法》《中华人民共和国大气污染防治法》《中华人民共和国固体废物污染环境防治法》《中华人民共和国环境噪声污染防治法》等法律，防治环境污染，改善环境质量，推动制药工业污染防治技术进步，制定本标准。

本标准提出了原料药（发酵类、化学合成类、提取类）和制剂类制药工业废水、废气、固体废物和噪声污染防治可行技术。

本标准为首次发布。

本标准的附录 A～附录 E 为资料性附录。本标准由生态环境部科技与财务司、法规与标准司组织制订。本标准起草单位：河北省环境科学研究院、清华大学、中国环境科学研究院、江苏省环境科学研究院。

本标准由生态环境部 202□年□月□日批准。本标准自 202□年□月□日起实施。本标准由生态环境部解释。

1 适用范围

本标准提出了原料药（发酵类、化学合成类、提取类）和制剂类制药工业的废水、废气、固体废物和噪声污染防治可行技术。

本标准可作为原料药（发酵类、化学合成类、提取类）和制剂类制药工业企业或生产设施建设项目的环境影响评价、国家污染物排放标准制修订、排污许可管理和污染防治技术选择的参考。

医药中间体生产企业及产品与药物结构相似的兽用药品制造企业可参照采用。

2 规范性引用文件

本标准引用下列文件或其中的条款。凡是不注日期的引用文件，其有效版本适用于本标准。

GB 5085　危险废物鉴别标准
GB 8978　污水综合排放标准
GB 14554　恶臭污染物排放标准
GB 18484　危险废物焚烧污染控制标准
GB 18597　危险废物贮存污染控制标准
GB 18598　危险废物填埋污染控制标准
GB 18599　一般工业固体废物贮存、处置场污染控制标准
GB 21903　发酵类制药工业水污染物排放标准
GB 21904　化学合成类制药工业水污染物排放标准

GB 21905　　提取类制药工业水污染物排放标准
GB 21908　　混装制剂类制药工业水污染物排放标准
GB 31962　　污水排入城镇下水道水质标准
GB 37822　　挥发性有机物无组织排放控制标准
GB 37823　　制药工业大气污染物排放标准
GB/T 13554　　高效空气过滤器
GB/T 50335　　城镇污水再生利用工程设计规范
HJ 577　　序批式活性污泥法污水处理工程技术规范
HJ 858.1　　排污许可证申请与核发技术规范　制药工业-原料药制造
HJ 1063　　排污许可证申请与核发技术规范　制药工业-化学药品制剂
HJ 1093　　蓄热燃烧法工业有机废气治理工程技术规范
HJ 2006　　污水混凝与絮凝处理工程技术规范
HJ 2007　　污水气浮处理工程技术规范
HJ 2010　　膜生物法污水处理工程技术规范
HJ 2026　　吸附法工业有机废气治理工程技术规范
HJ 2027　　催化燃烧法工业有机废气治理工程技术规范
HJ 2044　　发酵类制药工业废水治理工程技术规范
HJ 2047　　水解酸化反应器污水处理工程技术规范
《国家危险废物名录》（环境保护部、国家发展和改革委员会、公安部令第 39 号）
《病原微生物实验室生物安全管理条例》（中华人民共和国国务院令第 424 号）
《病原微生物实验室生物安全环境管理办法》（国家环境保护总局令第 32 号）
《消毒技术规范》（卫法监发〔2002〕282 号）

3　术语和定义

下列术语和定义适用于本标准。

3.1　发酵类制药 fermentation pharmaceutical industry

通过发酵的方法产生抗生素或其他药物活性成分，然后经过分离、纯化、精制等工序生产出药物的过程。

3.2　化学合成类制药 chemical synthesis pharmaceutical industry

采用一个化学反应或者一系列化学反应生产药物活性成分，然后经过分离、纯化、精制等工序生产出药物的过程。

3.3　提取类制药 extraction products category industry

运用物理、化学、生物化学方法，将生物体中起重要生理作用的各种基本物质经过提取、分离、纯化等工序生产出药物的过程。

3.4　制剂类制药 preparations pharmaceutical industry

经过混合、加工和配制等工序，将药物活性成分和辅料制作形成各种剂型药物的过程。

3.5　污染防治可行技术 available techniques of pollution prevention and control

根据我国一定时期内环境需求和经济水平，在污染防治过程中综合采用污染预防技术、污染治理技术和环境管理措施，使污染物排放稳定达到国家污染物排放标准、规模应用的技术。

4 行业生产与污染物的产生

4.1 发酵类制药

4.1.1 生产工艺

4.1.1.1 发酵类制药按产品种类分为抗生素类、维生素类、氨基酸类等。发酵类药物分类及其代表性药物参见附录表 A.1。

4.1.1.2 发酵类制药生产工艺流程一般为种子培养、微生物发酵、分离、提取、精制、干燥、包装等步骤。生产工艺流程及产污节点分别参见附录图 A.1～A.5。

4.1.2 原辅料与能源消耗

4.1.2.1 发酵类制药生产所需的原辅材料主要包括碳源、氮源、有机和无机盐、前体物、消沫剂、破乳剂、有机溶剂等，以及大量的工艺及设备清洗用水。其中：

a. 常用的碳源原料包括乳酸、葡萄糖、蜜糖等；

b. 氮源可选择有机氮源和无机氮源。有机氮源包括玉米浆、棉籽饼粉、黄豆饼粉、花生饼粉、酵母粉、蛋白胨等；无机氮源包括硝酸盐、尿素、硫酸铵等。

4.1.2.2 发酵类制药生产过程中消耗的能源主要包括煤炭、蒸汽、电力等。

4.1.3 废水污染物的产生

4.1.3.1 发酵类制药废水主要包括：

a. 废滤液（从菌体中提取药物）、废母液（从过滤液中提取药物）、溶剂回收废水等工艺过程排水；

b. 发酵罐、板框压滤机、转鼓过滤机、树脂柱（罐）、地面等冲洗废水；

c. 水环真空泵排水、制水排水、冷却排水等辅助过程排水。

4.1.3.2 水污染物主要包括总有机碳、化学需氧量（COD_{Cr}）、生化需氧量（BOD_5）、悬浮物（SS）、pH 值、氨氮（NH_3-N）、总氮、总磷、色度、急性毒性、总锌、总氰化物等。主要污染物产生浓度参见附录表 B.1。

4.2 化学合成类制药

4.2.1 生产工艺

4.2.1.1 化学合成类制药按产品种类分为抗微生物感染类、心血管系统类、激素及影响内分泌类、维生素类、氨基酸类、神经系统类、呼吸系统类等。化学合成类药物分类及其代表性药物参见附录表 A.2。

4.2.1.2 化学合成类制药典型的生产过程主要以化学原料为起始反应物，生产工艺主要包括反应合成和药品纯化两个阶段。生产工艺流程及产污节点分别参见附录图 A.6～A.13。

4.2.2 原辅料与能源消耗

4.2.2.1 化学合成类制药生产所需的原辅材料主要包括含苯环、杂环的有机化学原料、反应试剂（氨化试剂、氯化试剂、酰化试剂、磺化试剂、杂环试剂等）和有机溶剂等。

4.2.2.2 化学合成类制药消耗的能源主要包括煤炭、蒸汽、电力等。

4.2.3 废水污染物的产生

4.2.3.1 化学合成类制药废水主要包括：a）各种结晶母液、转相母液、吸附残液等母液类废水；b）反应、结晶、过滤、树脂吸附等设备的冲洗废水；c）循环冷却水系统、水环真空设备、去离子水制备、蒸馏（加热）设备冷凝等辅助过程排水。

4.2.3.2 水污染物主要包括总有机碳（TOC）、化学需氧量（COD_{Cr}）、生化需氧量（BOD_5）、悬浮物（SS）、pH值、氨氮（NH_3-N）、总氮、总磷、色度、急性毒性、总铜、挥发酚、硫化物、硝基苯类、苯胺类、二氯甲烷、总锌、总氰化物和总汞、总镉、烷基汞、六价铬、总砷、总铅、总镍等污染物。主要污染物产生浓度参见附录表B.2。

4.3 提取类制药

4.3.1 生产工艺

4.3.1.1 提取类制药主要分为动物提取和植物提取。提取类药物分类及其常见品种参见附录表A.3。

4.3.1.2 提取类制药工艺主要包括原料的选择和预处理（清洗）、原料的粉碎、提取、精制、干燥、包装等。生产工艺流程及产污节点参见附录图A.14。

4.3.2 原辅料与能源消耗

4.3.2.1 提取类制药生产所需的原辅材料主要包括植物体、动物组织、提取溶剂等，其中提取常用的溶剂为水、稀盐、稀碱、稀酸溶液、有机溶剂（乙醇、丙酮、氯仿、三氯乙酸、乙酸乙酯、草酸、乙酸等）。

4.3.2.2 提取类制药消耗的能源主要包括煤炭、蒸汽、电力等。

4.3.3 废水污染物的产生

提取类制药废水主要包括原料清洗废水、通过提取装置或有机溶剂回收装置排放的提取废水、精制废水和设备、地面清洗废水等。主要污染物有总有机碳、化学需氧量（COD_{Cr}）、生化需氧量（BOD_5）、悬浮物（SS）、pH值、色度、氨氮（NH_3-N）、总氮、总磷、急性毒性、动植物油等。污染物产生浓度参见附录表B.3。

4.4 制剂类制药

4.4.1 生产工艺

4.4.1.1 根据制剂的形态可分为固体制剂类、注射剂类及其他制剂类三大类型。制剂类药物分类及其常见剂型参见附录表A.4。

4.4.1.2 制剂类制药生产工艺过程是通过混合、加工和配制，将具有药物活性的原料制备成成品。生产工艺流程及产污节点参见附录图A.15～A.18。

4.4.2 原辅料与能源消耗

4.4.2.1 制剂类制药生产所需的主要原辅料包括药物活性成分、消毒液、纯净水及各种剂型材料等。

4.4.2.2 制剂类制药消耗的能源主要包括蒸汽、电力等。

4.4.3 废水污染物的产生

制剂类制药废水主要包括纯化水、注射用水制水设备排水、包装容器清洗废水、工艺设备清洗废水、地面清洗废水。主要污染物有pH值、化学需氧量（COD_{Cr}）、生化需氧量（BOD_5）、悬浮物（SS）、氨氮（NH_3-N）、总氮、总磷、总有机碳、急性毒性等。污染物产生浓度参见附录表B.4。

5 污染预防技术

5.1 原辅料替代技术

5.1.1 制药工业应采用无毒、无害或低毒、低害的原辅料替代高毒和难以去除高毒的原辅料，以减少废物的产生量或降低废物的毒性。可采取以下技术措施：a）维生素C生产可采用水提取替代甲醇提取；b）维生素B_{12}生产可采用硫氰酸盐替代氰化物；c）化学合成类制药可采用空气接触氧化替代氧化剂氧化；d）所用催化剂宜选择毒性低或活性持久的、不易流失的催化剂；e）设备清洗时宜选用不腐蚀设备且本身易被清除的清洁剂；f）宜使用无毒或低毒的溶剂，如甲醇、丙二醇、苯甲醚、乙酸乙脂、乙醇、乙醚等，尽量减少卤代烃和芳香烃的使用。

制药工业常用的有机溶剂毒性参见附录E。

5.1.2 制药生产过程应减少含氮物质、含硫酸盐辅料、含磷物质、重金属等的使用。可采取以下替代技术措施：a）土霉素生产可采用碳酸钠替代氨水结晶过程；b）7-氨基去乙酰氧基头孢烷酸（7-ADCA）生产可采用液碱替代氨水结晶过程；c）咖啡因生产可采用加氢还原替代铁粉还原。

5.2 设备或工艺革新技术

5.2.1 酶催化技术

该技术适用于6-氨基青霉烷酸（6-APA）、7-氨基去乙酰氧基头孢烷酸（7-ADCA）、7-氨基头孢烷酸（7-ACA）、脱乙酰-7-氨基头孢烷酸（D-7ACA）、头孢西丁酸、头孢氨苄、头孢拉定、阿莫西林、头孢克洛、头孢丙烯、头孢羟氨苄等原料药产品及医药中间体生产的反应合成工序，酶作为一种高效生物催化剂，具有特异选择性和区域选择性，并在常温、常压和pH中性条件下，具有十分高效的催化活力。

酶催化技术替代化学法技术，原材料消耗少、毒性低，产生污染小。酶法制备头孢氨苄可避免使用二氯甲烷、丙酮和2-萘酚等有机溶媒；相同规模的6-APA酶法生产可分别降低约43%COD_{Cr}、9%氨氮产生量，无总磷产生，减少硫酸雾挥发，原料消耗量降低约65%。

5.2.2 发酵液直通工艺

该技术适用于以发酵液为原料经萃取、反萃、结晶、裂解等工序制成药品的生产工艺。该技术是以发酵液为原料直接进行后续加工，可省去提取、反萃、结晶、溶媒回收等多个工序，物耗、能耗大幅降低。应用发酵液直通工艺生产7-氨基去乙酰氧基头孢烷酸（7-ADCA），可省去原工艺中丁酯提取、共沸结晶等高能耗、高污染的生产工序，能耗降低约30%，COD_{Cr}产生量减少约27%，同时产品收率提高1.3%，制造成本下降8%。

5.2.3 膜分离技术

该技术适用于各种制药生产中的分离、精制与浓缩工序。利用微滤、超滤和纳滤等膜的选择性，可实现料液不同组分的分离、精制与浓缩。

a. 采用无机陶瓷组合膜分离工艺替代传统的板框过滤工艺适用于抗生素、维生素等产品生产，收率提高4%，后提取工艺中溶剂使用量削减85%，单位产品原料消耗减少 20%，无需使用絮凝剂，废水产生量下降 50%以上，COD_{Cr}和 BOD_5削减量在 10%以上。

b. 纳滤工艺适用于维生素 C、红霉素等产品生产，可对小分子有机物与水、无机盐等进行分离，使脱盐和浓缩过程同时进行。与传统三效降膜减压蒸发浓缩技术相比，单位产品浓缩工序生产成本下降 70%以上。生产过程不使用蒸汽，能源消耗低。同时设备占地面积减少 70%。

5.2.4　移动式连续离子交换分离技术

该技术适用于维生素 C、赖氨酸等产品生产的分离及精制工序。该技术采用连续式自动旋转离子交换系统，产品成分和浓度保持稳定；可同时去除或者分离具有不同特性的物质，可将复杂工艺简单化。与传统固定床式离子交换柱法相比，树脂用量减少 50%以上，洗涤水用量可节约 20%以上，酸液消耗量减少 9%，碱液消耗量减少 65%，产品总收率有所提高。单位产品原料消耗减少 8%左右。

5.2.5　高效动态轴向压缩工业色谱技术

该技术适用于天然产物和生物大分子（多肽，蛋白质等）的分离制备。动态轴向压缩色谱采用活塞装柱，并在操作过程中保持柱床压缩状态。与传统多次结晶工艺相比，单位产品溶媒消耗减少 30%～60%，产品收率提高 20%以上，单位产品运行成本下降 20%以上。

5.2.6　超声波、负离子空气洗瓶技术

a. 超声波洗瓶技术适用于玻璃瓶、塑料瓶等清洗。该技术利用超声波粗洗及高压水多级重洗，使瓶子达到洁净要求，有利于减少玻璃瓶破损率，西林瓶利用率可达到 100%，生产能力是毛刷洗瓶机的 3～4 倍，用水量较毛刷洗瓶机减少 25%。

b. 负离子空气洗瓶技术适用于塑料瓶清洗，不适用于玻璃瓶。利用产生的负离子风吸附尘埃上的静电去除粉尘，从而达到清洗的目的，该技术是一种干洗技术，节水、节能、不使用清洗剂，无污染。负离子空气洗瓶较水清洗瓶费用降低 60%以上。

5.2.7　三合一无菌制剂生产技术

该技术适用于无菌制剂塑料容器的吹塑制瓶、灌装、封口全过程。在无菌状态下，该技术可在塑料容器内单机完成制瓶、液体灌装、封口三项工序，无需洗瓶，有助节约水和能源消耗，可节约动力部分投资，设备占地面积小，单位产品生产成本下降 20%。

5.2.8　溶剂回收技术

a. 渗透汽化膜技术适用于有机溶剂的回收利用，是一种以有机混合物中组分蒸发压差为推动力，依靠各组分在膜中的溶解与扩散速率不同来实现混合物分离的过程，应用于有机溶剂的脱水，比恒沸精馏法节能 50%～67%，提高溶剂回收率达到 97%以上。

b. 碳纤维吸附回收技术适用于低浓度高风量有机工艺尾气的净化。以活性炭纤维为吸附材料，有机工艺尾气经活性碳纤维吸附、截留、脱附后，进行回收利用。有机溶剂回收率达到 80%以上。

6 污染治理技术

6.1 废水污染治理技术

6.1.1 一般规定

6.1.1.1 制药废水有机物含量高、成分复杂多变且多含杂环类等难降解或对微生物有抑制性物质、色度一般较深、含盐量多数较高，有的生化性很差，且间歇排放，属难处理的工业废水，针对制药废水宜采用分类收集、分质处理、分级回用的基本原则。

6.1.1.2 烷基汞、总镉、六价铬、总铅、总镍、总汞、总砷等涉重金属废水应单独收集、在车间或生产设施处理达标后，再进入污水处理系统。

6.1.1.3 涉及生物安全性的废水、废液，应进行预处理灭活灭菌，再进入污水处理系统。

6.1.1.4 高含盐废水宜进行除盐处理后，再进入污水处理系统。

6.1.1.5 高氨氮废水宜物化预处理回收氨氮后，再进入污水处理系统。

6.1.1.6 毒性大、难降解废水应单独收集、单独处理消除生物毒性或改善可生化性后，再进入污水处理系统。

6.1.1.7 可生化降解的高浓度废水应进行常规预处理，难生化降解的高浓度废水应进行强化预处理，提高可生化处理性。

6.1.1.8 制药废水常用的处理技术大多为物化处理技术与生物处理技术联用工艺。物化处理主要作为生物处理工序的预处理或深度处理工序。

6.1.2 物化处理技术

6.1.2.1 混凝沉淀/气浮法处理技术

该技术通过投加混凝剂使水中难以自然沉淀/上浮的胶体物质以及细小的悬浮物聚集成较大颗粒，然后通过沉降或气浮实现固液分离。适用于发酵类、提取类悬浮物浓度较高废水的预处理和制药废水生化处理后的深度处理。可有效去除制药废水中磷、色度、胶体、悬浮颗粒等。悬浮物的去除率90%以上。常用的混凝剂有聚合氯化铝，投加量1‰～25‰。絮凝剂常用聚丙烯酰胺，投加量2～10mg/L。凝沉淀法混凝时间15～30min，沉淀时间25～55min。气浮法反应时间5～10min，气浮时间10～25min。混凝、气浮的设计与管理应符合HJ 2006、HJ 2007要求。

6.1.2.2 吸附过滤法处理技术

该技术适用于悬浮物浓度较低废水，如经生化处理后的制剂类制药废水的深度处理。可有效去除制药废水中COD_{Cr}、色度、悬浮颗粒等污染物。悬浮物的去除率90%以上。常用滤料有石英砂、无烟煤、石榴石粒、白云石粒、活性炭等。常用无烟煤和石英砂双层滤料，滤层厚度一般1.1～1.2m，滤速8～10m/s。

6.1.2.3 臭氧氧化处理技术

该技术是用臭氧作为氧化剂对废水进行净化或消毒处理的方法。适用于含恶臭、酚、氰等污染物质废水的处理，可用于难降解制药废水的预处理或制药废水深度处理。可生化性BOD_5/COD_{Cr}值可提高到大于0.3，COD_{Cr}去除率可达50%。臭氧投加量建议采用试验确定，用于制药废水深度处理时臭氧投加量为20～30mg/L，接触时间

1～2h。

6.1.2.4 微电解（Fe-C）法处理技术

该技术适用于氧化还原电位较高的化学合成制药废水生化处理前的预处理，可提高废水的可生化性。停留时间1～1.5h。铁碳比（1∶1）～（5∶1），为防止铁碳板结，应设曝气系统。可生化性BOD_5/COD_{Cr}值可提高到大于0.3，COD_{Cr}去除率20%～30%。

6.1.2.5 Fenton试剂氧化法处理技术

该技术适用于难降解的化学合成类制药废水生化处理前的预处理和原料药生产废水生化处理后的深度处理。但加药种类多、成本较高且会产生较多物化污泥和增加废水中盐分。采用该工艺处理制药废水摩尔浓度Fe^{2+}∶H_2O_2为1∶（1～3），pH值3～4，停留时间2～4h。COD_{Cr}去除率可达60%以上。

6.1.2.6 吹脱法处理技术

该技术适用于氨氮浓度大于1000mg/L的制药废水，也可用于高含硫化物制药废水的处理。吹脱时间0.5～1.5h，pH10～11，塔高为6m时，气液比为2200～2300，布水负荷率小于等于180m^3/(m^2·d)，升高温度对吹脱有利。氨氮去除率可达60%～90%，用于处理废水时，易产生碱性恶臭气体，可采用水吸收或酸吸收的方法处理后达标排放。

6.1.2.7 汽提法处理技术

该技术适用于氨氮浓度大于1000mg/L以上的废滤液、废发酵液等制药废水。汽提时间2h，pH10～13，温度30～50℃，常温条件下蒸汽用量200～300kg/t废水，温度升高用量可适当减少。氨氮去除率70%～96%。

6.1.2.8 多效蒸发处理技术

该技术适用于盐含量大于30g/L的结晶母液、转相母液、吸附残液等高含盐制药废水，能耗高、运行费用大。多效蒸发过程中，利用一次蒸发使废水沸腾汽化的二次蒸汽作为下一个蒸发器的热源，连续多级串联加热，废水与二次蒸汽呈逆行串联浓缩。根据蒸发的效数不同，蒸汽用量不同。盐的去除率95%以上。蒸发残渣、残液按危废处置。

6.1.2.9 机械蒸发再压缩（MVR）处理技术

该技术适用于制药高含盐废水除盐、废水深度处理及中水回用，能耗高、运行费用大。进水COD_{Cr}小于等于450mg/L，固含量小于等于0.3%，蒸发温度105℃左右。COD_{Cr}去除率93%以上。蒸发残渣、残液需按危险废物处置。

6.1.3 厌氧生物处理技术

6.1.3.1 水解酸化处理技术

该技术适用于制药工业中难降解有机废水的预处理。COD_{Cr}容积负荷高于2kg/(m^3·d)，停留时间8～24h。可提高废水的可生化性，COD_{Cr}去除率20%以上。水解酸化反应器的设计与管理应符合HJ 2047要求。

6.1.3.2 升流式厌氧污泥床（UASB）理技术

该技术适用于高浓度制药废水处理。UASB通常要求进水中SS含量小于1000mg/L，中温（35～40℃）条件下，COD_{Cr}容积负荷为5～10kg/(m^3·d)；常温条件下，COD_{Cr}容积负荷为3～5kg/(m^3·d)。COD_{Cr}去除率60%～90%。沼气脱硫后可作为燃料利用，沼气产生量少时不宜作为燃料，需设火炬处理。

6.1.3.3 厌氧颗粒污泥膨胀床（EGSB）处理技术

该技术适用于容积负荷高，需较强抗冲击负荷能力的工艺。处理制药废水时有机容积负荷一般高于UASB，占地面积小，抗冲击负荷能力强。常温条件下（20～30℃），反应器的容积负荷：3～8kg COD_{Cr}/(m^3·d)。中温条件下（35～40℃），反应器的容积负荷：5～12kg COD_{Cr}/(m^3·d)。COD_{Cr}去除率60%～90%。沼气脱硫后可作为燃料利用。

6.1.3.4 厌氧内循环反应器（IC）处理技术

该技术适用于处理以碳氢化合物为主要污染物的高浓度制药废水，如维生素C生产废水等。IC反应器高径比一般可达4～8，反应器的高度达到20m左右。整个反应器由第一厌氧反应室和第二厌氧反应室叠加而成。每个厌氧反应室的顶部各设一个气、固、液三相分离器。中温条件下，COD_{Cr}容积负荷一般在10kg/(m^3·d)以上。COD_{Cr}去除率50%～80%。

6.1.3.5 厌氧膜生物反应器

该技术适用于制药行业含溶媒、高含固、高浓度有机废水的处理。适用于需启动快、具备较强抗冲击负荷能力的工艺。处理制药废水时常温条件下（20～30℃），反应器的容积负荷3～6kg COD_{Cr}/(m^3·d)，中温条件下（35～40℃），反应器的容积负荷5～10kg COD_{Cr}/(m^3·d)。COD_{Cr}去除率60%～90%。沼气脱硫后可作为燃料利用。

6.1.4 好氧（缺氧）生物处理技术

6.1.4.1 A/O工艺

该技术适用于处理中低浓度的制药废水，进水COD_{Cr}浓度低于2000mg/L。对于高浓度制药废水，需前段配套生化处理大幅度削减COD_{Cr}和BOD_5后再采用该工艺才能保障脱氮的长效稳定。COD_{Cr}去除率大于95%，BOD_5去除率大于96%，SS去除率大于94%，氨氮和总氮去除率大于90%。A/O工艺即缺氧-好氧生物法，在好氧池实现硝化，在缺氧池中实现反硝化脱氮。根据脱氮要求情况，可以设置多级A/O。O段溶解氧应维持在2mg/L以上，pH值应控制在7～8之间。缺氧与好氧水力停留时间宜控制在1∶3左右，缺氧生物系统负荷宜小于0.25kg TN/(m^3·d)，在C/N值小于5的情况下需补充反硝化碳源。

6.1.4.2 接触氧化法处理技术

该技术适用于在较低COD_{Cr}进水浓度和负荷条件下处理制药废水，宜作为后段好氧处理工序，COD_{Cr}容积负荷一般1kg/(m^3·d)以下，去除率可达60%～90%。

6.1.4.3 间歇曝气活性污泥法（SBR）及其变形工艺（CASS、ICEAS）处理技术

间歇曝气活性污泥法（SBR）是一种按间歇曝气方式来运行的活性污泥处理技术，集生物降解、沉淀等功能于一体按时间顺序间歇操作。循环活性污泥法（CASS）和间歇式循环延时曝气活性污泥法（ICEAS）在反应器进水端增加生物选择器，可实现连续进水。

适用于COD_{Cr}浓度在2000mg/L以下的制药废水。由于流态接近完全混合，可用于处理浓度较高的制药废水，COD_{Cr}容积负荷1～2kg/(m^3·d)，去除率可达50%～80%。SBR的设计与运行管理应符合HJ 577的要求。

6.1.4.4 膜生物反应器（MBR）处理技术

该技术适用于生化处理出水指标要求较高的制药废水处理，宜作为生化处理的末端工序，也可用于废水深度处理，污泥负荷宜控制0.1kg COD_{Cr}/（kgVSS·d）以下，COD_{Cr}去除率可达70%～90%。MBR设计与管理应符合HJ 2010的要求。

6.1.4.5 移动床膜生物反应器（MBBR）处理技术

该技术由于流态接近完全混合且高生物量，可在较高负荷情况下处理浓度较高的制药废水，适用于作为好氧处理的前端工序。容积负荷可达1.5～2kg COD_{Cr}/(m^3·d)，硝化速率0.02～0.03kg NH_3-N/(kgDS·d)，COD_{Cr}去除率50%～90%，氨氮去除率50%以上。

6.1.4.6 曝气生物滤池（BAF）处理技术

该技术适用于处理有机物和悬浮物浓度较低的制药废水，进水悬浮物要求一般小于60mg/L，多用于深度处理，COD_{Cr}去除率一般在30%～50%，氨氮去除率70%以上。

7 污染防治可行技术

7.1 工艺过程污染预防可行技术

工艺过程污染预防可行技术见表1。

表1 制药工业工艺过程污染预防可行技术

生产环节	可行技术	目的	技术适用
原料使用	采用无毒或低毒的原辅料替代高毒的原辅料	降低废物的毒性，防止有毒有害物质进入环境	所有化学合成类、发酵类、提取类制药企业
	选择无毒或低毒的溶剂		
	尽量减少卤代烃和芳香烃的使用		
	减少含氮、含硫酸盐、重金属物质的使用	降低生产废水中的NH_3-N、硫酸盐浓度，提高厌氧生化处理效果	
工艺过程	酶催化技术	降低原料消耗，减少有机溶剂的使用，减少污染物的产生	6-APA、7-ADCA、7-ACA、D-7ACA、头孢西丁酸、头孢氨苄、头孢拉定、阿莫西林、头孢克洛、头孢丙烯、头孢羟氨苄等产品及医药中间体生产的反应合成工序
	发酵液直通工艺	省去提取、反萃、结晶、溶媒回收等多个高耗能工序，降低物耗和能耗，实现节能减排	适用于以发酵液为原料经萃取、反萃、结晶、裂解等工序制成7-ADCA等药品的生产工艺膜

续表

生产环节	可行技术	目的	技术适用
工艺过程	膜分离技术	提高收率、降低成本	分离、精制和浓缩
	移动式连续离子交换分离技术	简化工艺、减少树脂用量和酸碱液消耗量	维生素C、赖氨酸等产品生产的分离、精制
	高效动态轴向压缩工业色谱技术	分离物理化学性质相近的目标化合物	天然产物和生物大分子(多肽,蛋白质等)的分离制备
	超声波、负离子空气洗瓶技术	不使用清洗剂	塑料瓶清洗
	三合一无菌制剂生产技术	节约水和能源消耗	无菌制剂塑料容器的吹塑制瓶、灌装、封口
有机溶剂回收	渗透汽化膜技术	减少能耗、提高溶剂回收率	有机溶剂的脱水
	碳纤维吸附回收技术		低浓度高风量有机工艺尾气的净化

7.2　废水污染防治可行技术

发酵类、化学合成类制药行业产品众多且生产工序多样，对于不同工序产生污染物浓度差异明显的废水宜采用分质处理方式，分别收集预处理后再进行混合处理。

(1) 分质预处理

1) 高含盐废水

该技术适用于含盐量大于30g/L的高含盐生产废水，主要为各种结晶母液、转相母液、吸附残液等母液废水，宜采用浓缩、蒸发（多效蒸发或MVR技术）预处理技术，以降低后续处理难度，盐去除率大于95%。

2) 高氨氮废水

该技术适用于NH_3-N浓度大于1000mg/L的高氨氮生产废水，主要为废滤液、废发酵液，宜采用吹脱或汽提预处理技术，NH_3-N去除率60%～90%。

3) 高悬浮物废水

该技术适用于悬浮物浓度大于500mg/L的高悬浮物生产废水，主要为发酵罐等容器设备冲洗水、板框压滤机、转鼓过滤机等过滤设备冲洗水等，宜采用混凝沉淀/气浮预处理技术，SS去除率大于90%。

4) 高浓度废水

该技术适用于可生化性差，BOD_5/COD_{Cr}值小于0.3的高浓度难降解生产废水，主要为合成、提取、精制、分离等主生产废水、水环真空泵排水等，宜采用Fenton试剂、臭氧氧化、微电解等化学氧化还原技术进行预处理，COD_{Cr}去除率20%～50%、BOD_5/COD_{Cr}值提升至0.3以上。

(2) 生物处理

厌氧生物处理可采用水解酸化工艺，反应器可采用完全混合形式，也可采用UASB、EGSB、IC等厌氧反应器或厌氧生物膜反应器，其中UASB应用范围较广，EGSB或IC更宜处理碳氢化合物为主的维生素C等高浓度制药废水，厌氧生物膜反应器启动快、运行管理简便；多级A/O处理技术，其中宜采用完全混合活性污泥法、

SBR、MBBR 等抗冲击能力较强的工艺作为前端生化处理措施，接触氧化法、MBR 等技术宜作为后端处理工艺。

（3）深度处理根据排水去向选用不同的处理工艺，排入公共污水处理系统的企业应采取混凝沉淀或气浮技术，直接排入水体的企业应采用 Fenton 试剂技术或“臭氧氧化＋BAF 技术”，严格要求总溶解固体（TDS）指标的，慎重选择 Fenton 试剂氧化。回用的应采用除 Fenton 试剂技术之外的高级氧化技术＋“膜技术＋MVR 技术”，根据回用水质与水量的要求选择膜工艺类型。

发酵类、化学合成类、提取类、制剂类制药工业废水污染防治可行技术分见表 2～表 5。

表 2　发酵类制药工业废水污染防治可行技术

可行技术	污染预防技术	污染治理技术	污染物排放水平/(mg/L)				技术适用条件
			COD_{Cr}	氨氮	总氮	总磷	
可行技术 1	原辅料替代＋膜分离技术/移动式连续离子交换分离技术	①预处理技术（多效蒸发或 MVR/吹脱或气提/混凝沉淀或气浮）＋②厌氧（水解酸化或 UASB 或 EGSB 或 IC 或厌氧生物膜反应器）＋③多级 A/O＋④混凝沉淀/气浮	≤500	≤35	≤70	≤8	适用于进水水量、水质稳定，且出水排向公共污水处理系统、协议标准执行 GB 8978、GB 31962 的企业
可行技术 2		①预处理技术（多效蒸发或 MVR/吹脱或气提/混凝沉淀或气浮）＋②厌氧（水解酸化或 UASB 或 EGSB 或 IC 或厌氧生物膜反应器）＋③多级 A/O＋④Fenton试剂技术（或臭氧氧化＋BAF/MBR）＋混凝沉淀＋过滤＋消毒	≤120	≤35	≤70	≤1.0	适用于进水水量、水质稳定，直排地表水体的处理系统、排放标准执行 GB 21903 的企业
可行技术 3		①预处理技术（多效蒸发或 MVR/吹脱或气提/混凝沉淀或气浮）＋②厌氧（水解酸化或 UASB 或 EGSB 或 IC 或厌氧生物膜反应器）＋③多级 A/O＋④高级氧化技术＋（膜技术＋MVR 技术）	≤50	≤5	≤15	≤0.5	适用于进水水量、水质稳定，再生水质符合 GB/T 50335 的企业。反渗透产生的浓水应按照相关法律法规和技术规范进行处理处置

表 3　化学合成类制药工业废水污染防治可行技术

可行技术	污染预防技术	污染治理技术	污染物排放水平/(mg/L)				技术适用条件
			COD_{Cr}	氨氮	总氮	总磷	
可行技术 1	原辅料替代＋酶催化技术/发酵液直通工艺＋膜分离技术/高效动态轴向压缩工业色谱技术	①预处理技术（多效蒸发或 MVR/吹脱或气提/混凝沉淀或气浮/Fe-C 技术或 Fenton 试剂等化学氧化还原技术）＋②厌氧（水解酸化或 UASB 或 EGSB 或 IC 或厌氧生物膜反应器）＋③多级 A/O＋④混凝沉淀/气浮	≤500	≤35	≤70	≤8	适用于进水水量、水质稳定，且出水排向公共污水处理系统、协议标准执行 GB 8978、GB 31962 的企业

续表

可行技术	污染预防技术	污染治理技术	污染物排放水平/(mg/L)				技术适用条件
			COD_{Cr}	氨氮	总氮	总磷	
可行技术2	原辅料替代＋酶催化技术/发酵液直通工艺＋膜分离技术/高效动态轴向压缩工业色谱技术	①预处理技术(多效蒸发或MVR/吹脱或气提/混凝沉淀或气浮/Fe-C技术或Fenton试剂等化学氧化还原技术)＋②厌氧(水解酸化或UASB或EGSB或IC或厌氧生物膜反应器)＋③多级A/O＋④Fenton试剂技术(或臭氧氧化＋BAF)＋混凝沉淀＋过滤＋消毒	≤120	≤25	≤35	≤1.0	适用于进水水量、水质稳定，直排地表水体的处理系统，排放标准执行GB 21904的企业
可行技术3		①预处理技术(多效蒸发或MVR/吹脱或气提/混凝沉淀或气浮/Fe-C技术或Fenton试剂等化学氧化还原技术)＋②厌氧(水解酸化或UASB或EGSB或IC或厌氧生物膜反应器)＋③多级A/O＋④高级氧化技术＋(膜技术＋MVR技术)	≤50	≤5	≤15	≤0.5	适用于进水水量、水质稳定，再生水质符合GB/T 50335的企业。反渗透产生的浓水应按照相关法律法规和技术规范进行处理处置

表4 提取类制药工业废水污染防治可行技术

可行技术	污染预防技术	污染治理技术	污染物排放水平/(mg/L)				技术适用条件
			COD_{Cr}	氨氮	总氮	总磷	
可行技术1	原辅料替代＋膜分离技术	①预处理技术(混凝沉淀或气浮)＋②厌氧(水解酸化或UASB等)＋③多级A/O＋④混凝沉淀/气浮	≤150	≤20	≤40	≤1.0	适用于进水水量、水质稳定，且出水排向公共污水处理系统、协议标准执行GB 8978、GB 31962的企业
可行技术2		①预处理技术(混凝沉淀或气浮)＋②厌氧(水解酸化或UASB等)＋③多级A/O＋④Fenton试剂技术(或臭氧氧化＋BAF/MBR)＋混凝沉淀＋过滤＋消毒	≤100	≤15	≤30	≤0.5	适用于进水水量、水质稳定，直排地表水体的处理系统，排放标准执行GB 21905的企业
可行技术3		①预处理技术(混凝沉淀或气浮)＋②厌氧(水解酸化或UASB等)＋③多级A/O＋④高级氧化技术＋(膜技术＋MVR技术)	≤50	≤5	≤15	≤0.5	适用于进水水量、水质稳定，再生水质符合GB/T 50335的企业。反渗透产生的浓水应按照相关法律法规和技术规范进行处理处置

表 5 制剂类制药工业废水污染防治可行技术

可行技术	污染预防技术	污染治理技术	污染物排放水平/(mg/L)				技术适用条件
			COD_{Cr}	氨氮	总氮	总磷	
可行技术 1	超声波、负离子空气洗瓶技术＋三合一无菌制剂生产技术	①预处理技术(混凝沉淀或气浮)＋②A(水解酸化或缺氧水解)O＋③混凝沉淀/气浮	≤100	≤15	≤30	≤1	适用于进水水量、水质稳定，且出水排向公共污水处理系统、协议标准执行 GB 8978、GB 31962 的企业
可行技术 2		①预处理技术(混凝沉淀或气浮)＋②A(水解酸化或缺氧水解)O＋③Fenton 试剂技术(或臭氧氧化＋BAF/MBR)＋混凝沉淀＋过滤＋消毒	≤60	≤10	≤20	≤0.5	适用于进水水量、水质稳定，直排地表水体的处理系统，排放标准执行 GB 21908 的企业
可行技术 3		①预处理技术(混凝沉淀或气浮)＋②A(水解酸化或缺氧水解)O＋③高级氧化技术＋(膜技术＋MVR 技术)	≤50	≤5	≤15	≤0.5	适用于进水水量、水质稳定，再生水质符合 GB/T 50335 的企业。反渗透产生的浓水应按照相关法律法规和技术规范进行处理处置

7.3 废气污染防治可行技术

废气污染防治可行技术见表 6。

7.4 固体废物综合利用及处理处置可行技术

固体废物综合利用及处理处置可行技术见表 7。

7.5 噪声污染控制可行技术

噪声污染控制可行技术见表 8。

附录 A
(资料性附录)制药工业典型产品工艺流程及排污节点

A.1 发酵类制药工业典型产品工艺流程及排污节点

A.1.1 药物分类及其代表性药物

发酵类药物分类及其代表性药物见表 A.1。

表 6　废气污染防治可行技术

序号	废气类型	产污工序	主要污染项目	污染预防技术	污染治理技术	污染物排放水平/(mg/m^3)	技术适用条件
1	含尘废气	粉碎、干燥、包装等工序	颗粒物	—	(旋风除尘)+袋式除尘	除尘效率>99%，颗粒物：10～30	尘粒粒径≥0.1μm
					高效空气过滤器①	除尘效率>99.9%，颗粒物≤20	
2	有机废气	提取、精制、干燥、蒸馏、合成反应、分离、溶剂回收等工序	总挥发性有机物(TVOC)、非甲烷总烃(NMHC)	原辅料替代+溶剂回收技术	冷凝回收+吸附	VOCs 去除率>95%；NMHC≤100；TVOC≤150	$TVOC>1000mg/m^3$
					吸附浓缩+冷凝回收	VOCs 去除率>95%；NMHC≤100；TVOC≤150	
					吸收+回收	VOCs 去除率>95%；NMHC≤100；TVOC≤150	
					燃烧②	VOCs 去除率>98%；NMHC≤80；TVOC≤120	
					吸附浓缩+燃烧②	VOCs 去除率>95%；NMHC≤100；TVOC≤120	$TVOC<1000mg/m^3$
					化学氧化+吸收	VOCs 去除率>95%；NMHC≤100；TVOC≤120	
					吸收+活性炭吸附	VOCs 去除率>95%；NMHC≤100；TVOC≤120	
3	发酵尾气	发酵工序	颗粒物、臭气浓度、TVOC、NMHC	—	碱洗+化学氧化处理	VOCs 去除率>95%；颗粒物≤30；NMHC≤100；TVOC≤150	制药发酵尾气治理
					吸附浓缩+燃烧②	VOCs 去除率>95%；颗粒物≤30；NMHC≤100；TVOC≤150	
4	酸碱废气	使用盐酸、氨水调节 pH 工序	氯化氢、氨	—	酸碱吸收法	处理效率>95%；氯化氢≤30；氨≤30	酸、碱废气
5	恶臭气体	废水处理系统、发酵菌渣等固废贮存场所、动物提取原料清洗及粉碎工序	氨、硫化氢、臭气浓度	—	碱吸收+生物净化+化学氧化	处理效率>95%；NMHC≤100；硫化氢≤5；氨≤30	臭气浓度>10000(无量纲)
					碱吸收+化学氧化	处理效率>95%；NMHC≤100；硫化氢≤5；氨≤30	臭气浓度<10000(无量纲)
6	沼气脱硫	废水处理系统	硫化氢	—	湿法(化学/生物)+干法脱硫	处理效率>99.5%，$H_2S<20mg/m^3$	H_2S 浓度$>1000mg/m^3$
					干法脱硫处理技术	处理效率>99%，$H_2S<20mg/m^3$	H_2S 浓度$<1000mg/m^3$

① 适用于青霉素等高致敏性药品、β-内酰胺结构类药品、避孕药品、激素类药品、抗肿瘤类药品、强毒微生物及芽孢菌制品、放射性药品等特殊药品生产设施排放的药尘废气。

② 燃烧技术不适用于含卤代烃废气的治理。

表 7　固体废物综合利用及处理处置可行技术

类别	固体废物	可行技术
一般工业固体废物	氨基酸、维生素发酵菌渣、水提药物残渣	作为有机肥和饲料的生产原料进行综合利用
	废包装材料等	收集后资源化利用
	废水处理污泥	浓缩＋一般压滤＋干化脱水技术/浓缩＋高压压滤脱水技术；脱水后污泥经鉴别，非危险废物的按一般废物处置，鼓励进行综合利用
危险废物	菌丝废渣(不包括利用生物技术合成氨基酸、维生素过程中产生的培养基废物)	委托有资质的单位处理。鼓励研发替代发酵原料实现厂内利用和灭活干燥后制造生物质燃料等无害化处理技术、综合利用技术
	蒸馏及反应残余物，废母液及反应基废物，废吸附剂、废脱色过滤介质，废弃产品、原料药和中间体，除尘设施捕集的不可回收的药尘等	委托有资质的单位进行处理

表 8　噪声污染控制可行技术

序号	噪声源	可行技术	降噪水平
1	生产设备噪声	厂房隔声	降噪量 20 dB(A)左右
		隔声罩	降噪量 20 dB(A)左右
		减振	降噪量 10 dB(A)左右
2	空压机噪声	减振、消声器	消声量 20 dB(A)左右
3	风机噪声	消声器	消声量 25 dB(A)左右
4	泵类噪声	隔声罩	降噪量 20 dB(A)左右

表 A.1　发酵类药物分类及其代表性药物一览表

制药企业类型	类别	代表性药物	
发酵类	抗生素类	β-内酰胺类药物	青霉素 G 钾、青霉素 G 钠、青霉素 V 钾
		四环素类药物	四环素、盐酸四环素、土霉素、金霉素
		氨基糖苷类药物	庆大霉素、卡那霉素、卡那霉素碱、单硫酸卡那霉素、核糖霉素、妥布霉素、硫酸妥布拉霉素、西索米星(西梭霉素)、大观霉素、硫酸大观霉素、新霉素、硫酸链霉素、双氢链霉素
		大环内酯类	红霉素
		多肽类	去甲万古霉素、多粘菌素 E、环孢素、平阳霉素
		其他类	正定霉素、丝裂霉素、派来霉素、阿霉素、表阿霉素、制霉菌素、灰黄霉素、利福霉素钠、依微菌素、阿维菌素、表阿维菌素、富表甲氨基阿维菌素、莫能菌素、林可霉素

续表

制药企业类型	类别	代表性药物
发酵类	维生素类	盐酸羟钴胺、维生素 B_{12}、腺苷辅酶维生素 B_{12}、维生素 C-90、维生素 B_1 盐酸盐、维生素 C-97、维生素 C 钠、维生素 D_2、维生素 C、维生素 E 醋酸酯、维生素 E 粉
	氨基酸类	L-谷氨酸钠、L-谷氨酸、L-丝氨酸、L-苏氨酸、L-缬氨酸、L-赖氨酸、L-盐酸赖氨酸
	其他类	氢化可的松、辅酶 A

A.1.2 生产工艺及排污节点

发酵类制药生产工艺及排污节点见图 A.1，典型发酵类药物品种生产工艺及排污节点见图 A.2～图 A.5。

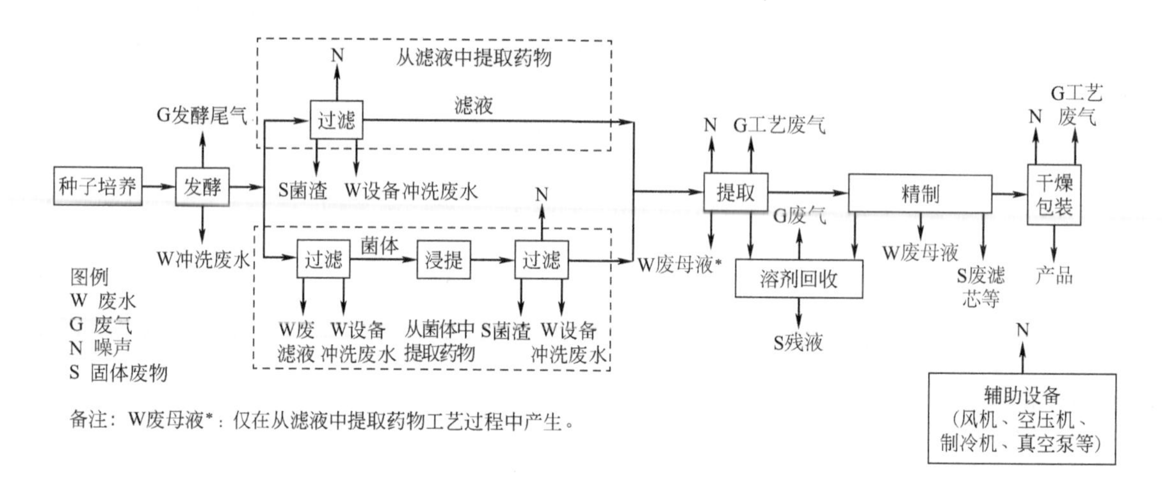

图 A.1 发酵类制药生产工艺及排污节点

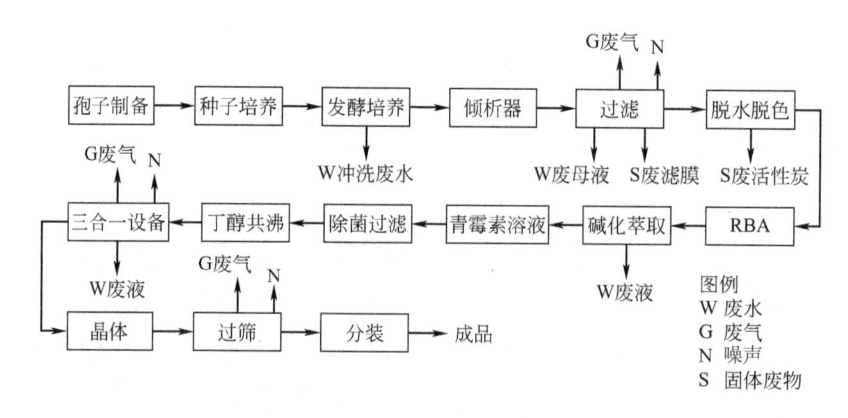

图 A.2 青霉素 G 钾生产工艺及排污节点

A.2 化学合成类

A.2.1 药物分类及其代表性药物

化学合成类药物分类及其代表性药物见表 A.2。

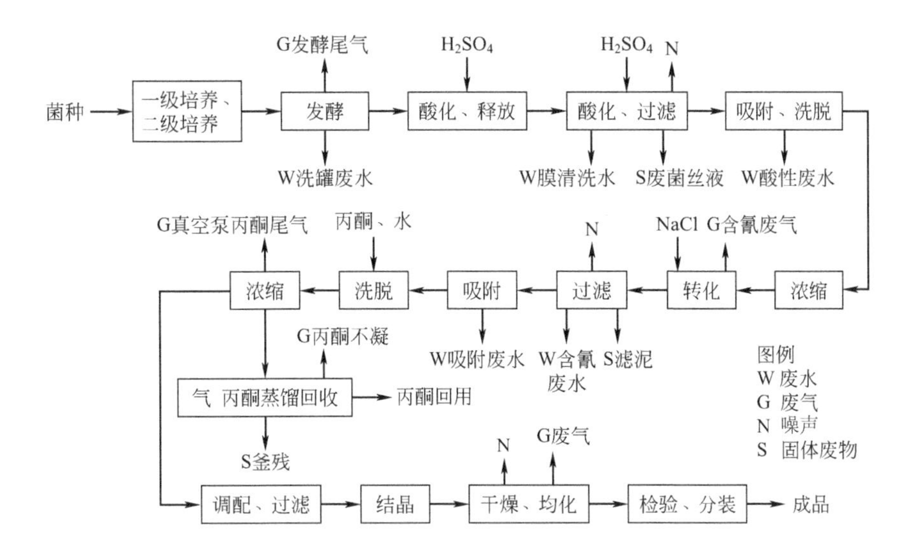

图 A.3 维生素 B12 生产工艺及排污节点

表 A.2 化学合成类药物分类及其代表性药物一览表

制药企业类型	类别	代表性药物	
化学合成类	抗微生物感染类	β-内酰胺类药物	阿莫西林
			头孢拉定
		磺胺类药物	磺胺嘧啶
		氯霉素类药物	氯霉素
		呋喃类药物	呋喃唑酮
	心血管系统类	辛伐他汀	
	激素及影响内分泌类	氢化可的松	
	维生素类	维生素 B_1	
		维生素 E	
	氨基酸类	甘氨酸	
	神经系统类	安乃近	
		阿司匹林	
		布洛芬	
		咖啡因	
	呼吸系统类	愈甘醚	
	其他类	盐酸赛庚啶	

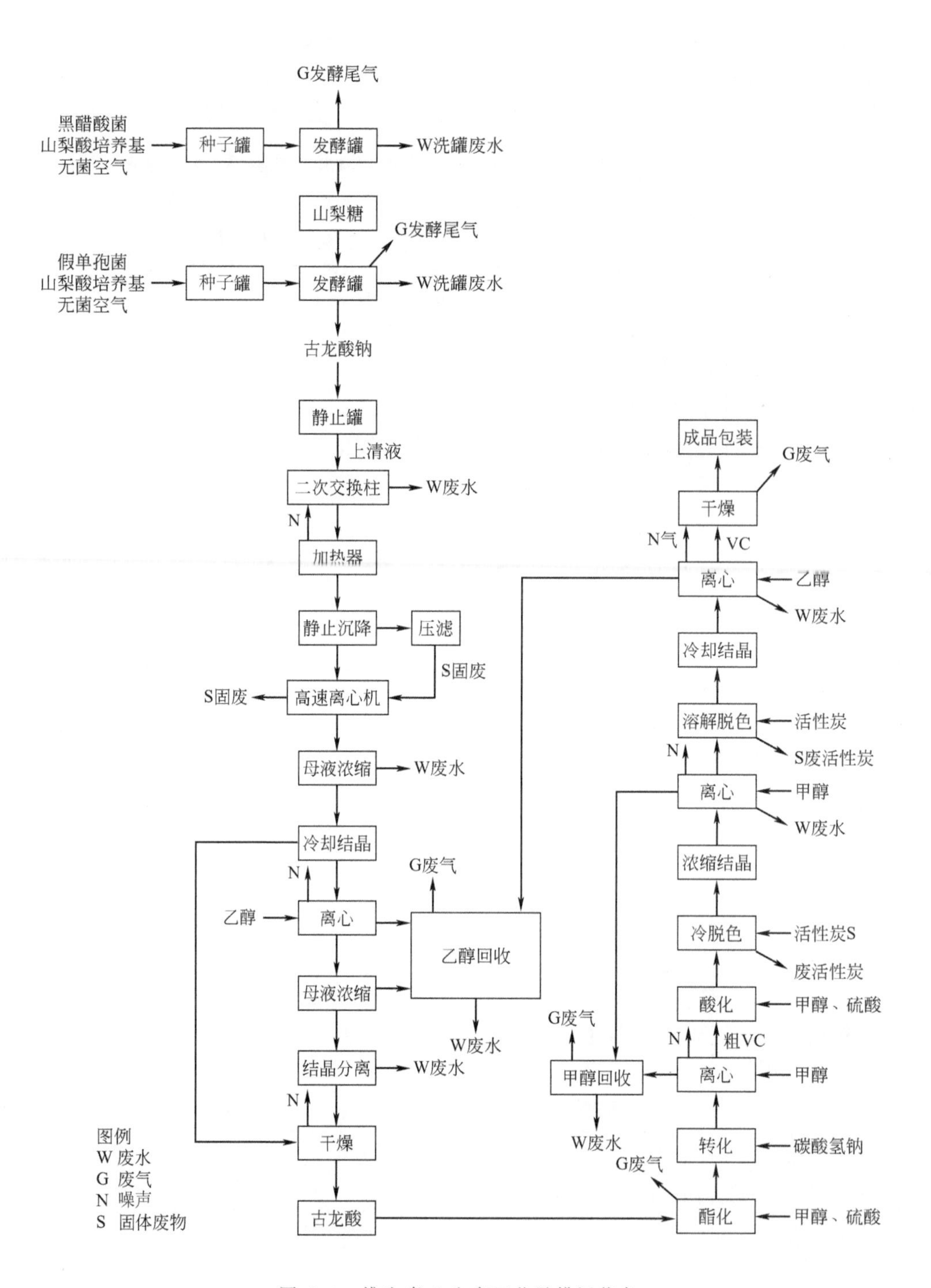

图 A.4　维生素 C 生产工艺及排污节点

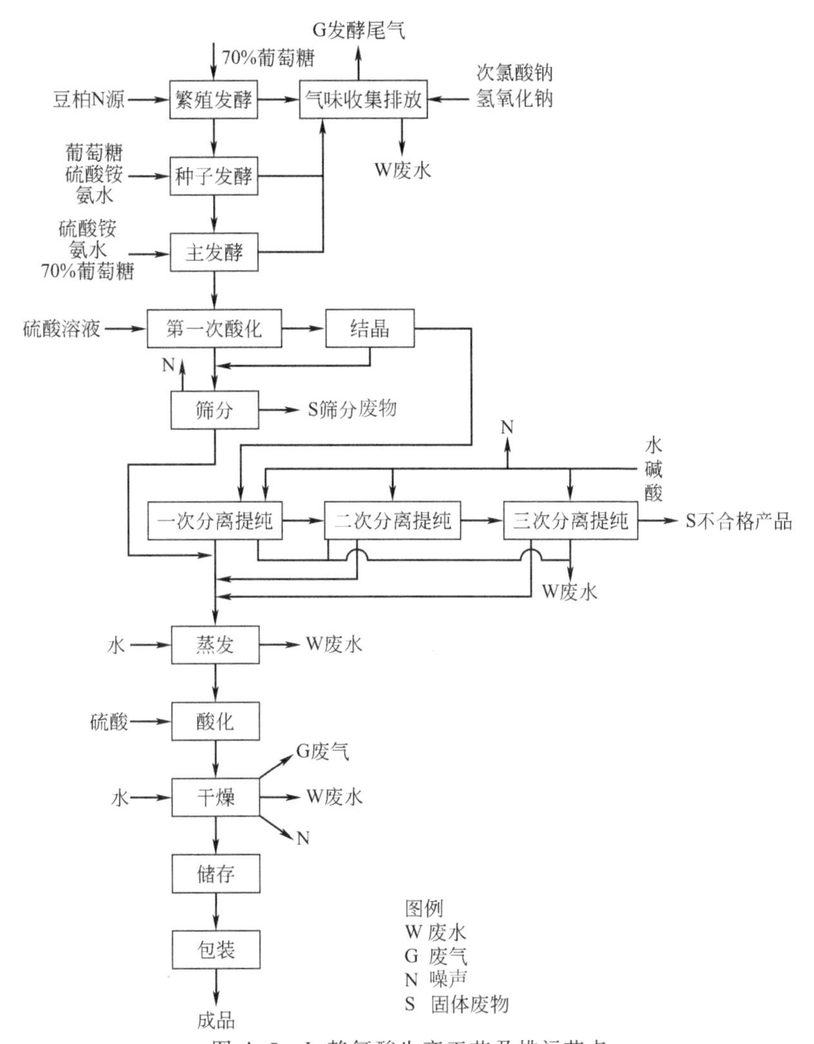

图 A.5 L-赖氨酸生产工艺及排污节点

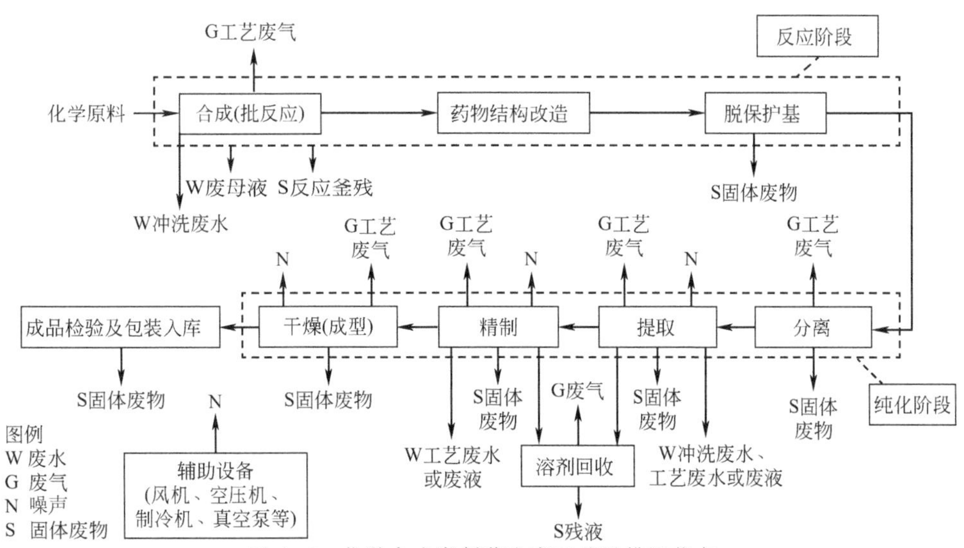

图 A.6 化学合成类制药生产工艺及排污节点

A.2.2 生产工艺及排污节点

化学合成类制药生产工艺及排污节点见图 A.6，典型化学合成类药物品种生产工艺及排污节点见图 A.7～图 A.13。

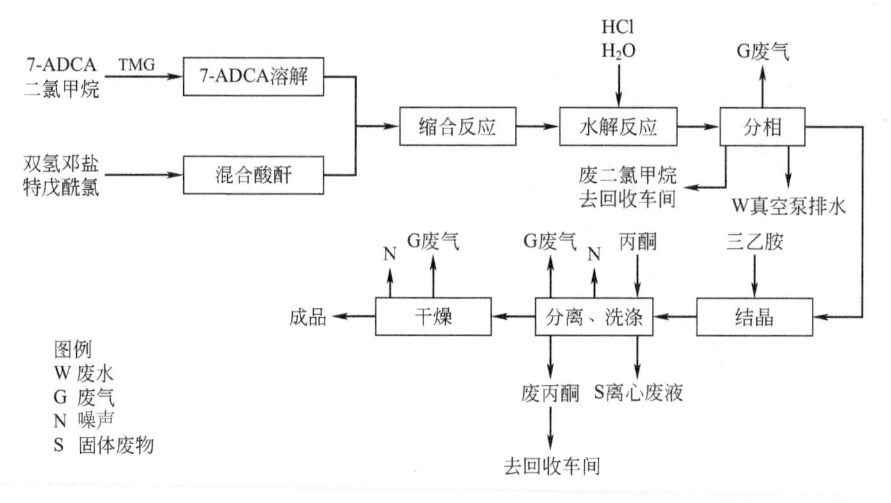

图 A.7 头孢拉定制药生产工艺及排污节点

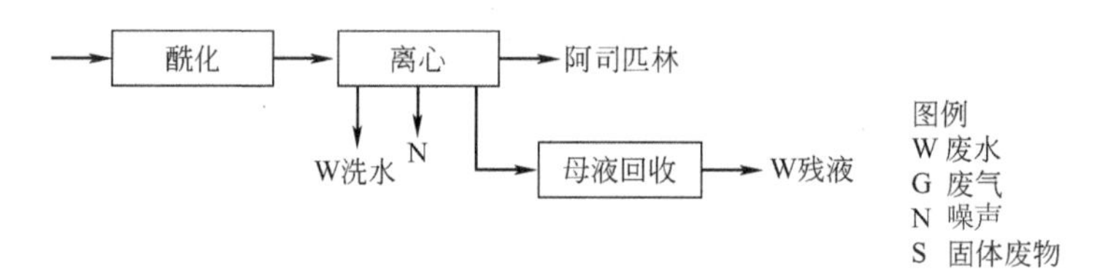

图 A.8 阿司匹林制药生产工艺及排污节点

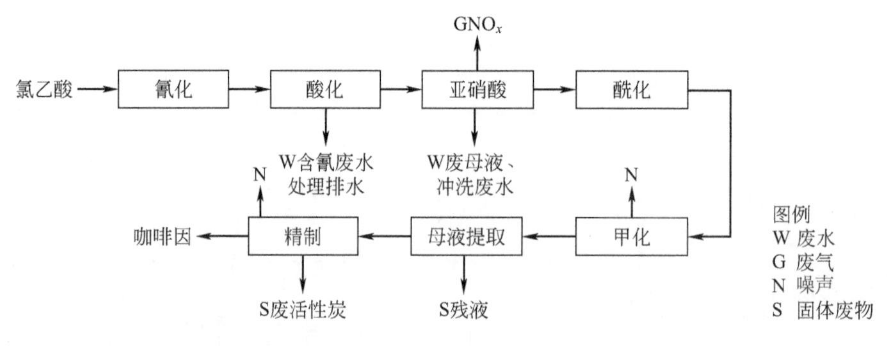

图 A.9 咖啡因生产工艺及排污节点

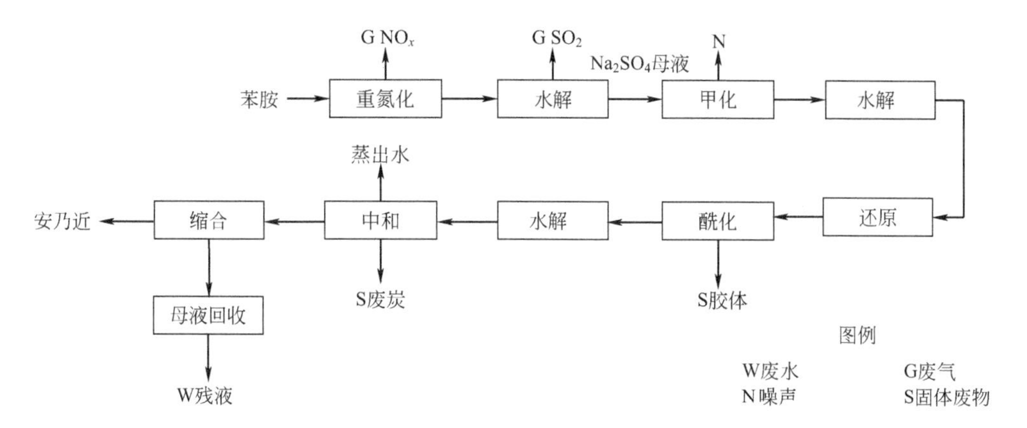

图 A.10　安乃近制药生产工艺及排污节点

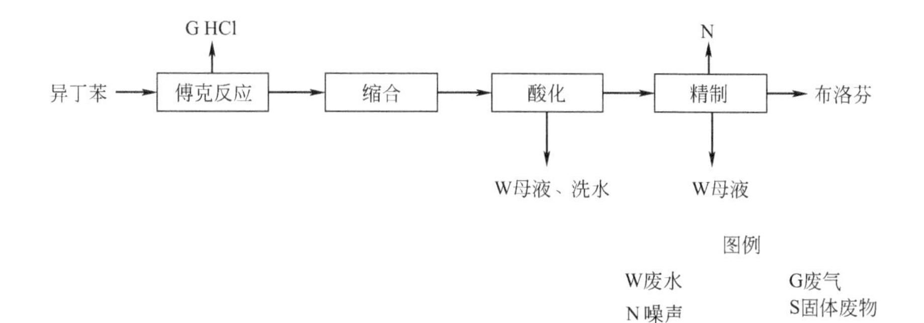

图 A.11　布洛芬制药生产工艺及排污节点

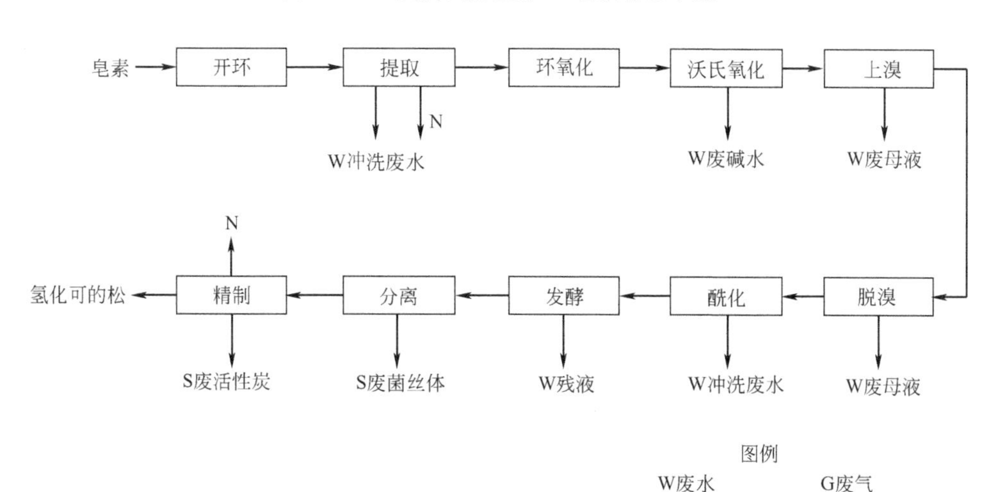

图 A.12　氢化可的松生产工艺及排污节点

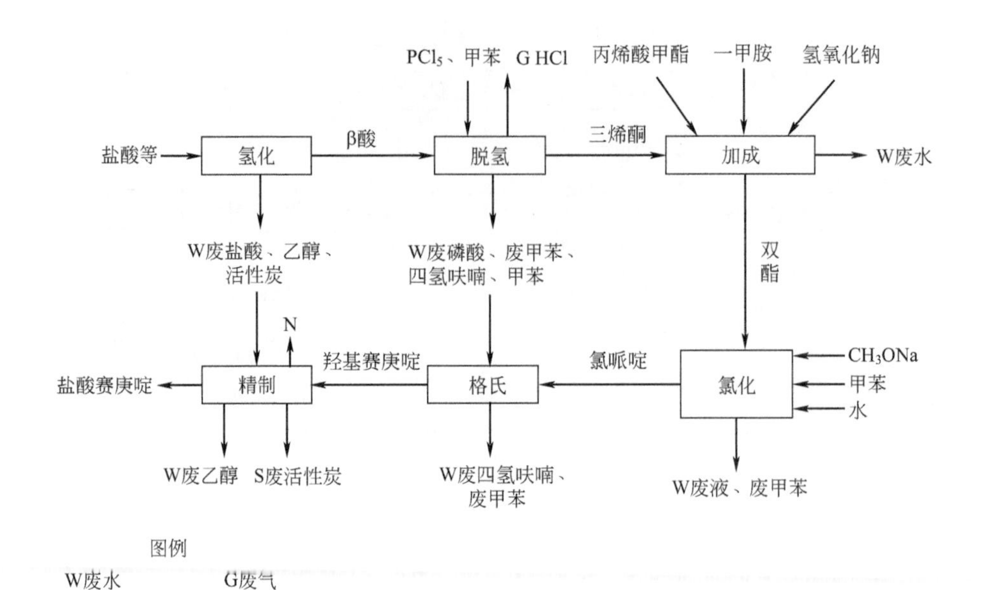

图 A.13　盐酸赛庚啶制药生产工艺及排污节点

A.3　提取类

A.3.1　药物分类及其常品种

提取类药物分类及其常见品种见表 A.3。

表 A.3　提取类药物分类及其常见品种一览表

来源	分类	主要品种
人体		胎盘丙种球蛋白、人血白蛋白、尿激酶、绒毛膜促性激素
动物	氨基酸类	缬氨酸、亮氨酸、丝氨酸、胱氨酸、赖氨酸、酪氨酸、色氨酸、组氨酸、左旋多巴、水解蛋白等
	多肽与蛋白质类	胰岛素、胸腺素、绒促性素、鱼精蛋白、胃膜素、降钙素、尿促性素等
	酶类	胃蛋白酶、胰蛋白酶、胰酶、菠萝蛋白酶、细胞色素 C、纤溶酶、尿激酶、蚓激酶、胰激肽原酶、弹性蛋白酶、糜蛋白酶、玻璃酸酶、超氧化物歧化酶、溶菌酶、凝血酶、抑肽酶、降纤酶等
	核酸类	辅酶 A、三磷酸腺苷、二钠肌苷、胞磷胆碱钠、阿糖胞苷、利巴韦林、阿昔洛韦、去氧氟尿苷等
	糖类	甘露醇、肝素、低分子肝素、硫酸软骨素、冠心舒、玻璃酸、甲壳质右旋糖酐等
	脂类	豆磷脂、胆固醇、胆酸、猪去氧胆酸、胆红素、卵磷脂、胆酸钠、辅酶 Q10、前列腺素、鱼油、多不饱和脂肪酸、羊毛脂等

续表

来源	分类	主要品种
植物	糖类	(1)单糖类:葡萄糖、果糖、核糖、维生素 C、木糖醇、山梨醇、甘露醇等 (2)聚糖类:蔗糖、麦芽糖、淀粉、纤维素、人参多糖、黄芪多糖等 (3)糖的衍生物:葡萄糖-6-磷酸等
	脂类	(1)脂肪和脂肪酸类:亚油酸、亚麻酸 (2)磷脂类:大豆磷脂 (3)固醇类:β-谷固醇、豆固醇等
	蛋白质、多肽、酶类	天花粉蛋白、蓖麻毒蛋白、胰蛋白酶抑制剂、木瓜蛋白酶、辣根过氧化物酶、超氧化物歧化酶、麦芽淀粉酶、脲酶
	苯丙素类	苯丙烯、苯丙酸、香豆素等
	醌类	辅酶 Q10、紫草素等
	黄酮类	黄酮醇、花色素、黄芩苷等
	鞣质	奎宁酸、槲皮醇等
	萜类	青蒿素、齐墩果酸等
	甾体	毛地黄毒苷元等
	生物碱	咖啡因、喜树碱等
海洋生物		海藻酸钠等

A.3.2　生产工艺及排污节点

提取类制药生产工艺及排污节点见图 A.14。

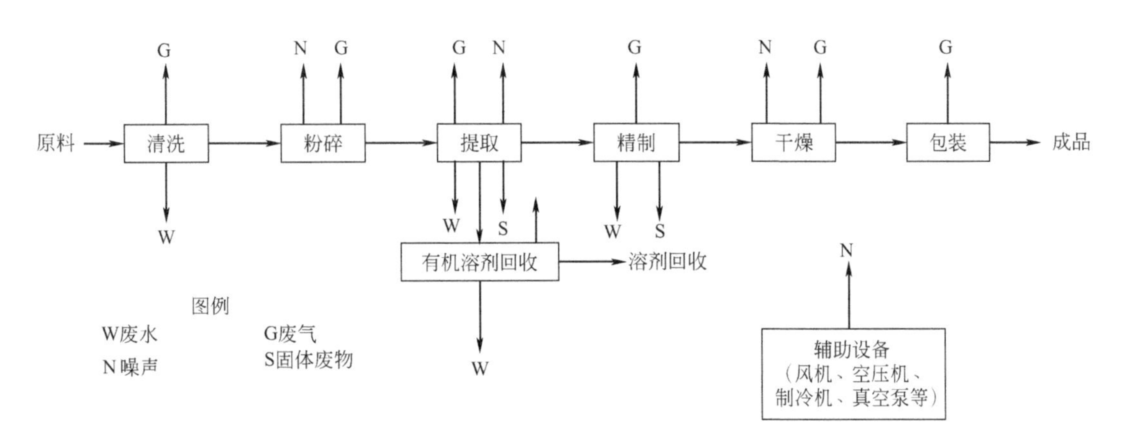

图 A.14　提取类制药生产工艺及排污节点

A.4　制剂类

A.4.1　药物分类及其常见剂型

制剂类药物分类及其常见剂型见表 A.4。

表 A.4 制剂类药物分类及其常见剂型一览表

<table>
<tr><th>制药企业类型</th><th>类别</th><th colspan="3">剂型</th></tr>
<tr><td rowspan="13">制剂类</td><td rowspan="3">常规固体制剂</td><td colspan="3">片剂</td></tr>
<tr><td colspan="3">胶囊</td></tr>
<tr><td colspan="3">颗粒剂</td></tr>
<tr><td rowspan="6">注射剂</td><td rowspan="4">溶液型注射剂</td><td rowspan="2">以水为溶剂</td><td>水针</td></tr>
<tr><td>输液</td></tr>
<tr><td>以油为溶剂</td><td></td></tr>
<tr><td>以乙醇为溶剂</td><td></td></tr>
<tr><td rowspan="2">无菌粉末注射剂</td><td colspan="2">粉针剂</td></tr>
<tr><td colspan="2">冻干粉针剂</td></tr>
<tr><td rowspan="4">其他制剂</td><td colspan="3">软膏剂、眼膏剂、凝膏剂</td></tr>
<tr><td colspan="3">栓剂</td></tr>
<tr><td colspan="3">气(粉)雾剂、喷雾剂</td></tr>
<tr><td colspan="3">透皮制剂</td></tr>
</table>

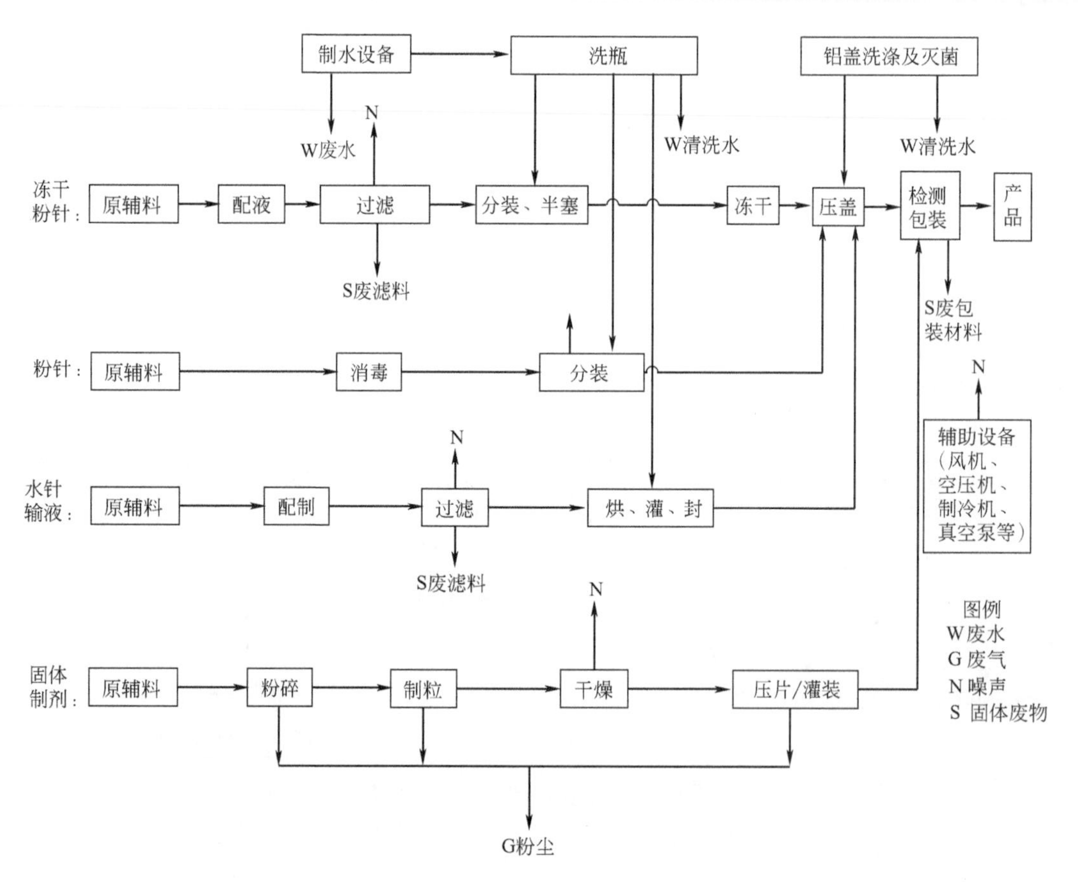

图 A.15 制剂类制药生产工艺及排污节点

A.4.2 生产工艺及排污节点

制剂类制药生产工艺及排污节点见图A.15，典型制剂类药物品种生产工艺及排污节点见图A.16～图A.18。

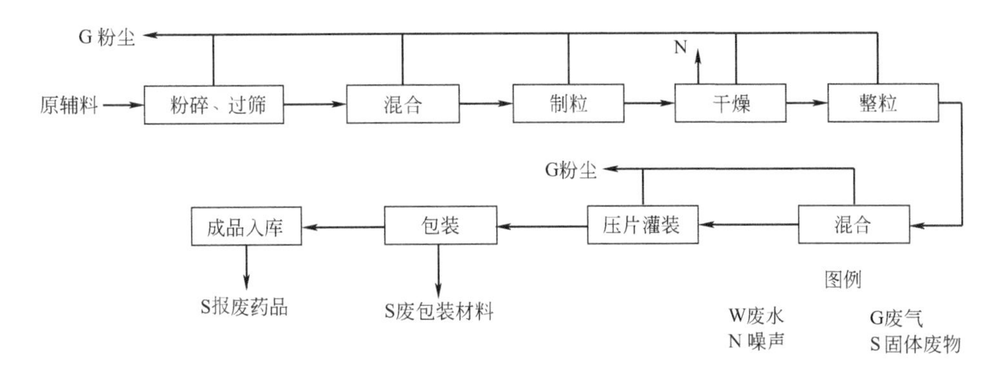

图A.16 固体制剂类制药生产工艺及排污节点

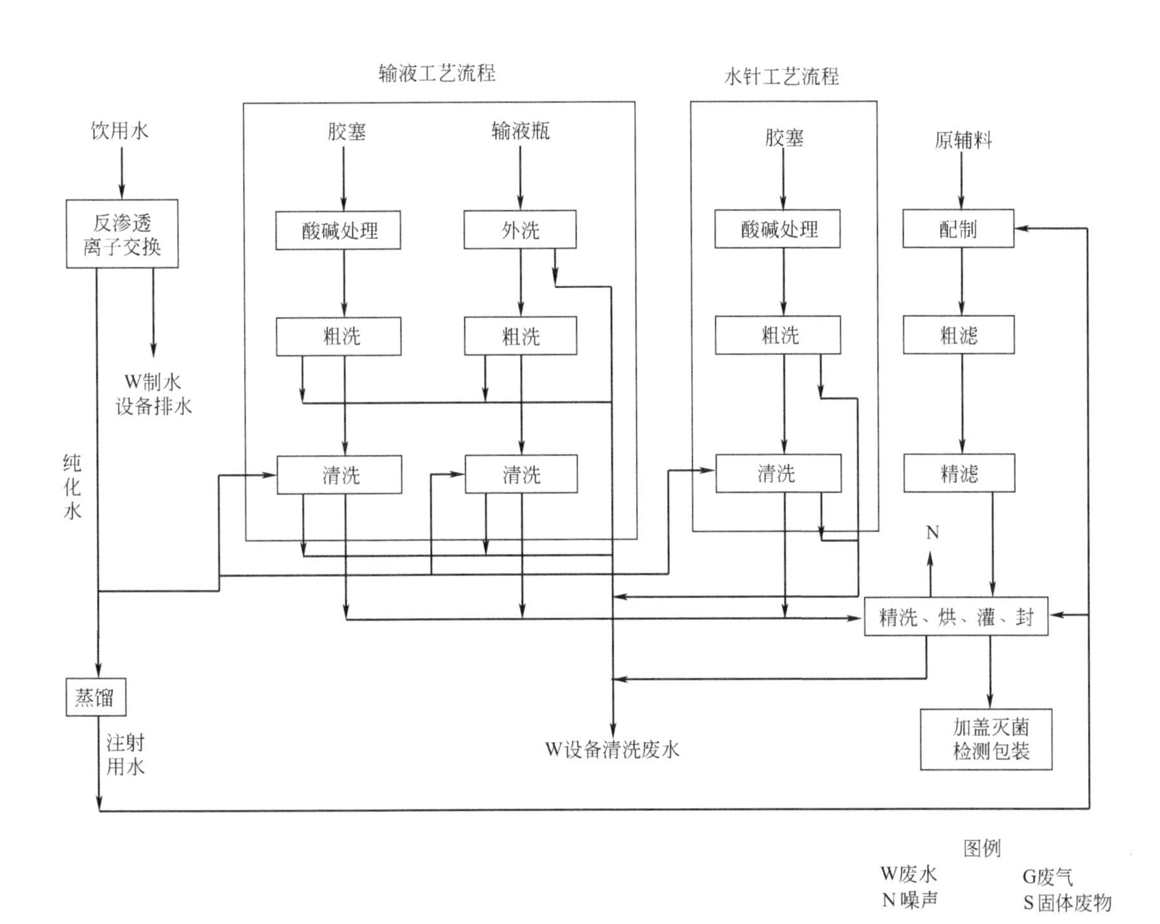

图A.17 水针、输液注射剂类制药生产工艺及排污节点

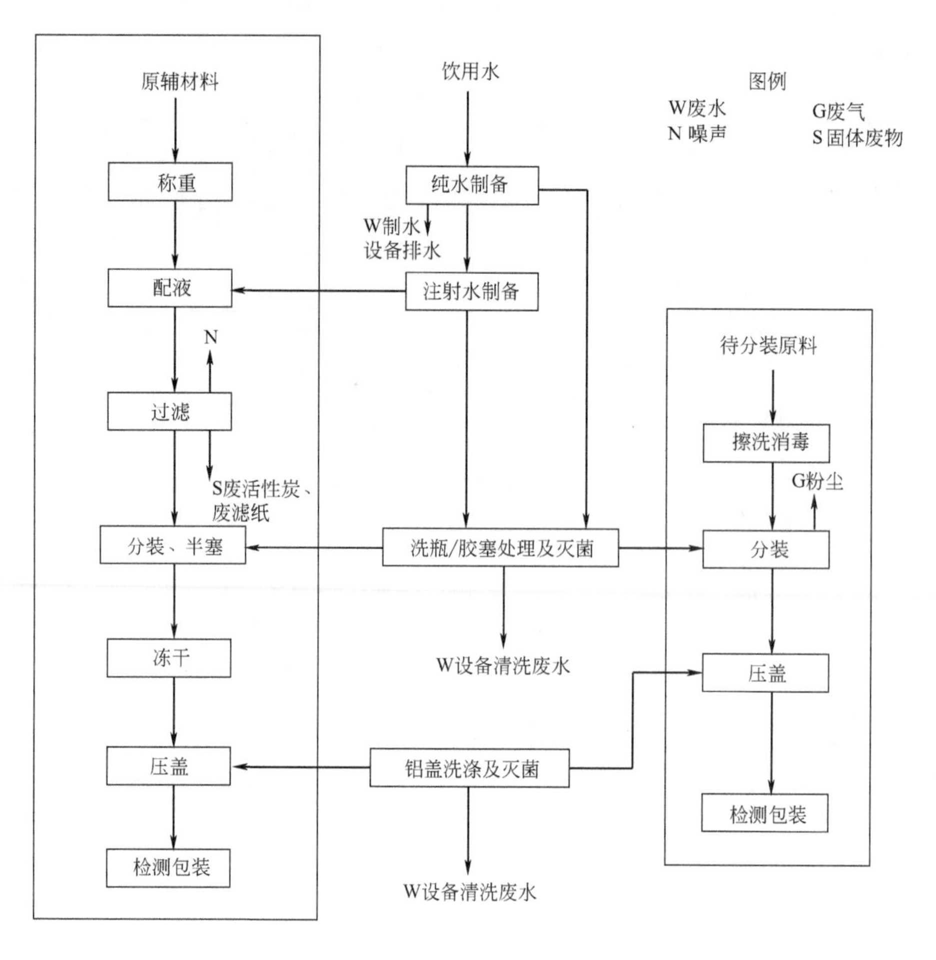

图 A.18 粉针、冻干粉针注射剂类制药生产工艺及排污节点

附录 B

（资料性附录）

制药工业代表性药物废水来源及废水水质概况

B.1 发酵类

发酵类制药废水来源及水质特点可参考表 B.1。

表 B.1 发酵类制药废水来源及水质特点

工序	生产设施	废水类型	主要污染物种类及浓度/(mg/L)	排放形式
发酵	发酵罐、种子罐、其他	设备清洗水	COD_{Cr}<1000、氨氮<100	间歇
		地面清洗水	COD_{Cr}<500、氨氮<50	间歇

续表

工序	生产设施	废水类型	主要污染物种类及浓度/(mg/L)	排放形式
分离	离心机、板框压滤、转鼓过滤机、膜分离器、其他	废滤液（从菌体中提取药物或药物已结晶）	COD_{Cr}＞10000、氨氮＜300；残留微量药物	批次
		设备清洗水	COD_{Cr}在1000～10000、悬浮物较高	间歇
		地面清洗水	COD_{Cr}＜500、氨氮＜50	间歇
提取	吸附罐、结晶罐、浸提设备、萃取罐、其他	废母液	COD_{Cr}数千以上，残留微量药物	批次
		设备清洗水	COD_{Cr}＜1000、氨氮＜100	间歇
		地面清洗水	COD_{Cr}＜500、氨氮＜50	间歇
精制	结晶罐、脱色罐、其他	废母液	COD_{Cr}数千以上，氨氮高的数千以上，残留微量药物	批次
		设备清洗水	COD_{Cr}＜1000、氨氮＜100	间歇
		地面清洗水	COD_{Cr}＜500、氨氮＜50	间歇
干燥	真空干燥塔、双锥干燥器、沸腾床、水环真空泵、其他	水环真空泵排水	COD_{Cr}一般最高数千，氨氮较低	连续
		设备清洗水	COD_{Cr}＜1000、氨氮＜100	间歇
		地面清洗水	COD_{Cr}＜500、氨氮＜50	间歇
成品	磨粉机、分装机、水环真空泵、其他	水环真空泵排水	COD_{Cr}一般最高数千，氨氮较低	连续
		设备清洗水	COD_{Cr}＜1000、氨氮＜100	间歇
		地面清洗水	COD_{Cr}＜500、氨氮＜50	间歇
溶剂回收	蒸馏釜、精馏塔、萃取罐、降膜吸收塔、水环真空泵、其他	废母液（水相）	COD_{Cr}＞10000，盐度较高	批次
		水环真空泵排水	COD_{Cr}一般最高数千，氨氮较低	连续
		设备清洗水	COD_{Cr}＜1000、氨氮＜100	间歇
		地面清洗水	COD_{Cr}＜500、氨氮＜50	间歇
动力系统	纯水制备设施、循环水系统、制冷系统、空压系统等	制水排水水	COD_{Cr}＜100，盐度＞1000	间歇
		冷却排水	COD_{Cr}＜100，盐度＞1000，悬浮物＜100	间歇

B.2 化学合成类

化学合成类制药废水来源及水质特点可参考表B.2。

表B.2 化学合成类制药废水来源及水质特点

工序	生产设施	废水类型	主要污染物种类及浓度/(mg/L)	排放形式
反应	反应釜、缩合釜、裂解釜、其他	设备清洗水	COD_{Cr}＜1000、氨氮＜100	间歇
		地面清洗水	COD_{Cr}＜500、氨氮＜50	间歇

续表

工序	生产设施	废水类型	主要污染物种类及浓度/(mg/L)	排放形式
分离	离心机、板框压滤、转鼓过滤机、其他	废滤液	COD_{Cr}一般数万、氨氮高的数千以上，盐度较高，有的含一类污染物，残留微量药物	批次
		设备清洗水	COD_{Cr}在1000～10000	间歇
		地面清洗水	COD_{Cr}<500、氨氮<50	间歇
提取	吸附罐、结晶罐、浸提设备、萃取罐、其他	废母液	COD_{Cr}一般数万、氨氮高的数千以上，盐度较高，残留微量药物	批次
		设备清洗水	COD_{Cr}<1000、氨氮<100	间歇
		地面清洗水	COD_{Cr}<500、氨氮<50	间歇
精制	结晶罐、脱色罐、其他	废母液	COD_{Cr}数千以上，氨氮高的数千以上，残留微量药物	批次
		设备清洗水	COD_{Cr}<1000、氨氮<100	间歇
		地面清洗水	COD_{Cr}<500、氨氮<50	间歇
干燥	真空干燥塔、双锥干燥、沸腾床、水环真空泵、其他	水环真空泵排水	COD_{Cr}一般最高数千，氨氮较低	连续
		设备清洗水	COD_{Cr}<1000、氨氮<100	间歇
		地面清洗水	COD_{Cr}<500、氨氮<50	间歇
成品	磨粉机、分装机、水环真空泵、其他	水环真空泵排水	COD_{Cr}一般最高数千，氨氮较低	连续
		设备清洗水	COD_{Cr}<1000、氨氮<100	间歇
		地面清洗水	COD_{Cr}<500、氨氮<50	间歇
溶剂回收	蒸馏釜、精馏塔、萃取罐、降膜吸收塔、水环真空泵、其他	废母液(水相)	COD_{Cr}一般数万，盐度均较高	批次
		水环真空泵排水	COD_{Cr}一般最高数千，氨氮较低	连续
		设备清洗水	COD_{Cr}<1000、氨氮<100	间歇
		地面清洗水	COD_{Cr}<500、氨氮<50	间歇
动力系统	纯水制备设施、循环水系统、制冷系统、空压系统等	制水排水	COD_{Cr}<100，盐度>1000	间歇
		冷却排水	COD_{Cr}<100，盐度>1000，悬浮物<100	间歇

B.3 提取类

提取类制药废水来源及水质特点可参考表B.3。

表B.3 提取类制药废水来源及水质特点

工序	生产设施	废水类型	主要污染物种类及浓度/(mg/L)	排放形式
清洗	原料清洗设备	清洗废水	SS:90～1000	间歇

续表

工序	生产设施	废水类型	主要污染物种类及浓度/(mg/L)	排放形式
提取	提取装置或有机溶剂回收装置	废母液	动植物油：60～8000 BOD_5：160～14200 COD_{Cr}：200～40000	批次
		设备清洗水	COD_{Cr}＜1000、氨氮＜100	间歇
		地面清洗水	COD_{Cr}＜500、氨氮＜50	间歇
精制	结晶罐、脱色罐、其他	废母液	COD_{Cr} 数千以上，氨氮高的数千以上，残留微量药物	批次
		设备清洗水	COD_{Cr}＜1000、氨氮＜100	间歇
		地面清洗水	COD_{Cr}＜500、氨氮＜50	间歇

B.4 制剂类

按照不同剂型可将制剂类分为片剂、胶囊剂、颗粒剂、水针、大输液、小输液、粉针、冻干粉和其他制剂共计九大类，制剂类制药废水来源及水质特点可参考表 B.4。

表 B.4 制剂类制药废水来源及水质特点

废水来源	水质特点	一般水质指标(pH 值无量纲)/(mg/L)
纯化水、注射用水制水设备排水	主要为酸碱废水	pH 值：1～12
包装容器清洗废水	此部分清洗废水污染物浓度很低，但水量较大	COD_{Cr}＜100；SS＜50
工艺设备清洗废水	该类废水 COD 较高，但水量较小	COD_{Cr}＜1500；SS＜150 BOD_5/COD 值一般 0～0.5
地面清洗废水	污染物浓度低	COD_{Cr}＜400；SS＜200

附录 C
(资料性附录)
制药工业代表性药物废气来源及污染物浓度水平

制药工业代表性药物废气来源及特点可参考表 C.1。

表 C.1 制药工业代表性药物废气来源及特点

废气类型	产生环节	主要污染物种类及浓度/(mg/m^3)	排放形式
发酵尾气	发酵工序	颗粒物：＜50 臭气浓度：5000～8000 VOCs：＜100	连续
含尘废气	粉碎、干燥、包装等工序	颗粒物：＜100	连续

续表

废气类型	产生环节	主要污染物种类及浓度/(mg/m³)	排放形式
工艺有机溶媒废气	提取、精制、干燥、溶剂回收等工序	VOCs:150～2000	连续
	反应釜工序	VOCs:1000～10000	间歇
酸碱废气	使用盐酸、氨水调节pH值工序	氯化氢:100 氨:80	连续
恶臭气体	污水处理站	氨:1～10(污泥处理区域); 0.5～5(污水处理区域); 硫化氢:5～30(污泥处理区域); 1～10(污水处理区域); 臭气浓度:5000～100000(污泥处理区域); 1～10(污水处理区域); VOCs:300～400	连续
	发酵菌渣等固废贮存场所	氨:25～50 硫化氢:6～10 臭气浓度:3100 非甲烷总烃:200～600	连续
沼气脱硫	污水处理站厌氧池	硫化氢:1000～3000	连续

附录D
(资料性附录)
制药工业抗生素菌渣成分概况

据调研，抗生素菌渣干基中的粗蛋白含量为30%～50%、粗脂肪含量为2%～20%。在一些代表性抗生素，如青霉素、头孢菌素、土霉素、链霉素菌渣等生产中产生的菌渣进行成分测定：其中粗蛋白38.59%～50.20%，粗纤维1.85%～7.97%，粗脂肪1.30%～5.50%。表D.1为主要抗生素菌渣成分测试分析情况表。

表D.1 主要抗生素菌渣成分分析表 单位：%

项目	粗蛋白	粗纤维	粗脂肪	磷	钙	灰分	无氮浸出物	效价/(U/g)
青霉素菌渣	43.72	4.87	1.9	1.07	1.28	7.36	35.36	3000
链霉素菌渣	44.91	4.4	1.77	0.67	6	12.99	31.9	4700
土霉素菌渣	48.9	1.94	1.3	0.45	5.72	11.3	30.76	9000
头孢菌渣	50.2	1.85	5.5	0.17	3.67	9.9	27.35	2600
盐酸林可霉素菌渣	38.59	7.97	3.8	0.54	5.72	16.74	28.6	720

数据来源：华北制药集团提供样品，委托河北师范大学分析测试中心测试结果。

附录E
（资料性附录）
制药工业常用的有机溶剂

序号	CAS号	物质	毒性分级	序号	CAS号	物质	毒性分级
1	50-00-0	甲醛	高毒	31	75-09-2	二氯甲烷	中毒
2	56-23-5	四氯化碳	中毒	32	75-12-7	甲酰胺	中毒
3	57-55-6	丙二醇	低毒	33	75-15-0	二硫化碳	中毒
4	60-29-7	乙醚	中毒	34	75-18-3	甲硫醚	中毒
5	62-53-3	苯胺	高毒	35	75-21-8	环氧乙烷	高毒
6	64-17-5	乙醇	中毒	36	75-50-3	三甲胺	中毒
7	64-18-6	甲酸	中毒	37	75-64-9	叔丁胺	高毒
8	64-19-7	乙酸	中毒	38	75-65-0	丁醇	中毒
9	67-56-1	甲醇	低毒	39	75-69-4	一氟三氯甲烷	中毒
10	67-63-0	异丙醇	中毒	40	75-71-8	二氟二氯甲烷	低毒
11	67-64-1	丙酮	中毒	41	75-97-8	甲基叔丁基酮	中毒
12	67-66-3	氯仿	高毒	42	76-03-9	三氯乙酸	高毒
13	67-68-5	二甲基亚砜	GRAS(FEMA)安全物质	43	78-78-4	异戊烷	低毒
14	68-12-2	二甲基甲酰胺	中毒	44	78-79-5	异戊二烯	低毒
15	71-23-8	正丙醇	中毒	45	78-84-2	异丁醛	中毒
16	71-41-0	戊醇	可安全用于食品	46	78-87-5	二氯丙烷	中毒
17	71-43-2	苯	中毒	47	78-93-3	丁酮	中毒
18	71-55-6	三氯乙烷	低毒	48	79-01-6	三氯乙烯	中毒
19	74-83-9	溴甲烷	高毒	49	79-08-3	溴乙酸	高毒
20	74-84-0	乙烷	低毒	50	79-10-7	丙烯酸	高毒
21	74-85-1	乙烯	低毒	51	79-29-8	2,3-二甲基丁烷	微毒
22	74-86-2	乙炔	低毒	52	95-50-1	邻二氯苯	中毒
23	74-87-3	氯甲烷	中毒	53	95-55-6	氨基酚	中毒
24	74-89-5	甲胺	高毒	54	96-24-2	氯代丙二醇	高毒
25	74-93-1	甲硫醇	高毒	55	98-95-3	硝基苯	中毒
26	74-98-6	丙烷	低毒	56	100-41-4	乙苯	中毒
27	75-00-3	氯乙烷	中毒	57	100-42-5	苯乙烯	中毒
28	75-01-4	氯乙烯	中毒	58	100-47-0	苯甲腈	中毒
29	75-05-8	乙腈	高毒	59	100-51-6	苯甲醇	中毒
30	75-07-0	乙醛	中毒	60	103-65-1	丙苯	低毒

续表

序号	CAS号	物质	毒性分级	序号	CAS号	物质	毒性分级
61	105-58-8	碳酸二乙酯	低毒	94	123-91-1	1,4-二噁烷	中毒
62	106-44-5	对甲苯酚	高毒	95	124-18-5	正癸烷	低毒
63	106-97-8	正丁烷	低毒	96	126-33-0	环丁砜	—
64	106-98-9	1-丁烯	—	97	127-18-4	四氯乙烯	中毒
65	106-99-0	1,3-丁二烯	中毒	98	127-19-5	二甲基乙酰胺	中毒
66	107-02-8	丙烯醛	剧毒	99	141-78-6	乙酸乙酯	中毒
67	107-06-2	1,2-二氯乙烷	高毒	100	141-93-5	间二乙基苯	低毒
68	107-15-3	乙二胺	高毒	101	142-82-5	正庚烷	中毒
69	107-21-1	乙二醇	中毒	102	144-62-7	草酸	中毒
70	107-31-3	甲酸甲酯	高毒	103	149-57-5	异辛酸	中毒
71	107-83-5	2-甲基戊烷	低毒	104	354-58-5	1,1,1-三氯三氟乙烷	—
72	108-10-1	甲基异丁基酮	中毒	105	505-22-6	1,3-二噁烷	—
73	108-20-3	异丙醚	低毒	106	506-77-4	氰化氢	剧毒
74	108-21-4	乙酸异丙酯	低毒	107	541-73-1	二氯苯	中毒
75	108-24-7	乙酸酐	中毒	108	542-75-6	二氯丙烯	高毒
76	108-39-4	间甲苯酚	高毒	109	590-18-1	顺-2-丁烯	—
77	108-88-3	甲苯	中毒	110	592-27-8	2-甲基庚烷	—
78	108-90-7	氯苯	中毒	111	592-41-6	1-己烯	—
79	108-91-8	环己胺	高毒	112	611-14-3	2-乙基甲苯	—
80	108-94-1	环己酮	中毒	113	622-96-8	4-乙基甲苯	—
81	108-95-2	苯酚	高毒	114	624-92-0	二甲二硫醚	高毒
82	109-52-4	戊酸	中毒	115	627-20-3	顺-2-戊烯	—
83	109-67-1	1-戊烯	—	116	628-63-7	乙酸戊酯	低毒
84	109-86-4	甲基溶纤剂	中毒	117	646-04-8	反-2-戊烯	—
85	109-89-7	二乙胺	高毒	118	765-30-0	环丙胺	—
86	109-99-9	四氢呋喃	中毒	119	1120-21-4	正十一烷	—
87	110-54-3	正己烷	低毒	120	1300-21-6	二氯乙烷	—
88	110-82-7	环己烷	中毒	121	1319-77-3	甲酚	中毒
89	110-86-1	吡啶	中毒	122	1330-20-7	二甲苯	中毒
90	112-40-3	十二烷	低毒	123	1634-04-4	甲基叔丁基醚	中毒
91	115-07-1	丙烯	低毒	124	8030-30-6	石油醚	中毒
92	121-44-8	三乙胺	中毒	125	25322-68-3	聚乙二醇	—
93	123-86-4	乙酸丁酯	低毒	126		其他	—

注：毒性分级引自化工产品目录。一般按半数致死剂量（LD_{50}，mg/kg）或半数致死浓度（LC_{50}，mg/m^3）值的大小将有毒化学物品分成剧毒、高毒、中等毒、低毒与微毒五级。

附录 4 技术就绪度评价标准及细则

技术就绪度（Technology Readiness Level，TRL）评价方法根据科研项目的研发规律，把发现基本原理到实现产业化应用的研发过程划分为 9 个标准化等级（详见表 1～表 4），每个等级制定量化的评价细则，对科研项目关键技术的成熟程度进行定量评价。

表 1 技术就绪度评价标准（一般）

等级	等级描述	等级评价标准	评价依据
1	发现基本原理	基本原理清晰，通过研究，证明基本理论是有效的	核心论文、专著等 1～2 篇（部）
2	形成技术方案	提出技术方案，明确应用领域	较完整的技术方案
3	方案通过验证	技术方案的关键技术、功能通过验证	召开的技术方案论证会及有关结论
4	形成单元并验证	形成了功能性单元并证明可行	功能性单元检测或运行测试结果或有关证明
5	形成分系统并验证	形成了功能性分系统并通过验证	功能性分系统检测或运行测试结果或有关证明
6	形成原型并验证	形成原型（样品、样机、方法、工艺、转基因生物新材料、诊疗方案等）并证明可行	研发原型检测或运行测试结果或有关证明
7	现实环境的应用验证	原型在现实环境下验证、改进，形成真实成品	研发原型的应用证明
8	用户验证认可	成品经用户充分使用，证明可行	成品用户证明
9	得到推广应用	成品形成批量、广泛应用	批量服务、销售、纳税证据

表 2 “一般硬件”技术就绪度评价细则

TRL 1：明确该技术有关的基本原理，形成报告	
评价细则	权重
在学术刊物、会议论文、研究报告、专利申请等资料中公布了可作为项目研究基础的基本原理	50%
明确了基本原理的假设条件、应用范围	50%
TRL 2：基于科学原理提出实际应用设想，形成技术方案	
评价细则	权重
明确技术的基本要素及构成特性	30%
初步明确技术可实现的主要功能	50%
明确产品预期应用环境	20%

续表

TRL 3:关键功能和特性在实验室条件下通过试验或仿真完成了原理性验证	
评价细则	权重
形成完善的实施方案,有明确的目标和指标要求	30%
通过试验或仿真分析手段验证了关键功能的可行性	40%
理论分析了系统集成方案的可行性	10%
形成完善的项目开发计划	10%
评估产品预期需要的制造条件和现有的制造能力	10%
TRL 4:关键功能试样/模块在实验室通过了试验或仿真验证	
评价细则	权重
完成基础关键功能试样/模块/部件的开发	30%
在实验室环境下通过各基础关键功能试样/模块/部件的功能、性能试验或仿真验证	30%
试制了关键功能试样/模块/部件	10%
对各关键功能试样/模块/部件进行系统集成	10%
评估关键制造工艺	10%
关键功能试样/模块/部件设计过程文档清晰	10%
TRL 5:形成产品初样(部件级),在模拟使用环境中进行了试验或仿真验证	
评价细则	权重
完成各功能部件开发,形成产品初样	35%
在模拟使用环境条件下完成产品初样的功能、性能试验或仿真验证	35%
功能部件设计过程文档清晰	10%
确定部件生产所需机械设备、测试工装夹具、人员技能等	10%
确定部件关键制造工艺和部件集成所需的装配条件	10%
TRL 6:形成产品正样(系统级),通过高逼真度的模拟使用环境中进行验证	
评价细则	权重
形成产品正样,产品/样机技术状态接近最终状态	35%
在高逼真度的模拟使用环境下通过系统产品/样机的功能、性能试验或仿真验证	35%
设计工程试验验证及应用方案	5%
系统设计过程文档清晰,完成需求检验	10%
确定系统产品/样机的生产工艺及装配流程	10%
确定生产成本及投资需求	5%

续表

TRL 7:形成整机产品工程样机,在真实使用环境下通过试验验证	
评价细则	权重
完成系统产品/样机的工程化开发	30%
在实际使用环境下完成系统产品/样机的功能、性能试验验证	30%
系统产品/样机开展应用测试	10%
产品/样机生产装配流程、制造工艺和检测方法等通过验证	10%
建立初步的产品/样机质量控制体系或标准	10%
验证目标成本设计	10%
TRL 8:实际产品设计定型,通过功能、性能测试;可进行产品小批量生产	
评价细则	权重
实际产品开发全部完成,技术状态固化	30%
产品各项功能、性能指标在实际环境条件下通过测试	30%
完成产品使用维护说明书	10%
所有的制造设备、工装、检测和分析系统通过小批量生产验证	15%
关键材料或零部件具备稳定的供货渠道	15%
TRL 9:系统产品批量生产,功能、性能、质量等特性在实际任务中得到充分验证	
评价细则	权重
产品的功能、性能在实际任务执行中得到验证	30%
所有文件归档	10%
所有的制造设备、工装、检测和分析系统准备完毕	10%
产品批量生产	20%
产品合格率可控	20%
建立售后服务计划	10%

表 3 “软件”技术就绪度评价细则

TRL 1:明确基本原理和算法,完成可行性研究	
评价细则	权重
正确识别该技术的关键问题和技术挑战	40%
在学术刊物、会议论文、研究报告、专利申请等资料中公布了可作为项目研究基础的基本算法	20%
明确了基本算法的条件、应用范围,确定了整体工作的可行性	40%

续表

TRL 2:完成需求分析,明确技术路线,完成概要设计	
评价细则	权重
完成系统的需求分析,获得潜在的需求	20%
确定拟采用的技术路线	30%
完成技术路线相关的技术准备	10%
形成系统的概要设计	40%
TRL 3:确定需求和功能,完成详细设计	
评价细则	权重
确定需求边界	30%
完成关键技术的验证	30%
完成详细设计	40%
TRL 4:确定软件的研发模式,完成原型系统研发,开展验证分析	
评价细则	权重
完成研发实施方案及进度计划	30%
完成主框架的研发及原型系统的思想	30%
基于原型系统开展相应的验证分析	40%
TRL 5:完成测试版本软件研发,进行功能、性能、安全性等测试	
评价细则	权重
改善原型系统,完成测试版本研发	30%
完成测试设计	20%
开展功能、性能和安全性等测试	15%
对测试结果进行分析,形成测试分析报告	25%
规范管理研发过程中的代码、文档等	10%
TRL 6:完成正式版本软件研发,满足需求,达到设计目标	
评价细则	权重
完成正式版本软件研发	30%
通过全功能测试和质量验证,反馈的问题已经修改和完善	30%
通过软件产品验收评审会,达到设计目标,可以交付外部用户试用	20%
整理各阶段问题,形成开发总结报告	20%
TRL 7:软件在实际环境中部署,交付用户试用	

续表

评价细则	权重
软件交付典型用户在受控规模内试用	35%
软件运行环境与实际环境一致,运行正常	35%
软件的使用体验获得典型用户认同	30%
TRL 8:软件在实际生产中示范应用,各项指标满足生产要求,用户认可	
评价细则	权重
软件交付多个用户在实际生产中实际使用	35%
软件满足实际生产的性能、稳定性、安全性等指标要求	35%
软件的使用体验获得多个用户认可	30%
TRL 9:完成软件推广和规模化应用	
评价细则	权重
软件产品的相关文档和宣传展示素材全部完成	25%
确定软件产品价格、出库销售方式、营销方式等	20%
软件的安装、部署、维护等技术支撑和体系完善,建立售后支持系统	30%
用户在软件安装、操作、运行、部署、维护等体验良好	10%
软件性能、稳定性、安全性等满足大规模应用	15%

表 4 "平台服务"技术就绪度评价细则

TRL 1:提出了平台建设的基本架构,形成报告	
评价细则	权重
提出平台的基本架构	40%
明确平台的功能和定位	30%
明确平台的服务领域和对象	30%
TRL 2:形成了系统方案	
评价细则	权重
明确服务模式和运营机制	15%
分析明确所需的关键技术和方法	30%
明确开展服务所需的人力资源和人员技能	10%
论证场景(场地、环境等)需求	20%
分析需要的硬件设备、软件资源及集成要求	25%

续表

TRL 3:开展了平台关键技术、服务模式、运营机制等研究,论证了可行性	
评价细则	权重
分析确定平台关键技术的基本要素、构成及相关技术的相互影响	40%
论证关键技术的可行性	30%
论证平台服务模式和运营机制的可行性	30%
TRL 4:对平台关键技术进行了验证	
评价细则	权重
具备或试制了关键技术的验证载体	30%
通过实验或仿真等手段验证了关键技术	40%
建立了平台服务所需的技术系统	30%
TRL 5:初步进行平台所需场地、设备等能力建设	
评价细则	权重
初步完成平台场地建设,场地环境基本符合服务要求	50%
部分软硬件设备到位	40%
根据平台特点制定人员技能要求及建设计划	10%
TRL 6:基本完成平台所需场地、设备、人员及按需技术集成等能力建设,建立服务模式和运营机制	
评价细则	权重
场地建设基本完成,环境条件符合相关规定	30%
平台软硬件设备基本到位	40%
建立服务模式和运营机制	20%
平台服务人员基本充足,具有明确的职责和分工	10%
TRL 7:进行平台实际试用及测试,验证关键技术、服务模式及运营机制等	
评价细则	权重
进行平台的实际试用及测试	35%
平台关键技术及集成能力、服务模式和运营机制得到验证	40%
人员具有专业资格和技能证书,满足平台服务要求	15%
形成平台建设报告	10%
TRL 8:平台建设按要求全部完成,并得到典型用户认可	
评价细则	权重
平台能力及运行得到典型用户认可	40%
平台建设按要求全部完成	40%
建立平台维护和持续发展机制	20%
TRL 9:平台正式对外提供服务,关键技术、服务模式、运营机制等在实际服务中获得推广应	
评价细则	权重
平台正式开展对外服务	50%
平台关键技术、服务模式和运营机制等在实际任务中得到推广应用及持续改进	50%

(a)

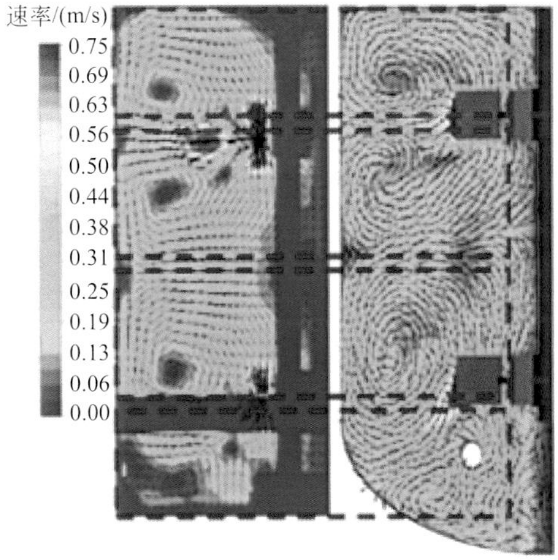

速率/(m/s)
0.75
0.69
0.63
0.56
0.50
0.44
0.38
0.31
0.25
0.19
0.13
0.06
0.00

(b)

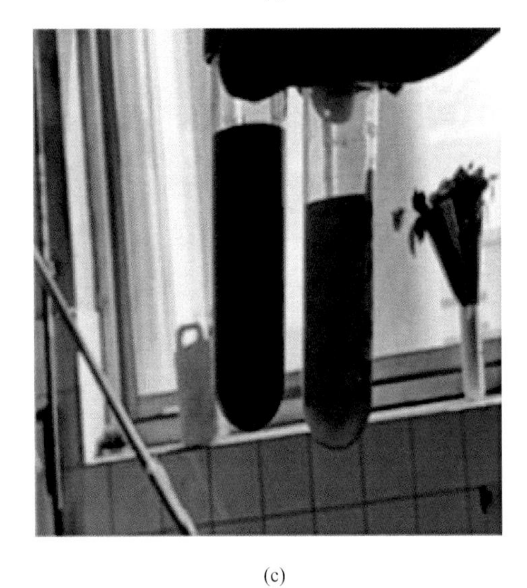

(c)

图 3-3　青霉素生产过程在线多参数采集指导合成培养基精确流加控制工艺

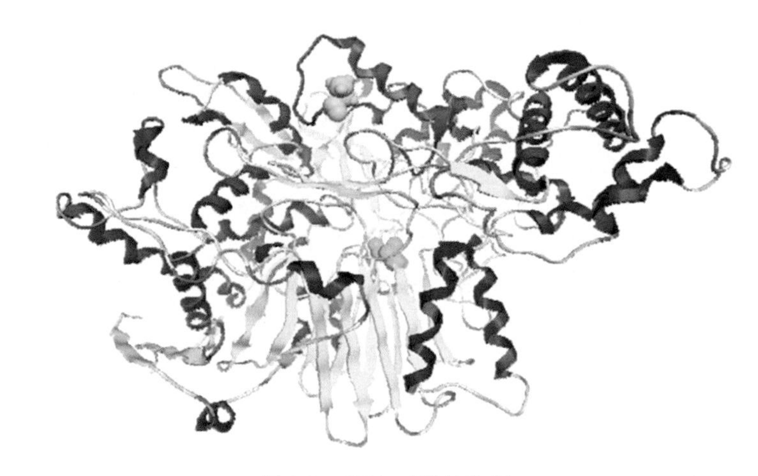

图 3-9　PGA 三维结构图

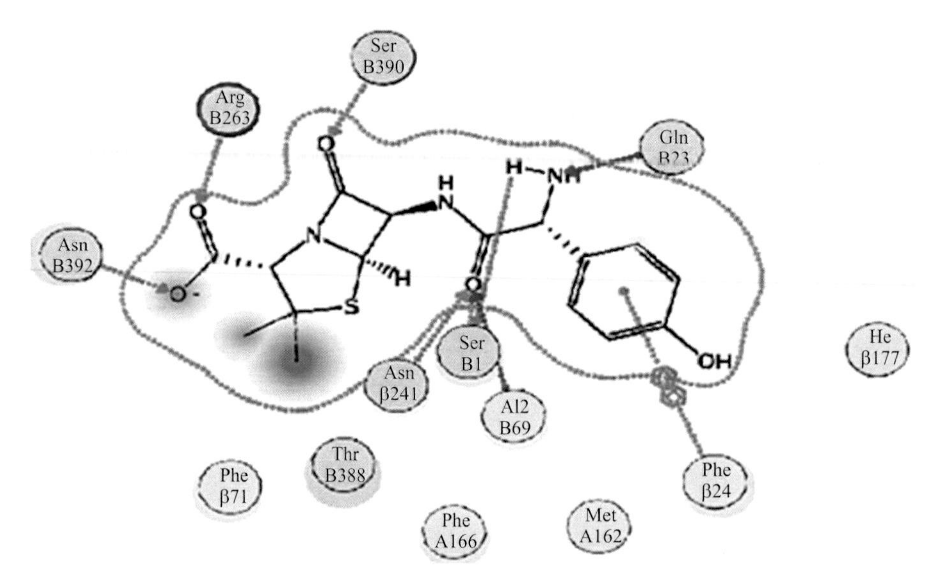

图 3-10　SPGA-底物复合体结构图

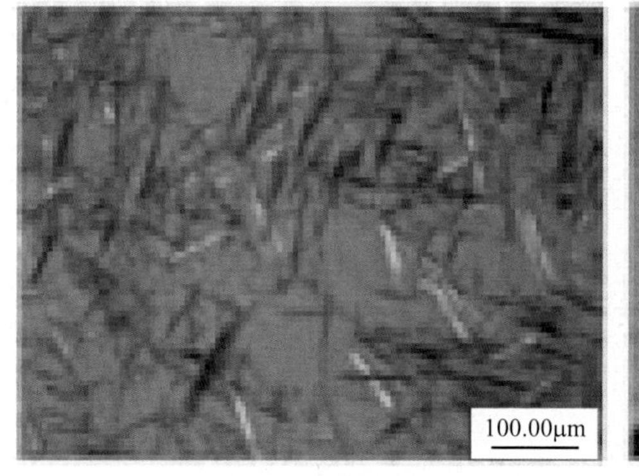

(a) 无添加晶种实验

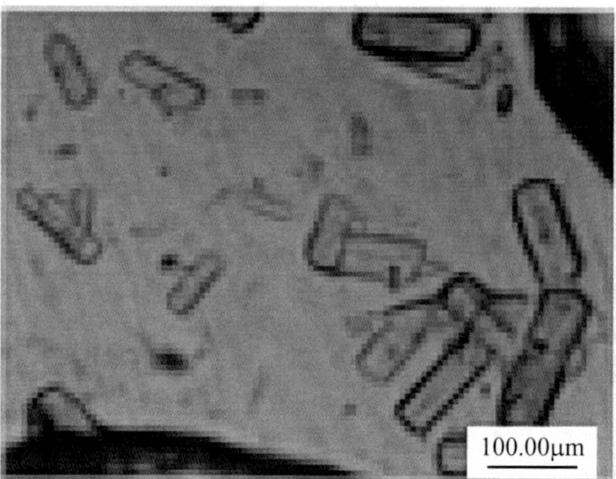

(b) 添加晶种条件

图 3-13　头孢氨苄晶体显微镜图

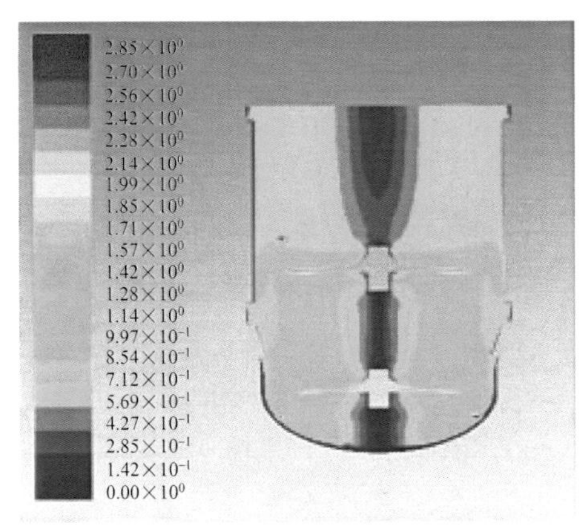

(a) 速度场

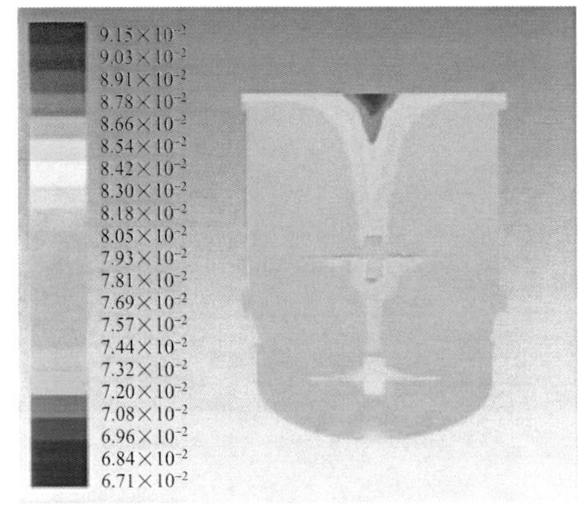

(b) 颗粒分布

图 3-14　二级结晶器物料体积 5000L 中 40r/min 模拟的速度场和颗粒分布情况

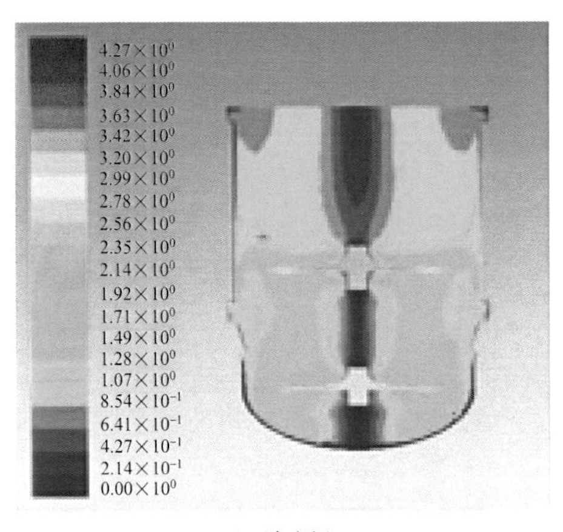

(a) 速度场

图 3-15

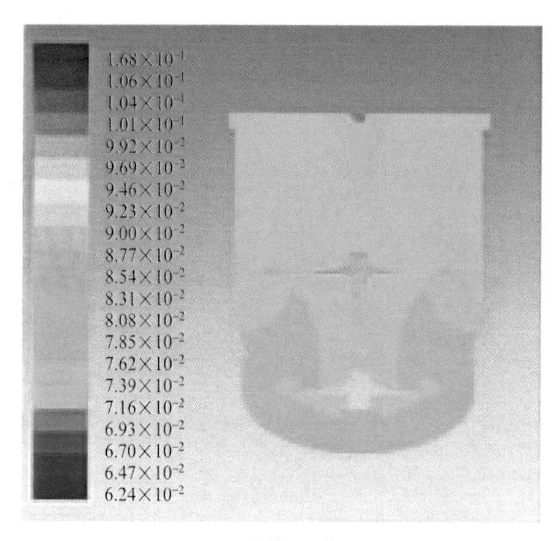

(b) 颗粒分布

图 3-15 二级结晶器物料体积 5000L 中 60r/min 模拟的速度场和颗粒分布情况

(a) 原水 (b) 砂滤出水 (c) 催化氧化出水

图 6-8 废水颜色变化